中国石油天然气集团公司统编培训教材

工程技术业务分册

工程录井技术

《工程录井技术》编委会　编

石油工业出版社

内 容 提 要

本书详细阐述了地层压力监测与评价的作用和意义，描述了 dc 指数法与 Sigma 指数法的原理，剖析了影响钻井工程时效的各种因素。通过对典型事故案例的分析，理清了各项工程录井参数与钻井工况的关系。针对工程录井技术在事故复杂预报中的应用，系统介绍了工程录井在钻井过程中的实时监测与预报方法，以及工程辅助服务等。

本书为中国石油天然气集团公司统编培训教材，可作为现场从事工程录井作业人员的培训用书，也可作为石油行业相关技术人员的参考用书。

图书在版编目（CIP）数据

工程录井技术 /《工程录井技术》编委会编 .

北京：石油工业出版社，2016.2

中国石油天然气集团公司统编培训教材

ISBN 978-7-5183-0648-0

Ⅰ . 工…

Ⅱ . 工…

Ⅲ . 录井

Ⅳ . TE242.9

中国版本图书馆 CIP 数据核字（2015）第 144768 号

出版发行：石油工业出版社

（北京安定门外安华里 2 区 1 号　100011）

网　　址：www.petropub.com

编辑部：（010）64523583　图书营销中心：（010）64523633

经　　销：全国新华书店

印　　刷：北京中石油彩色印刷有限责任公司

2016 年 2 月第 1 版　2016 年 2 月第 1 次印刷

710×1000 毫米　开本：1/16　印张：17.25

字数：300 千字

定价：60.00 元

（如出现印装质量问题，我社图书营销中心负责调换）

序

企业发展靠人才，人才发展靠培训。当前，集团公司正处在加快转变增长方式，调整产业结构，全面建设综合性国际能源公司的关键时期。做好"发展"、"转变"、"和谐"三件大事，更深更广参与全球竞争，实现全面协调可持续，特别是海外油气作业产量"半壁江山"的目标，人才是根本。培训工作作为影响集团公司人才发展水平和实力的重要因素，肩负着艰巨而繁重的战略任务和历史使命，面临着前所未有的发展机遇。健全和完善员工培训教材体系，是加强培训基础建设，推进培训战略性和国际化转型升级的重要举措，是提升公司人力资源开发整体能力的一项重要基础工作。

集团公司始终高度重视培训教材开发等人力资源开发基础建设工作，明确提出要"由专家制定大纲、按大纲选编教材、按教材开展培训"的目标和要求。2009年以来，由人事部牵头，各部门和专业分公司参与，在分析优化公司现有部分专业培训教材、职业资格培训教材和培训课件的基础上，经反复研究论证，形成了比较系统、科学的教材编审目录、方案和编写计划，全面启动了《中国石油天然气集团公司统编培训教材》（以下简称"统编培训教材"）的开发和编审工作。"统编培训教材"以国内外知名专家学者、集团公司两级专家、现场管理技术骨干等力量为主体，充分发挥地区公司、研究院所、培训机构的作用，瞄准世界前沿及集团公司技术发展的最新进展，突出现场应用和实际操作，精心组织编写，由集团公司"统编培训教材"编审委员会审定，集团公司统一出版和发行。

根据集团公司员工队伍专业构成及业务布局，"统编培训教材"按"综合管理类、专业技术类、操作技能类、国际业务类"四类组织编写。综合管理类侧重中高级综合管理岗位员工的培训，具有石油石化管理特色的教材，以自编方式为主，行业适用或社会通用教材，可从社会选购，作为指定培训教材；专业技术类侧重中高级专业技术岗位员工的培训，是教材编审的主体，按照《专业培训教材开发目录及编审规划》逐套编审，循序推进，计划编审300余门；操作技能类以国家制定的操作工种技能鉴定培训教材为基础，侧重主体专业（主要工种）骨干岗位的培训；国际业务类侧重海外项目中外员工的培训。

"统编培训教材"具有以下特点：

一是前瞻性。教材充分吸收各业务领域当前及今后一个时期世界前沿理论、先进技术和领先标准，以及集团公司技术发展的最新进展，并将其转化为员工培训的知识和技能要求，具有较强的前瞻性。

二是系统性。教材由"统编培训教材"编审委员会统一编制开发规划，统一确定专业目录，统一组织编写与审定，避免内容交叉重叠，具有较强的系统性、规范性和科学性。

三是实用性。教材内容侧重现场应用和实际操作，既有应用理论，又有实际案例和操作规程要求，具有较高的实用价值。

四是权威性。由集团公司总部组织各个领域的技术和管理权威，集中编写教材，体现了教材的权威性。

五是专业性。不仅教材的组织按照业务领域，根据专业目录进行开发，且教材的内容更加注重专业特色，强调各业务领域自身发展的特色技术、特色经验和做法，也是对公司各业务领域知识和经验的一次集中梳理，符合知识管理的要求和方向。

经过多方共同努力，集团公司首批39门"统编培训教材"已按计划编审出版，与各企事业单位和广大员工见面了，将成为首批集团公司统一组织开发和编审的中高级管理、技术、技能骨干人员培训的基本教材。首批"统编培训教材"的出版发行，对于完善建立起与综合性国际能源公司形象和任务相适应的系列培训教材，推进集团公司培训的标准化、国际化建设，具有划时代意义。希望各企事业单位和广大石油员工用好、用活本套教材，为持续推进人才培训工程，激发员工创新活力和创造智慧，加快建设综合性国际能源公司发挥更大作用。

《中国石油天然气集团公司统编培训教材》

编审委员会

2011 年 4 月 18 日

前　言

　　工程录井是石油天然气钻探中的重要环节，是钻井过程中及时、有效发现和预报工程隐患，保障优质钻井的重要手段。

　　综合录井仪通过对置于钻机不同部位的传感器采集的信号进行实时监测、分析，确保钻井作业的全过程都处于监控之下，从而实现了对钻井过程的连续监测和量化的分析判断，并逐步实现从后期的被动发现到先期的主动预报，现场监督和井队工程技术人员通过分析能够及时掌握井下和地面设备的状况，从而有效地保障钻井工作的安全。在对钻井工况进行监控的同时，还可使用各类辅助软件对所采集到的信息进行分析处理，为现场的工程技术人员提供各类相关的分析，从而起到了安全高效钻井的参谋作用。

　　为工程录井技术人员及时、准确地发现工程参数异常，正确评价异常类型并做出预报，确保安全、快速钻井，以及提高工程录井技术人员作业技术素质，培养高素质录井工程技术作业队伍，特编写此培训教材。

　　该教材以成熟的地层压力理论、钻井工程理论、工程录井基本理论和异常预报技术为基础，详细介绍了地层压力监测与评价的作用与意义，描述了dc指数法与Sigma指数法原理，同时针对影响钻井工程的因素进行了深入剖析，理清了各项工程录井参数与钻井工况的关系、工程参数异常的原因及异常判别标准。并对钻井过程中可能遇到的事故进行了分类。针对工程录井技术在事故复杂预报中的应用，通过典型异常、事故案例的分析，重点介绍了工程录井在钻井过程中随钻地层压力监测与评价、工程参数实时监测与异常预报的方法，以及工程辅助服务的相关内容。

　　为了确保教材的先进性、实用性和可操作性，编写过程中参照了最新颁布的中国石油天然气集团公司企业标准、国内行业标准和相关钻井技术手册，由具有丰富专业知识和现场工程录井服务经验的专家编写。同时，为使教材内容涵盖面更广、操作性更强，请国内工程录井专家进行了审核，并根据专家的意见进行了修改和补充。

　　该教材主要由王志鸿、薛晓军、王斌、王晨、蒲国强、王国瓦、姚志刚、袁金超、马玉明、陈向辉等共同编写完成。其中，第一章主要由薛晓军、王斌、陈向辉、蒲国强、袁金超、李立编写，第二章主要由王斌、薛晓军、蒲国强、袁金超、姚志刚编写，第三章主要由王志鸿、王晨、王国瓦、姚志刚、马玉明、高志夫、朱兵编写，第四、第五章主要由王志鸿、薛晓军、王斌、王国瓦、姚志刚、袁金超、王春雷、刘伟胜编写，第六章主要由王国瓦、姚志刚、薛晓军、王志鸿、马玉明、刘伟胜、韩玉成编写，第七章主要由王志鸿、袁金超、王斌编写，第八章主要由王晨、王斌、陈向辉、李立编写。最后由王志鸿、王斌、袁金超负责全书的统稿和修改工作。

在教材编写过程中，得到了中国石油工程技术分公司地球物理处、西部钻探克拉玛依录井工程公司、西部钻探吐哈录井工程公司、中国石油塔里木油田分公司勘探事业部、川庆钻探地质勘探研究院的大力支持和帮助，在稿件修改过程中得到了中国石油新疆油田分公司勘探开发研究院吕复苏副经理的悉心指导，在此一并表示感谢。同时，我们还要特别感谢以刘应忠为组长的专家评审组对教材所做的精心修改。

由于编者掌握技术资料和水平有限，文中难免有错误和不足之处，恳请读者批评指正。

《工程录井技术》编委会
2015 年 12 月

说　明

　　本培训教材可作为中国石油天然气集团公司所属各录井公司、钻井公司从事钻井工程参数监测、工程复杂原因分析、录井地层压力评价及录井工程辅助服务培训的专用教材。适合从事录井技术管理人员、现场综合录井服务的操作人员、技术人员，钻井现场技术人员及有关的管理人员，从事工程录井资料处理、解释与应用的研究及软件开发人员等的工程录井原理与应用的业务培训。为了便于正确使用此教材，在此对培训对象进行了划分，并规定了各类人员应该掌握或了解的主要内容。

　　培训对象主要划分为以下几类：

　　（1）生产管理人员，主要包括：钻探公司及各级录井单位生产、技术管理人员；油田公司涉及录井生产、技术管理与监督人员。

　　（2）专业技术人员，主要包括：工程录井技术研究人员，工程录井软件开发人员现场钻井地质监督，现场录井工程师、地质师。

　　（3）现场操作人员，主要包括：录井操作员，钻井队技术管理干部、司钻、副司钻。

　　（4）相关技术人员，主要包括钻探公司及钻井单位涉及钻井技术管理人员；油田公司涉及钻井生产的管理与监督人员；现场钻井工程监督；从事钻井技术研究、工程复杂处理的技术人员。

　　根据培训对象工作性质和技能要求的不同，在本教材中，上述培训对象应掌握和了解的章节如下：

　　（1）生产管理人员，本书所涉及的内容均应了解、掌握。

　　（2）专业技术人员，本书所涉及的内容均应了解、掌握。

　　（3）现场操作人员，要求掌握第一章、第二章、第四章、第五章、第六章内容，了解第三章、第七章、第八章内容。

　　（4）相关技术人员，要求掌握第二章、第三章、第四章、第五章、第六章内容，了解第一章、第七章、第八章内容。

　　现场监测过程中，操作人员对于参数单位一般选择国标及行标规定的标准单位，并且默认使用者对相应标准都清楚明了，因此在监控图的配置时常将参数单位省去，造成部分案例截图中物理量无单位情况，但图中参数曲线变化特征明显，同时在案例描述中已详细地进行了描述，请读者在阅读、引用时引起注意。

各单位在教学中要密切联系生产实际，在以课堂教学为主的基础上，还应增加施工现场的实习、实践环节。建议根据教材内容，进一步收集和整理施工过程中的最新案例、照片以及视频，以进行辅助教学，从而提高教学效果。

目　录

第一章　概述···1

第一节　工程录井技术的作用及特点··1

第二节　工程录井技术在安全高效钻井中的优势···3

第三节　工程录井技术的发展··4

第二章　钻井事故、井下复杂分析与监测···7

第一节　引起钻井事故与井下复杂的主要原因···7

第二节　录井参数··14

第三节　工程录井服务系统···20

第三章　随钻地层压力监测与评价··32

第一节　异常地层孔隙压力特点与形成机理···32

第二节　dc 指数法检测地层孔隙压力···50

第三节　Sigma 指数法检测地层孔隙压力···64

第四节　录井压力监测案例分析··68

第四章　工程因素导致的钻井事故和井下复杂特征分析与预报························89

第一节　钻井事故和井下复杂分类与监测、预报流程·····································90

第二节　循环系统类复杂与事故···93

第三节　钻头类复杂与事故··106

第四节　欠平衡钻井条件下的工程监测与预报···119

第五章　地层因素导致的钻井事故和井下复杂特征分析与预报·······················142

第一节　阻卡类复杂与事故··142

第二节　井漏类复杂与事故··159

第三节　井涌、井喷类复杂与事故···166

第四节　有毒有害气体类复杂与事故··175

第六章　录井技术在井控中的作用··192

　　第一节　钻前分析与准备 ……………………………………………… 193

　　第二节　钻井施工过程中的安全监控与预报 …………………………… 204

第七章　工程辅助服务与评价 ……………………………………………… 215

　　第一节　录井工程辅助服务的主要功能 ………………………………… 215

　　第二节　钻井过程中水力参数实时监测 ………………………………… 231

　　第三节　随钻水力学参数评价、优选 …………………………………… 237

　　第四节　地层可钻性、钻头序列及机械破岩参数评价 ………………… 243

第八章　工程录井技术应用展望 …………………………………………… 253

　　第一节　完善井下复杂预报事前分析、事中预报、事后总结机制 …… 253

　　第二节　钻井施工过程监测与事故隐患预报的智能化 ………………… 254

　　第三节　大力推广工程录井服务系统，为钻井施工提供信息支持
　　　　　　平台和应用工具 ………………………………………………… 256

　　第四节　与钻井工程相结合，扩展录井资料应用范围 ………………… 256

　　第五节　多专业融合，实现无风险钻井 ………………………………… 259

参考文献 ……………………………………………………………………… 261

第一章　概　　述

自 1981 年国内引进第一台综合录井仪以来，工程录井技术在石油勘探开发中的应用走过 30 余年历程，其不断完善的随钻工程复杂监控与预报功能，为钻井带来巨大的经济效益。现代工程录井技术更随着电子、信息技术的发展和钻井理论的进步而不断发展完善，能够为钻井工程提供层次更深、覆盖更广的技术信息和管理信息。进入 21 世纪后，现代计算机技术和网络信息传输技术在录井行业中广泛应用，信息采集精度越来越高，处理与传输速度也越来越快，并逐渐将综合录井仪变为了钻井现场信息中心，对井场信息具有快速识别与判断能力，为安全、高效钻井提供了更为完善的服务平台。

第一节　工程录井技术的作用及特点

钻井是实现油气发现、评价与开采最重要、最直接的手段，而在钻井施工过程中存在大量的模糊性、随机性和不确定性因素，诸如对深埋在地下的岩层认识不清（客观因素）、设备和技术存在缺陷（工程因素）以及作业者的判断和决策失误（人为因素），对这些因素认识不清、预防措施不到位常导致在钻井施工过程中随时可能发生井下复杂和钻井事故。因此，这些因素是威胁钻井安全的最大隐患，也是影响经济效益的重要因素，如何及时发现异常，保障钻井安全、提高钻井速度，便成为钻井行业关注的焦点。

现代工程录井技术正是为适应安全、高效钻井需要，在地质录井基础上发展起来的，以保障钻井安全、提高钻井速度为目标，集随钻地质信息采集与分析、地层流体检测、钻井工程参数监测、钻井液参数监测和地层压力监测为一体的综合性石油工程服务技术。它是综合录井技术的重要组成部分，主要通过各处传感器实时采集、监测与钻井工程相关的各项参数的变化，并进行实时分析，从而使现场技术人员能够及时发现因井下异常而直接导致的相关工程录井参数的异常，实现现场工程异常及时预测与预报。钻井工程技术人员也能够通过录井人员提供的预报及相关工程参数分析及时做出判断，并果断采取相应措施，以避免钻井工程复杂的发生及进一步恶化，最大限度地减少复杂损失。同时，录井及钻井技术人员可借助录井平台的共享功能，利用日趋完善的工程辅助系统为优化钻井参数提供相关分析，并将实时信息和评价结果发送给钻井监督、地质监督、钻井平台和钻井工程师，最终达到保障钻井施工安全、降低钻井成本、提高勘探开发整体效益之目的。

相对于其他油气钻探服务技术，工程录井技术具有以下特点：

准确性：探头具有较高的测量精度与稳定性，确保能准确地测量与记录参数的细微变化情况，为进一步分析提供了精准的原始资料。

客观性：随着综合录井仪自动化程度的不断提高，不仅录井参数采集的精度和速度都有相应提高，而且工程录井服务一直遵循客观真实的原则，忠实、全面地记录了施工全过程，不受人为因素的影响，如同钻井的黑匣子，可以为钻井事故分析提供客观全面的数据。

实时性：工程录井服务贯穿钻井施工全过程，通过对钻井施工过程的实时自动监测，将钻井施工中各参数变化以及设备的动态情况真实、实时地图文形式显示出来，使现场施工作业人员能够根据各项录井参数的变化，及时发现、分析异常，为快速解决问题提供参考依据。

综合性：录井采集记录的参数涵盖钻探过程的方方面面，不仅能为油气发现与评价提供服务，而且还有大量与钻井工程有关的参数，可为及时发现与预报井下复杂提供准确依据，更可利用日趋完善的工程辅助系统，为优化钻井参数提供相关分析，为解决施工中诸如调整钻井液性能、套管下入等问题提供分析依据，最终达到保障钻井施工安全、降低钻井成本、提高勘探开发整体效益的目的。

延展性：录井的作用不限于为一口井服务，多年的录井服务，积累了丰富的资料与数据，它所录取的资料可以作为同一地区其他井施工中重要的参考依据，特别是地层压力监测资料、井下复杂分析资料在邻井钻井施工中具有重要的指导意义，丰富的资料还可为区块提速、钻井设计等提供基础数据。

正是由于现代工程录井技术具有多用途、多功能的特点，逐渐为人们所重视，并日益成为油气勘探开发不可或缺的重要技术力量。

第二节 工程录井技术在安全高效钻井中的优势

钻井是一项复杂的系统工程，要保障安全、快速钻井，就需要钻井、钻井液、录井等作业方的密切合作。而工程录井正是为钻井施工提供参数采集、监测预报和优化钻井服务的一项综合性应用技术。狭义的工程录井主要是指对与钻井工程有关的各项参数采集及对钻井工况的监测与预报。广义的工程录井不仅包括与钻井工程有关的各项参数采集及对钻井工况的监测与预报，还包括对相关数据的分析与评价，即工程、钻井液和地层压力录井。工程录井的应用基础是钻井工程，离开了钻井，工程录井就没有生存和发展的空间；钻井则需要工程录井提供发现隐患和事故预报及优化钻井方面的技术支持。工程录井需要从钻井和钻井液获得更多的信息，才能及时发现钻井过程中出现的问题和隐患，准确进行复杂和事故预报，减少和避免事故发生。这种依存关系使得工程录井在钻井监测预报方面具有其他任何技术都无法替代的优势，主要表现在以下几个方面：

（1）可利用所掌握的区域地质资料，提前做好工程监测预报的技术方案，制订有效的施工对策，为钻井安全施工提供技术保障。

（2）通过实时采集钻井、钻井液、油气水、岩性、地层压力等信息，借助监控软件分析各项参数变化，及时发现和预报钻井事故和井下复杂情况，减少或避免工程事故的发生。

（3）长期为钻井服务，积累了丰富的工程录井资料、成功经验和失败教训，形成了一套有效的钻井事故和井下复杂分析评价方法以及工程辅助系统，对钻井施工措施的制订具有很好的指导和帮助作用。做好工程录井技术应用的关键，首先要加强现场实时监测，其次要及时发现和预报钻井事故隐患，再就是要做好钻井工程辅助工作。

随着钻井技术发展和新工艺的应用，钻井的自动化、智能化水平的明显提高，安全、高效钻井有了更强的技术保障。工程录井始终以"一切为降低钻井施工风险，提高钻井施工安全和效益"为宗旨，积极应对钻井和钻井液技术、工艺的发展，与钻井一起共同面对油气勘探开发中存在的技术问题，不断开展技术创新和推广应用，在安全、高效钻井方面发挥着重要作用。目前，利用录井资料，可以为钻井工程提供以下服务：

（1）地层（构造、断层、岩性、邻井情况）预报。

（2）工程复杂（钻头、钻具、井涌、井漏等）预报。

（3）工程辅助（水力学、时效、钻头评价等）服务。

（4）地层压力监测与预报。

（5）远程实时数据传输服务。

（6）钻井工程设计基础数据服务。

第三节　工程录井技术的发展

工程录井技术的应用已有 30 多年的历史，其在安全、优化钻井中发挥着越来越重要的作用。现代的工程录井技术与钻井仪表相比，无论是应用范围、应用方法，还是管理模式上都有质的区别，工程录井作业为钻井工程提供了层次更深、覆盖更广的技术信息和管理信息，其不断完善的随钻监控工程录井服务技术，为钻井带来了巨大的经济效益，日益成为钻井工程施工中不可或缺的重要环节。但也应看到，随着计算机技术、通信技术及钻井技术的不断发展与进步，工程录井面临着越来越多的技术问题与挑战，诸如如何更好地发现钻井参数的隐含信息和规律，将人工经验判别转变为录井系统的智能分析判别，以更好地满足工程监测预报的技术需求；如何将集实时数据采集分析、远程数据传输与网络发布融为一体，以使工程录井服务系统不断发展完善，如何采集与分析更多的钻井信息，特别是井下地质、工程信息等，将综合录井仪建成钻井现场信息中心。面对挑战，只有迎难而上，跟踪与研究前沿录井、钻井技术，才能使工程录井在今后的油气钻探中发挥更大的作用。

一、开发与完善钻井隐患录井智能预警系统

工程录井进行钻井事故预警的研究和探索经历了一个逐步发展的过程。在录井历史的早期，录井仪器的采集手段非常原始，对于事故的认识也很肤浅，参数异常报警是最常用的报警方式，采用单一参量、单一门限的逻辑判别方式，通过设置某些参数的上下限来对该参数进行报警。实际上不能对事故进行有效预报。随着录井技术的发展，综合录井仪采集的参数大大增加，精度也有了很大的提高，随之出现了人工经验报警方法。这种方法要求操作

人员能够仔细观察和了解工程等各方面参数的变化趋势，然后依靠自己多年来积累的经验对常见的工程事故进行报警。伴随现代计算机技术和网络技术的高速发展，利用人工智能技术自动对工程参数异常监测和工程事故复杂预警成为各录井公司研究的重点，目前已取得一定的成果，该项技术的成功一定会成为录井技术服务的新亮点。

二、不断完善工程录井服务系统

工程录井服务系统在现场应用已经有相当的年头，并在井下复杂监测与优化钻井方面发挥了重要作用，但与国外先进技术相比仍存在一定差距。因此，应加强科研攻关，不断完善工程录井服务系统，通过对一系列新的方法、模型和规范的研究与应用，形成一套集井场综合信息采集、存储、通信、应用于一体的井场随钻信息综合应用技术，实现对钻井信息的实时采集、实时存储、实时传输、多用户共享，实现现场施工情况的实时分析，工程事故与复杂的实时警示，达到对钻井施工过程进行有效监测的目的，以更好地为油气勘探开发经营者与作业者进行科学决策、提高钻井时效与质量、控制钻井成本提供技术支持。

三、开展新方法、新技术研究

当前，对钻机运行过程中大量有用信息，我们仍然没有采集和认识，同时，危害最大的钻井事故和井下复杂主要来自井眼和地层，我们需要了解到井下的真实情况。现有的工程录井可以从岩屑类型分析、岩屑返出量测量和环空压力监测等方面开展技术研究，判断井壁稳定性、井眼清洁度。了解井筒环境变化及其与井下复杂的对应规律，对地面参数进行校正，使之更加接近地层状态。为此，应重点加强以下几方面的工作：

（1）加强钻具振动测量技术的研究和应用。钻井过程中钻具在横向和垂向会产生振动，产生振动波。在相似的钻机工作环境下，钻具振动波表现出一定规律，且具有连续性。当井下复杂、钻具异常或地层岩性变化时，钻具振动波将产生变化，不同因素所造成的钻具振动波的频率、振幅和形态所表现的规律必然不同，通过测量和分析钻具振动波，找出振动波的频率、振幅和形态与井下复杂、钻具异常或地层岩性变化之间的规律，为准确判断井下复杂、地层岩性提供参考依据。

（2）开展钻机动力参数测量技术研究，探寻新的工程异常分析判断依据。在遇阻、卡钻等井下复杂情况出现时，钻机提升系统、旋转系统的工作负荷加大，给提升系统、旋转系统提供动力的发动机输出功率也会加大。因此通过测量发动机输出功率，根据其大小变化能够指示井下复杂的发生，为工程事故预报提供新的参数依据。

（3）加强与随钻测量（MWD）、随钻测井（LWD）测量技术有机结合。录井在地面测量来自地下的地质和工程信息，属间接测量。受井筒环境的影响，所得参数与地层真实特性存在一定偏差，要校正这类偏差难度极大。只有将探头传感器深入钻头处测量，才能取得地层的真实信息。MWD、LWD测量技术的应用与发展为钻进过程中获取地层真实信息，全面监控钻井、判断油气层奠定了基础。随着定向井、水平井钻井数量的增加，随钻测量技术应用更加普及和深入。工程录井应该与随钻测量技术有机结合，共同为钻井提供服务。

第二章 钻井事故、
井下复杂分析与监测

　　钻井是一项隐蔽的地下工程，具有难度大、周期长、成本高的特点，在钻井过程中存在着大量的模糊性、随机性和不确定性问题。由于对客观情况的认识不清或主观意识的决策失误，各种事故与复杂情况发生的可能性随时存在，是威胁钻井安全的最大隐患，也是影响勘探经济效益和社会效益的主要因素，一旦发生井下复杂或事故，处理难度大、周期长，成本浪费极大，有时甚至导致井筒报废。为保障钻井安全，需要密切关注钻井施工过程，及时对现场各种异常信息进行综合分析，判断钻井工程参数的异常变化，对各种钻井工程异常事件做出早期预报，避免工程事故及复杂情况的发生或阻止已发生的异常情况进一步恶化。同时，在钻进过程中，如何针对影响因素对钻井参数进行优化，不断提高钻井速度与效益，亦是钻井人员非常关心的问题。工程录井技术充分利用自身在地质因素分析、数据采集与处理方面的优势，对引起工程异常的原因进行深入分析，探索施工工况与参数异常间的关系，同时不断引进与应用最新钻井工程理论，形成了完善的工程录井服务系统，不仅能够提供更精确及时的随钻监控与工程隐患预报，还为钻井工程提供了层次更深、覆盖更广的技术信息和管理信息，其不断完善的功能，为钻井带来了越来越多的经济效益。

第一节　引起钻井事故与井下复杂的主要原因

　　安全是最大的节约，钻井事故和井下复杂是最大的浪费，最大限度地减少钻井事故、井下复杂时效是我们进行事故预防的最主要目的。大量的统计、研究显示，钻井事故的发生，并不完全是一种客观存在，多数情况下是可以避免的。大量的分析表明，影响钻进速度、成本和质量等的因素分为不可控因素和可控因素。不可控因素是指我们只能认识而无法改变的客观存在的因素，如所钻地层岩性、储层埋藏深度、地层可钻性、研磨性和地层压力等；可控因素是指通过一定设备和技术手段可控制和改变的因素，如地面机泵设备、钻头类型、钻井液性能、钻压、转速、立管压力和排量等。

工程录井作为安全钻井的参谋，在事故预防方面具有掌握资料齐全、全天候实时监测等天然的优势，更应利用掌握的录井资料，针对不同情况，强化事故预防工作，配合井队做出正确的判断和推理，最大限度地克服客观的不安全因素，引导它们向好的方面转化，确保钻井生产的正常进行。

通过多年来对钻井事故、井下复杂成因的统计分析，引起钻井事故或井下复杂工况的因素主要有地层、钻具、钻井液、人为、设备、环境6个方面。其中地层引起的挂卡、遇阻、溢流、井漏、油气水侵、地层压力等异常占到钻井事故、井下复杂总数的75%左右，其次是钻具和钻井液因素，而人为、设备和环境等因素的影响仅为5%（表2-1）。

表2-1　引发钻井事故、井下复杂的主要因素

类别	引起钻井事故、井下复杂的因素	影响程度
地层	岩石硬度、造浆能力强、易吸水膨胀、胶结差、地层裂缝、断层发育、油气水侵等	主要影响因素，占75%
钻具	质量、磨损、腐蚀、碰撞、疲劳等	次要影响因素，占10%
钻井液	清洁度、酸碱度、携砂能力等	次要影响因素，占10%
人为	司钻操作不规范、不严格、送钻不均匀等	次要影响因素，占5%
设备	机车、绞车、钻井泵、发电机组等	
环境	高温、低温、大风、大雨及其他	

事故预防是一种常规和常用的重复性技术，同时又是一种低成本投入、获得高收益的有效手段，因此，我们应该从各个方面入手，谨慎行事，针对不同情况，做出正确的判断和推理，强化事故预防工作，确保钻井生产的正常运行。总的说来，造成钻井工程事故的因素主要包括地质因素和工程因素两方面。

一、地质因素

钻井的对象是地层，在钻进过程中要钻遇各类地层，因此对钻遇地层地质条件的认知程度是影响钻井施工成败的重要因素之一。从钻井过程来看，由地质环境所决定的钻井地质特征参数（包括地层的岩性、理化特性、地应力、压力特性、可钻性、各向异性及岩石力学参数等），是钻井优化设计与施工控制的基础数据。如何精确提取这些地层信息，是技术人员普遍关心的关键技术问题之一，这直接关系到工程的质量、安全和效益。特别是在钻井过程中钻遇高温高压等复杂地层时，能否预先精确地掌握这些地层特性参数，直接关系到钻井工程或油藏开发方案的成败。

造成井下复杂的这些地质因素是客观存在、不可更改的，也是在实际钻井过程中必须重视的。通过对多年钻井实践的分析总结，引起钻井作业中钻井事故与井下复杂的主要地质因素见表 2-2，这些因素对安全钻井来说至关重要，但通常地质设计中所提供的比较详细的资料是油气层资料，而对工程上所需要与关心的相关资料则提供不多，或不够详细，甚至有些数据与实际情况相距甚远。另外，对于已经开发的油田，由于注水开发的影响，地下的压力系统变化很大，也很难以已钻邻井的资料作为主要依据，这就使钻井过程往往不得不打遭遇战，致使井下复杂屡屡发生。因此，井场施工人员有必要对钻井事故和井下复杂发生、发展的主要原因有一个清晰的认识。

表 2-2　钻井中产生钻井事故与井下复杂的主要地质因素

序号	地质因素	类别	产生复杂的主要原因	主要复杂情况	可能引发的事故
1	岩性	泥页岩	含高岭土、蒙皂石、云母等硅酸盐矿物，具有可塑性、吸附性和膨胀性	剥落、掉块、变形等井壁不稳定	起下钻阻卡，可造成卡钻
		砂砾岩	含石英、燧石块、粒径大小悬殊，泥质胶结，均质性差	蹩、跳、渗漏、钻具劳损	黏扣、黏卡、断钻具、掉牙轮
		砂岩粉砂岩	含石英、长石，胶结物为铁质、钙质和硅质，具有极高的硬度	极强的研磨性、跳钻	钻头缩径、掉牙轮、断钻具
		石膏盐岩层	有弹性迟滞和弹性后效现象，易蠕动、溶解、垮塌	蠕变、缩径	起下钻阻卡易卡钻
		碳酸岩层	主要成分 CaO、MgO 和 CO_2 等有溶解与重结晶等作用	形成溶剂与裂缝	产生漏失、阻卡、卡钻

续表

序号	地质因素	类别	产生复杂的主要原因	主要复杂情况	可能引发的事故
2	地层压力	高孔隙压力	高密度钻井液中固相含量高，恶化钻井液性能，加大井底压差	钻速慢、滤饼厚、压差大、井涌、溢流	压差卡钻、井喷
		低破裂压力	使用堵漏材料，恶化钻井条件	井漏、阻卡	卡钻、井塌
3	地质构造	褶皱	地层变形产生裂缝、内应力和大倾角地层	井斜、漏失、井塌	卡钻
		断层	地层变位产生断裂与位移	井斜、漏失、井壁垮塌	卡钻

录井工作者在地质、工程信息的收集与综合分析上有一定的优势：利用地质构造、地层认识方面的经验，钻前对目标井可能遇到的各类异常进行一个基本的预测；在实钻过程中，结合工程、地质录井参数，对井下状况进行实时监测与分析，一旦发现异常或发现有价值的地下信息时，必须有正确的判断，并第一时间通报现场工程技术人员，为钻井工程的正确决策赢得最宝贵的时间，进而及时采取正确的措施。

1. 地层岩性影响

钻井的对象是地层，而地层的岩石结构有硬有软，压力系统有高有低，孔隙有大有小，且储存有各种流体。要保证钻井的安全顺利，就必须要对目标井预计会钻遇的一些特殊地层如在一定温度、压力下发生蠕变的盐层、膏层、沥青层，富含水的软泥岩层、吸水膨胀的泥页岩层，裂缝发育容易坍塌剥落的泥页岩层、煤层，未胶结或胶结不好的砂岩、砾岩、砂砾岩，破碎的凝灰岩、玄武岩，断层破碎带及未成岩的地层等有所认识。同时还应对可能钻遇的砂砾岩层结构、构造及组成，裂缝性、孔洞型的地层如变质岩、碳酸盐岩等有清晰的认识，这些地层是造成井下复杂问题的主要对象，也是井身结构和钻井液设计与调整的主要依据。

2. 地层压力影响

准确地确定地层孔隙压力不仅为安全优快钻井，而且可以为油气勘探评价提供重要的决策依据。在钻井工程方面，地层压力（包括地层孔隙压力和地层破裂压力）关系到快速、安全、低成本钻井和完井，甚至关系到钻井的成败。

对渗透性或裂缝性地层，在钻井过程中，一方面岩层孔隙流体存在地层压力，另一方面井眼中钻井液也会产生液柱压力，正常情况下，用液柱压力来平衡地层压力，为保持钻进、起下钻状态的压力平衡，还需要再附加压力 $0.05 \sim 0.15 \mathrm{g/cm^3}$。当这种平衡被破坏后，就会发生井漏、油气水侵、溢流、井涌等复杂情况。当井内有效压力小于地层压力（负压差）时，在负压差作用下，地层流体会侵入井眼，即在井眼环空裸眼中任一位置，如果环空流体压力低于该处地层压力时，地层流体均可进入井眼。大量地层流体进入井眼后，就有可能产生井涌、井喷，甚至着火等复杂情况，酿成重大事故。当钻井液液柱压力大于地层孔隙压力时会发生漏失。井漏可能是天然的漏失，如天然裂缝、溶洞型地层漏失，粗颗粒胶结差或未胶结的渗透性漏失；也可能是人为引起的，如施工措施不当，破坏了压力平衡，引起人为的漏失。

3. 构造及地应力等的影响

地层的构造状态对其稳定性有很大的影响。地壳是在不断运动之中，在不同的部位形成不同的构造应力（挤压、拉伸、剪切），这些应力超过岩石强度时便产生断裂而释放能量。这些应力的聚集不足以使岩石破裂时，以潜能的形式储存在岩石之中，当遇到适当的条件时，就会表现出来。当井眼被钻穿后，钻井液液柱压力代替了被钻掉的岩石所提供的原始压力，井眼周围的应力被重新分配，被分解为周向应力、径向应力和轴向应力，当某一方向的应力超过岩石强度极限时，就会引起地层破裂，尤其是有些地层本来就是破碎性地层或节理发育地层。虽然井筒中有钻井液液柱压力，但不足以平衡地层的侧向压力，所以，地层总是向井眼剥落或坍塌。通常水平位置的地层稳定性较好，而多数地层受构造的影响有一定的倾角，随着倾角增大，地层稳定性变差，根据研究，60°左右倾角的地层稳定性最差。

4. 流体性质影响

在油气井钻探过程中，经常会钻遇含硫化氢（H_2S）、二氧化碳（CO_2）等有毒有害气体的地层，若发现不及时，处理不当，极易造成人员、设备的损失。

了解事故的成因对于判断事故类型、做出准确预报具有很好的指导作用。针对地层构造复杂是引起钻井事故的主要因素这一特点，在工程预报时不能仅用钻井参数进行分析判断，更应充分认清区域构造特点、地层特性，相邻或相关的钻井事故和井下复杂状况，加强随钻地层跟踪，提前向钻井人员提示地层变化及可能产生的复杂影响，为进行钻头选型、钻具组合及钻井液性能调整提供参考。

二、工程因素

工程因素就是主观因素的具体反应。在钻井过程中，现场施工人员可能会由于思想认识的模糊或者某种片面局部利益驱动，怀着侥幸的心理铤而走险，为钻井事故和复杂的发生创造了条件。概括来说，引起钻井事故复杂的工程因素包括如下几方面：

（1）由于地质资料掌握的不全不准，或者有可靠地质资料而未严格地按科学方法进行井身结构设计，使同一段裸眼中喷、漏层并存，难以控制。

（2）井控设备未及时安装，或者虽然装了井控设备但不讲求质量，一旦钻遇高压层，应急使用时到处刺漏，造成井喷失控。

（3）钻井液体系和性能与地层特性不相适应，造成裸眼井段中某些地层缩径或坍塌，或者造成井喷、井漏或井塌。

（4）操作不适当。下钻速度过快会产生很大的激动压力，易将地层压漏。起钻速度过快会产生很大的抽汲压力，易将油气层抽喷或将结构松软的地层抽塌，特别是在钻头或扶正器泥包的情况下尤为严重。

（5）钻井设备发生故障，被迫停止钻具的活动或钻井液的循环，是发生井下事故的最普遍的因素。

（6）日常操作不当，或是发现井下复杂情况处理不及时，把本来不复杂的问题弄得复杂化，把本来不应该发生的事故却人为地造成了。

总之，导致钻井事故与井下复杂形成的工程因素，大多是人为因素，因此通过加强监管措施、细致地做工作是可以避免的。钻井工程是隐蔽工程，具有一定的模糊性和不确定性，每前进一步都有一定的风险，而预报井下复杂情况与井下事故更是如此。井下情况千差万别，全靠人们凭经验和知识去判断，不同的人会有不同的认识，可能做出不同的结论，然而正确的结论只能是一个。现在井下的情况并非完全不可知，通过上述描述可知，影响井下复杂与事故的主要工程因素见表2-3。

表2-3 影响钻井事故与井下复杂的主要工程因素

序号	工程因素	主要技术要求	主要作用
1	井身结构	套管封固不同压力层系与不稳定地层	防塌、防卡、防喷、防漏

续表

序号	工程因素	主要技术要求	主要作用
2	钻井设备	钻井泵排量可调，有足够的功率	清洗井底、净化井筒、防卡、防钻头泥包
		转盘软特性，转速可调	防蹩、防断
		顶驱	及时处理复杂，减少卡钻
		固控完好，处理量满足要求	降低固相含量
3	井控设备	压力级别与地层压力匹配，试压合格	防喷、节流压井
4	钻井液	根据地层岩性、压力，选择合适的类型与性能参数。	防塌、防卡、防钻头泥包，提高钻速
5	钻具结构	根据地层岩性、倾角、钻井工艺条件选择钻具结构及井下工具	防斜、防断、防振、防卡、防掉
6	钻井仪表	要求全面、准确反映钻机工作状态	提供钻进中井下真实动态、信息，准确及时判断井下情况
7	钻头选择	根据地层可钻性选择钻头类型与钻进参数	提高钻速，防掉、防跳
8	操作技术	严格遵守钻井中各项技术操作规程和技术标准	防止操作失误、违规，使井下情况复杂化或造成更大事故
9	应急或处理措施	准确判断井下情况，制定正确处理措施，及时分析、修正处理方案，具有多种应急手段	减少失误和时间损失，提高事故处理效率和一次成功率
10	钻井用器材与工具	质量合格、性能可靠	少发生或不发生井下事故，保证顺利钻进

　　充分认识复杂情况与事故的成因机理，不单是处理钻井事故与井下复杂的必要条件，也能为工程监测指明方向，因此我们在实际工作中应有针对性、有目的地提前加以关注和防范。

　　现代录井技术已经能够对地质、工程、钻井液参数进行较系统的采集、记录与计算处理，通过分析，能够预知下部地层是否有高压层存在，同时还能通过实时监测各项参数，及时发现变化，能做到在复杂情况发生的初期，就可利用现有的资料和录井工作中长期积累的经验加以分析判断，及时得出较为切合实际的结论。

第二节 录井参数

工程录井参数类型多样，涵盖地质、工程、钻井液等多方面的信息，通过对这些信息进行实时分析与处理评价，可以获得钻井工况、地层流体性质、地层孔隙压力、地层可钻性、工程事故预报、钻井时效分析及钻井工艺参数设计等与安全优快钻井有关的信息资料，为钻井工程提供全面及时的服务。因此，准确地对录井参数类型进行清晰的分类，并理清各参数与钻井工况的关系，对于提高工程录井服务质量至关重要。

一、录井参数的主要类型及功能

保障钻井工程安全、实现优化钻井是工程录井最主要的作用之一。工程录井服务系统正是通过人工及综合录井仪置于各处的传感器实时采集地质、工程及钻井液信息，再对这些信息的实时监控与分析处理，发现与评价各类异常，从而达到实时监控的目的。

根据所记录参数来源的不同，可分为测量参数和计算参数两大类：测量参数是通过安装在各部位的传感器直接测量得到；计算参数则是根据测量参数的结果，依据相关数学模型和公式计算得出。而按照参数功能的不同又可分为两大类：一类是地层地质信息，通过对这些资料定性和定量的综合解释，不仅可以及时发现与判断井下流体性质，还可以获得油气层的参数信息（如位置、岩性、含油气产状等）；另一类是工程数据资料信息，真实地记录了钻井过程中各种工艺参数的变化情况，通过实时监控与判断，能够及时发现和预报钻井施工过程中的隐患。为更清晰地进行归类，本书采用参数采集方法和功能的差异相结合的方式，将录井参数分为地质参数、工程参数、钻井液参数和地层压力参数（表2-4）。

地质参数不仅包括钻时、岩屑、岩心、荧光、钻井液性能等参数，同时还包括利用综合录井仪色谱部分随钻测量钻井液中与烃类浓度及其成分有关的参数，如全烃、烃组分及 CO_2、H_2、H_2S 等，地层、构造分析等内容也归属此类。通过对此类资料的分析，不仅可以及时发现油气显示，并进行油气层评价，同时，也可为井下工况评价、井下复杂预报、钻头选型、地层压力评价等提供重要依据。

表 2-4　主要录井参数及作用

类别	参数	用　途
地质	钻时	反映地层可钻性及钻头工况
	岩屑、岩心	反映井下地层岩性及稳定性
	钻井液性能	反映钻井液中所含地层流体性质的变化
	烃类气体	反映储层流体性质及含油气性
	二氧化碳	反映地层二氧化碳气体的含量变化
	硫化氢	反映地层有毒有害气体的变化，是确保人身安全的重要参数
钻井液	流量	反映进出井口钻井液量变化
	体积	反映钻井液量的变化
	密度	反映钻井液性能变化，为计算地层压力、调整钻井液性能、优化钻井提供参数
	温度	可间接反映地热梯度，是监测异常压力的重要参数
	电导率	反映是否有地层流体进入，判断侵入钻井液中地层流体性质
工程	钻时	反映地层可钻性及钻头工况
	转速	反映地层岩性及钻头工况，提供优化钻井、压力检测所需数据
	泵冲	反映钻井泵工况、入口流量
	大钩负荷	反映钻具质量的变化
	钻压	钻头对地层的作用力
	扭矩	反映钻头使用及工程异常情况、地层岩性变化
	立管压力	反映循环系统的工作状态
	套管压力	反映井筒内压力变化
	深度	反映钻头位置、运动速度及判断运动方向
地层压力	ECD 指数	反映井筒状况
	dc 指数	反映地层可钻性及地层压力变化
	Sigma 指数	反映地层可钻性及地层压力变化

　　工程参数是与钻井工程有关的参数，如钻压、大钩负荷、井深、立压、泵速、转盘转速、转盘扭矩等参数。这些参数结合时间等进行综合计算又可

以派生出钻时、钻压、钻速等重要的参数。工程录井参数的变化可以反映钻井工程、地质、地层压力等各种异常情况，对于钻井事故和井下复杂的早期预报起着重要的作用。

钻井液参数是与钻井液有关的参数，如钻井液温度、密度、电导率、池体积、出口流量等参数。现场地质工作者可以通过钻井液录井，即观察槽面油气显示情况，有无油花、气泡，占槽面百分比，有无油气味、硫化氢味，槽面上涨高度、下降情况，并随钻测量钻井液性能变化情况，可及时发现油气层。同时，还可通过对参数变化的监测与分析，及时发现井涌、井漏等井下复杂，并为压力监测与评价提供间接证据。

地层压力参数是与地层压力有关的参数，如 ECD、dc 指数、Sigma 指数、地层压力、地层破裂压力等参数。这些参数对于预测异常地层压力、预报井漏等因异常地层压力导致的复杂情况具有重要意义。

这些工程录井参数是我们进行油气发现与评价，以及工程事故复杂预报及其他工程录井服务的主要依据，也是我们重点分析、研究对象。

二、录井参数与钻井工况的关系

综合录井仪应用于钻井工程中，使钻井作业的全过程都处于仪器的监控之下，并随着录井技术的发展及对钻井工程认识的进步，逐步实现从后期的被动发现到前期的主动预报。仪器房内的联机计算机在进行实时监控的同时，可将采集到的信息按要求进行存储，并可按要求将所有信息以数字或曲线的形式发送到钻台上和监督及相关技术人员房内的终端上，使现场监督和井队的工程技术人员能够及时掌握井下和地面的状况，从而有效地保障安全钻井。

钻井工程设备按功能的不同，可分为钻井液循环系统、动力驱动系统和旋转系统等。各系统间都是相互关联的，如动力系统要给钻机施加动力，驱动钻机旋转系统带动钻具转动，同时也驱动钻井泵运转向井下泵入钻井液等，完成一套钻井全过程。这些系统在正常状态时，所有参数保持相对稳定，表明钻井设备正常运转、井筒情况良好。通过对现场情况的观察和分析，将相关参数的变化关联起来就能反映钻井过程中各系统的工作状态。如果一旦发生参数异常，就表明钻井设备、井筒及井下地层等可能发生了变化（表 2-5），需要及时关注。

表 2-5　工程参数与钻井工况的关系

参数关联	钻井工况
大钩负荷与大钩高度关联	说明吊悬系统的工作状态
钻头位置、大钩负荷与立压关联	说明钻井状态
钻压与米进尺关联	说明岩性的变化和送进
井底上空与未完钻时关联	说明井底的时空关系
转速与扭矩关联	说明旋转系统的工作状态
立压与泵冲的关联	说明循环系统的状态
总池体积与溢漏情况关联	说明井筒与地层的平衡关系
入口流量与出口流量关联	说明循环系统的状态
入口密度与出口密度关联	说明岩屑的浓度变化
入口温度与出口温度关联	说明钻开层的地温场
入口电导与出口电导关联	说明地层流体的侵入
扭矩与钻时关联	说明钻头的磨损状况
大钩负荷、立管压力与泵冲的关联（刺漏报警）	说明钻具的安全状态

三、常见录井参数异常的判别

　　工程录井监测范围广泛，监测参数包括地质参数、工程参数、钻井液参数及地层压力参数等。所有参数都能实时记录、存储和传输，并同时完成全部参数曲线连续绘制。要实现对工程异常事件精确及时的预测，必须及时关注反映异常情况下的各项参数的变化情况，这就需要正确选择合理的参数进行判断识别。

　　实时测量的工程参数和资料异常显示的判别标准，是异常事件解释和预报的依据，在无人为因素干扰、无特定的要求或规定情况下，录取的任意一项资料或参数符合下列情况则为异常。

　　1. 地质参数异常

　　（1）气体全烃含量高于背景值 2 倍以上，且绝对值大于 0.5% 以上。

　　（2）二氧化碳含量明显增大。

　　（3）硫化氢含量超过报警值。

（4）岩屑照射有荧光显示。

（5）振动筛上岩屑量增多，岩屑多呈大块状。

（6）地层岩性明显改变或岩屑中有金属微粒。

（7）取心异常。

2. 工程参数异常

（1）钻时突然增大或减小，或呈趋势性增大或减小。

（2）钻压大幅度波动或突然增大 50kN 以上或钻压突然减小并伴有井深跳变。

（3）除去改变钻压的影响，大钩负荷突然减小 50 ~ 60kN。

（4）转盘扭矩呈趋势性增大或减小 10% ~ 20%，或大幅度波动。

（5）转盘转速无规则大幅度波动，或突然减小甚至不转，甚至打倒转。

（6）立管压力逐渐减小 0.5 ~ 1MPa，突然增大或减小 2MPa，或趋势性增大或减小。

（7）实时钻进中的钻头成本呈增大趋势。

3. 钻井液参数异常

（1）钻井液总池体积相对变化量超过 1 ~ 2m³。

（2）钻井液出口密度减小 0.04g/cm³ 以上，或呈趋势性减小或增大。

（3）钻井液出口温度突然增大或减小，或出入口温度差逐渐增大。

（4）钻井液出口电导率或电阻率突然增大或减小。

（5）钻井液出口流量明显大于或小于入口流量。

4. 地层压力参数异常

（1）泥页岩井段 dc 指数或 Sigma 指数相对正常趋势线呈趋势性减小。

（2）泥页岩密度呈趋势下降。

（3）碳酸盐含量明显变化。

在实际钻井过程中，井队工程技术人员正是通过观察这些参数的变化来进行井下工况判断与下步工作安排的。而现代录井技术的发展，实现了对地质、工程、钻井液参数进行较系统的采集、记录与计算处理，并能够通过综合性的分析，预知下部地层是否有高压层存在，同时还能实时监测各项参数，能做到在复杂情况发生的初期，及时发现参数出现异常，利用现有的资料和录井工作中长期积累的经验，结合钻井情况，立即查明原因，进行对比分析和判断，得出较为切合实际的结论，为钻井施工提供建议。

钻井过程中的事故隐患存在于施工的全过程中，而不同的钻井施工阶段，施工的工序、动用的设备不同，需要监测的内容和关注的重点也是不同的，我们必须对所需监测的参数进行相应的组合，以确保钻井施工安全。根据实际经验，各钻井作业阶段所需监测的内容及相关的参数见表 2-6。

表 2-6　不同钻井作业阶段录井监测内容与参数表

工作状态	钻进	提下钻	特殊作业
监测内容	提升系统：阻卡、溜钻、放空等。 循环系统：泵刺、地面管线刺、钻具刺、水眼刺、水眼堵、井壁垮塌、卡钻等。 旋转系统：钻头老化、泥包、憋钻等。 池体积增减：井漏、油气水侵、溢流、井涌等。 地质类：地层岩性变化、油气水显示、地层压力异常、H_2S 等	提下钻速度、灌浆情况、阻卡	电测、下套管、固井、地破试验、特殊处理（如处理事故等）
监测参数	钻时、钻压、大钩负荷、大钩位置、转盘转速、扭矩、泵速、立管压力、排量、总池体积、出口密度、入口密度、出口温度、入口温度、出口电导率、入口电导率、气测总烃、组分（C_1、C_2、C_3、iC_4、nC_4、iC_5、nC_5）	大钩负荷、大钩位置、总池体积	大钩负荷、大钩位置、转盘转速、扭矩、泵速、立管压力、排量、总池体积、出口密度、入口密度、出口温度、入口温度、出口电导率、入口电导率、气测总烃、组分（C_1、C_2、C_3、iC_4、nC_4、iC_5、nC_5）

最直观的工程监测方法是以数字、曲线的形式来监测和预报。在实际应用中，人们逐渐意识到，上述各项录井参数间不是相互孤立的，它们之间存在着一定的因果关系，在进行工程监测中应该综合各项（地质、工程、钻井液）参数的变化情况，按照各参数内在的相关性，将不同参数进行合理组合，并合理定义各参数量程范围，以使监测画面所有曲线的形态对应不同钻井状态，从而可以更直观地判断施工过程中设备运转稳定或不稳定。在监测过程中，井下或钻机发生任何异常，曲线都会相应发生变化，通过对变化的判断，做到及时发现异常、准确判断工况，为下步正确施工提出合理建议。

第三节　工程录井服务系统

随着计算机技术、通信技术及钻井、录井理论的不断发展，录井软件系统也在不断发展完善，逐渐形成了集实时数据采集分析、远程数据传输与网络发布于一体的实时分析处理应用软件系统。以中国石油西部钻探克拉玛依录井工程公司与中国石油大学（北京）樊洪海教授最新联合开发的"钻井工程监测与辅助系统"为例，该系统通过对一系列新的方法、模型和规范的研究与应用，形成一套集井场综合信息采集、存储、通信、应用于一体的井场随钻信息综合应用系统，实现了对钻井信息的实时采集、实时存储、实时传输、多用户共享，能够完成现场施工情况的实时分析，工程事故与复杂的实时警示，达到了对钻井施工过程进行有效监测的目的。系统的开发与应用可以更好地为油气勘探开发经营者与作业者进行科学决策、提高钻井时效与质量、控制钻井成本提供技术支持。

该系统采用图 2-1 所示的网络结构方案，分为井场局域网系统和基地局域网系统，通过有线或无线通信网实现两者间的数据双向通信。井场客户机的服务对象为工程监督、井队管理者、井场工程技术人员等。基地客户机的服务对象为基地生产指挥、监督、管理人员等。

井场为一小型局域网系统，采用主从式（服务器／客户机）结构。井场服务器运行钻井工程监测与远程辅助决策系统——井场服务器软件和钻井工程数据库。井场客户机运行钻井工程监测与远程辅助决策系统——客户机软件，通过网络共享服务器上的数据资源。

井场与基地间可根据实际情况采用普通有线电话、GPRS 无线通信、微波、卫星等方式连接。在基地配备专用服务器，称为数据中继站，安装数据中继站服务程序，负责用户间文件与消息的中转及井场与基地钻井工程数据库的数据同步等。在基地客户机较多的情况下，可以将基地分为若干个局域网，每个局域网也采用主从式（服务器／客户机）结构。基地服务器钻井工程数据库数据由数据中继站写入，该局域网中的客户机通过网络共享服务器数据资源，基地与井场的客户机软件功能基本类似。

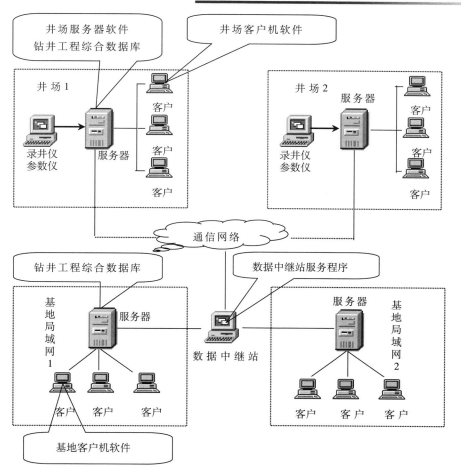

图 2-1　钻井工程监测与辅助系统构成示意图

一、现场工程录井服务系统构成及主要功能

钻井工程监测与辅助系统集实时数据采集、服务器软件、钻井工程数据库、客户端软件于一体。现场通常采用对等网，网络中各台计算机均可将自己的资源与其他计算机共享，各计算机既是文件服务器，也是工作站。这种网络系统连接简单，共享模式灵活，也比较容易扩充（图 2-2），比较适合计算机数量较少的井场。

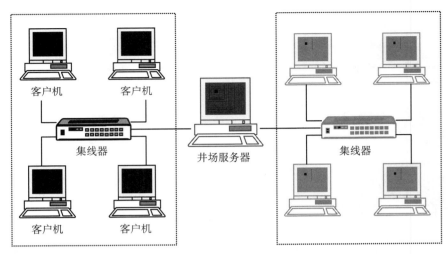

客户机　　　客户机

集线器

井场服务器

集线器

客户机　　　客户机

井场局域网　　　　　　　　　　　　　　　录井仪局域网

图 2-2　井场局域网示意图

井场服务器软件是钻井工程监测与辅助系统的核心，其主要功能模块如图 2-3 所示，主要包括实时监测、工程辅助等模块，通过该系统，不仅可以实现对钻井过程的全程监控，同时，通过工程辅助模块的应用，还可实现优化钻井，提高钻井效益。

不同的钻井工况下操作与施工不同，因而监测重点是有区别的，通过参数的不同组合，可以更有效地对钻井施工过程实施有效监控。

1. **钻进过程监测**

钻进过程包括正常钻进、划眼、循环洗井。钻进过程监测模块（图 2-4）主要具有如下功能：

（1）井眼状态与钻具结构显示。

①钻井液池状态及池体积显示。

②泵工作状态与参数显示。

③流变参数实时计算与显示、钻井液密度监测（密度变化量超限警示）。

④水力参数实时计算、显示与监测。

⑤钻头磨损（牙齿和轴承磨损）计算与监测（磨损量超限警示）。

⑥每米成本（常规成本和风险成本）计算与实时显示。

⑦立压变化计算与监测（掉喷嘴、堵喷嘴、钻具刺漏判断与警示）。

⑧总池体积净变化量计算与监测（井漏、溢流或井涌判断与警示）。

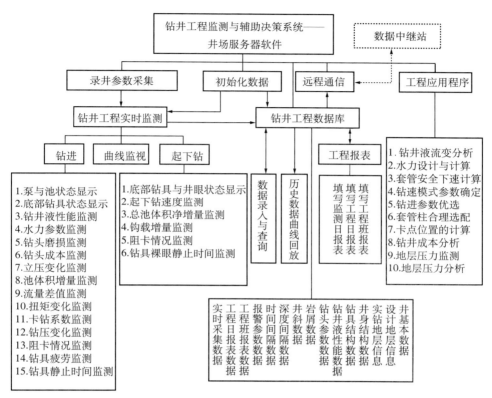

图 2-3　井场服务器软件主要模块

⑨扭矩变化计算与监测（钻头失效、断钻具判断与警示）。

⑩卡钻系数计算与监测（卡钻可能性警示）。

⑪钻压变化计算与监测（钻压超限与溜钻判断与警示）。

⑫钩载变化量监测（遇阻遇卡警示）。

⑬地层压力监测。

⑭钻具裸眼静止时间监测（超时限警示）。

⑮ H_2S 含量监测。

⑯ CO_2 含量监测。

⑰总烃含量监测。

⑱钻柱浮力计算。

（2）井眼与钻具结构显示。

①按用户设置的比例显示井身与钻具结构。

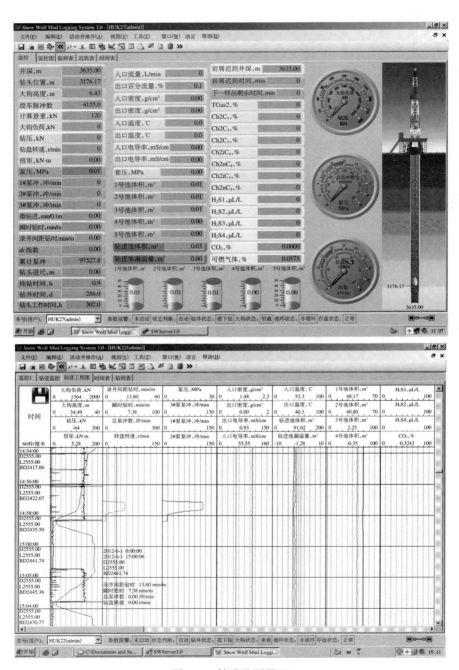

图 2-4　钻进监测界面

②显示钻头工作状态（旋转与否）。

③显示比例是指钻具、井眼纵横向比例，可手动修改显示比例。

（3）钻井液池状态及池体积显示。

①显示钻井液池的使用情况，分为参与循环的钻井液池和未参与循环的钻井液池两种情况。

②实时显示参与循环钻井液的瞬时池体积。

（4）泵工作状态与参数显示。

动态显示钻井泵的使用情况（开／启）、泵冲数、立管压力（立压）、反算的平均泵效、由反算平均泵效和冲数计算的排量。

（5）钻井液性能显示与监测。

①显示出、入口瞬时钻井液密度、常用流变参数值。地面取样测量得到的出、入口钻井液密度及旋转黏度计读数值，在"初始化—钻井液性能"中输入。

②监测钻井液密度变化：若实时测量的钻井液密度值超过初始化中实测的密度一定值，则警示取样测量钻井液参数，以保证本软件计算及监测精度。

（6）水力参数监测。

①利用计算排量、实测立压、实测钻井液密度及计算流变参数、机械钻速、井深等，对钻头水力参数和循环水力参数进行实时计算并显示其结果。

②对当量循环密度进行实时监测，若其值超过地层破裂压力梯度，则警示。

③对裸眼环空岩屑浓度进行监测，若其值超过一定门限（软件中设置为5％），则警示。

（7）钻头磨损监测。

利用钻压、转速及"初始化—钻头数据"中有关数据实时计算钻头牙齿和轴承的磨损量，并显示其随井深的变化；若牙齿磨损或轴承磨损超过软件中设置的最大界限80%，则警示。

（8）每米成本监测。

利用钻头钻进时间、钻头进尺及"初始化—钻头数据"中有关参数实时计算常规每米成本和风险每米成本，并显示其随井深的变化。

（9）立压变化监测。

通过监测立压的变化来自动判断可能发生的堵喷嘴、掉喷嘴、钻具刺三项事故。立压的增加或降低往往与堵喷嘴、掉喷嘴、钻具刺等井下事故有关，但又不完全如此。过去的做法是，立压变化量超过设定值后，再参照其他量的变化，人工判断上述事故，这样做经常造成失误。本模块采用了一种新方法解决此问题：

①在正常钻进或循环情况下，利用实测的立压反算排量。

②由反算排量和实测泵冲数计算启用泵的总平均泵效。

③利用计算总平均泵效和实测泵冲数计算一个立压值，同时分别计算掉喷嘴、堵喷嘴、钻具刺情况下各自的立压值。

④正常情况下（无事故发生及泵效变化不大），计算立压值应与实测立压值基本一致，这样做消除了由于泵冲或井深变化等引起的立压变化的影响，提高了警示准确性。

⑤若发生管柱刺漏等异常，实测立压值与计算值会出现明显差异，通过实测立管压力与发生各种事故后计算立压界限值的比较，可以较为准确地判断可能发生的事故类型。这样做大大减少了误警示。

（10）总池体积净变化量监测。

利用实时的总池体积计算总池体积变化量，利用井内钻柱体积计算井内钻柱体积变化量，利用井深变化计算井眼加深减少的总池体积，三者的算术和为由于人为增减钻井液、井涌、井漏引起的总池体积的净变化量，以此来判断井涌、井漏事故。

（11）流量差值监测。

利用实测的出口与入口流量的差值监测井涌或井漏事故。

（12）卡钻系数监测。

采用一种统计模型来监测发生卡钻的可能性，定义为卡钻系数，其值范围定义为 0 ~ 1，该值越接近于 1，发生卡钻的可能性越大。因卡钻预测问题的复杂性，结果只作为参考。

（13）扭矩变化监测。

利用实时扭矩值及其变化量作为判断钻头失效及断钻具的主要依据，通过监测该值的变化情况来判断钻头失效及断钻具事故。

（14）钻压变化监测。

利用实时钻压值监测钻压的变化情况，作为判断实际钻压是否超出设定界限及是否发生溜钻事故的主要依据。

（15）钩载变化量（遇阻遇卡）监测。

根据提供的上提遇卡和下放遇阻警示门限实施警示。

（16）钻具在裸眼中静止时间监测。

监测钻具在裸眼中的静止时间，以防静止时间过长而卡钻。

（17）地层压力监测与显示。

实时显示利用 dc 指数和 Sigma 指数计算得到地层孔隙压力梯度、破裂压力梯度、孔隙度及岩性估计结果（砂泥岩剖面）。

2. 起下钻过程监测

根据统计，大约 80% 的井喷等井下复杂与钻井事故发生在下钻过程中，因此，加强下钻过程的监测极其重要。系统可自动或手动切换显示起下钻界面（图 2-5）。

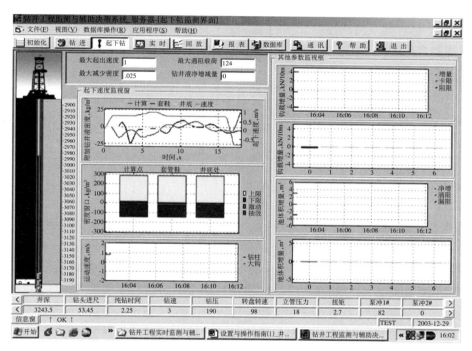

图 2-5　起下钻监测界面

（1）该模块主要功能：

①井眼状态（岩性及狗腿度）与钻具结构动态显示。

②波动压力附加钻井液密度计算与监测（超限警示）。

③钻柱裸眼静止时间监测（超时限警示）。

④钩载变化量计算与监测（超限警示）。

⑤总池体积净变化量计算与监测（井涌、井漏判断与警示）。

（2）井眼状态与钻具结构显示。

按用户设置的比例显示钻具及井眼结构、已钻地层的岩性、全角变化率；使用户直观了解钻头、扶正器等井下工具与井眼相对位置。显示深度由钻头位置数据实时控制。

（3）起下钻波动压力监测。

起下钻过程中井下产生波动压力（激动压力或抽汲压力）。激动压力过大会压漏地层引起井漏，抽汲压力过大会引起井涌。因此，起下钻过程中井下的压力波动所附加的当量钻井液密度应在地层的安全密度窗口内才是安全的。本部分利用动态波动压力模型，计算并显示起出或下入当前立根过程中井下（井底、套管鞋及用户设置计算的某深度）波动压力当量密度变化曲线，计算出其最大值和最小值，且与由破裂压力梯度与钻井液密度差值和孔隙压力梯度与钻井液密度差值组成的波动压力产生的附加密度安全窗一起，以直方图的形式显示。若超出了安全范围则警示。

（4）钻柱裸眼静止时间监测。

显示大钩和钻柱的运动速度随时间的变化情况，直观了解起下钻作业状态；监测钻具在裸眼中的静止时间，以防卡钻。

（5）钩载变化量监测。

起下钻作业中常发生卡钻事故，而卡钻事故比较难以预测。本模块提供了如下功能：

①实时计算并显示大钩载荷与计算悬重差值，并标准化为10m长度的数值，称为钩载变化量，监测其随时间的变化曲线，以显示上提遇卡和下放遇阻的情况。并根据用户提供的上提遇卡和下放遇阻警示门限实施警示。

②将钩载变化量随计算次数的变化趋势（一般情况下为起下一立根计算一次，活动钻具时采集一定数量数据后计算一次）表示为直方图，直观显示钩载变化量的变化趋势，目的是反映摩擦力的变化趋势，从侧面反映卡钻的可能性。红色直方图为最新计算值。

（6）总池体积净变化量监测。

起下钻过程的总池体积净变化量监测与钻进过程稍有不同，起下钻过程所用钻井液池的体积之和计算总的体积变化量，利用井内钻柱体积计算井内钻柱体积变化量，两者的算术和为由于人为增减钻井液、井涌、井漏引起的总池体积的净变化量，以此来判断井涌、井漏事故。有两个显示窗口：一是池体积净变化量随时间的变化曲线，与钻进过程相同；二是池体积净变化量随计算次数的变化趋势，可以直观地观察池体积净变化量的变化趋势。

（7）数据库查询。

客户机软件提供了一个数据库查询窗口，通过该窗口，用户可以查询所在局域网中服务器上钻井工程数据库中任意一口井的数据资料。

考虑到用户操作上的方便，数据查询结果通过 Excel 工具显示（通过对 Excel 编程实现），以便用户利用 Excel 强大的数据分析功能对查询的数据进行分析。

3. 历史数据曲线回放

数据库中按深度间隔记录了若干施工参数数据（包括采集量和计算量），称为深度间隔数据；同时按时间间隔记录了相同的施工参数数据，称为时间间隔数据。客户机软件提供了一个历史数据曲线回放窗口，用户可以曲线（内容根据需要可任意组合）形式查看某井段或某时段内钻井参数的变化情况，方便对工程隐患的分析与发现，对事故发生的原因更可进行深入的分析，为处理手段的选择提供依据。

4. 工程辅助服务

以寻求最低钻进成本为目标的优化钻井方案，过去通常是根据大量已钻资料和实验数据，经过后台计算处理，由设计部门在钻井设计中反映出来。钻井现场在实施过程中若需根据不同情况加以修正，往往还是凭借经验，大的方案更动还须层层请示。这样，既不及时，也不准确。而综合录井仪不仅能够提供及时准确的工程监测服务，同时，通过系统内自带的工程辅助分析系统，还可以为钻井优化钻井及工程施工决策提供依据。工程辅助分析系统主要包括钻井液流变分析、水力设计与计算、钻速模式参数确定、钻进参数优选、套管柱选配、下套管大钩负荷、套管安全下速计算、注水泥设计与计算、起下钻抽汲压力与波动压力计算、卡点位置计算及钻井费用分析等功能。

利用这些辅助功能，可以为井队优化钻井提供便利的辅助工具。通过优选钻井参数，即可大大提高优化钻井的科学性、实时性，取得更大的优化效益。

二、基地工程录井服务系统构成与主要功能

无论从勘探开发数据建库建网的角度，还是从强化后勤支援保障的角度，共享井场数据资源的工作都十分必要。综合录井仪采集和实时处理井场翔实的工程信息，并分别建立了按时间和井深存储的数据库。通过数据远传技术和井场域网技术，既可向基地发送实时信息，也可通过井场终端供钻台、井

队和监督调用实钻数据。目前，国内大部分油田都已实施现场录井信息实时传输，大大提高了录井服务质量与管理水平；同时，录井信息实时传输系统的开通与发布也提高了勘探、开发资料及数据的传递速度和应用效率，扩大了应用范围，为改进勘探、开发管理层和决策者的工作方式创造了有利条件，大大加快了油田勘探开发的步伐，日益成为油田勘探、评价与开发的重要工具，取得了良好的社会效益。通过录井远程数据传输系统，可实现以下主要功能：

（1）现场录井实时数据的同步发送。

（2）实时数据如岩屑、岩心描述、现场油气显示的解释评价报告、井场图像、照片等的及时发送。

（3）岩心扫描图像的传输与发布。

（4）生产指令可通过电话或留言的方式及时传达。

（5）实时数据的网上发布及查询。

（6）钻井、钻井液、测井数据的实时发送与发布。

（7）其他信息的及时传递、沟通。

通过回传的信息，不仅可以实时看到现场施工过程，同时，通过定制开发的客户机软件，可为井场和基地相关人员提供相关信息服务，包括实时监测情况、数据查询、数据分析、常用应用程序等服务。客户机软件的主要功能如图2-6所示，根据用户情况的不同，分为井场客户机与基地客户机两个版本，其差别在于井场客户机软件的数据库管理有一定的录入功能，而基地客户机软件仅有查询功能。客户机软件主要完成如下工作：

（1）钻井工程实时监测：包括钻进作业和起下钻作业。实时显示井场服务器软件的计算、分析、警示等结果。客户机的钻进界面和起下钻界面与井场服务器的界面类似且其运行受服务器控制，用户不能切换。

（2）数据库查询。

（3）数据库信息查询：查询结果的显示和打印等。

（4）历史数据曲线回放。

（5）多井曲线对比。

（6）钻井进度曲线查询。

（7）工程报表查询、显示、打印。

（8）钻井工程程序：施工参数优化设计和计算。

（9）地层压力分析：用于建立地层压力剖面的相关分析程序。

（10）远程通信：实时交流及收发文件或指令等信息。

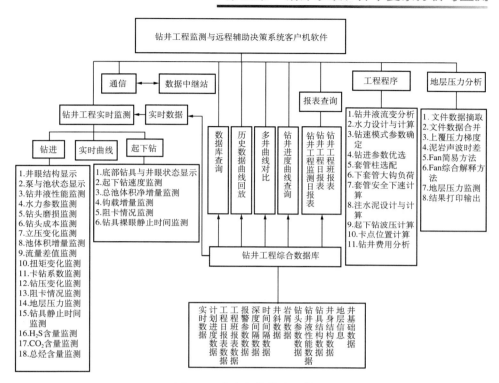

图 2-6 客户机软件主要模块

第三章 随钻地层压力
监测与评价

地层中异常孔隙压力的存在具有普遍性，从前寒武纪的变质岩至新生界更新世的沉积岩地层中都可出现。世界油气勘探实践表明，正常压力、异常高压、异常低压3种类型的地层孔隙压力都可以钻遇到，但异常高压的出现较异常低压更为频繁，且对石油钻探的影响更大。据统计，美国东南部得克萨斯100多个油气田（藏）中，属于常压的占51%，属于高压或超高压的占30.5%，属于低压或超低压的占18.5%。另外，据对世界160余个知名油气藏的统计，属于常压的占37.5%，属高压或超高压的占47.7%，属低压或超低压的占14.8%。在我国含油气盆地中异常地层压力亦广泛存在，如渤海湾盆地、塔里木盆地、准噶尔盆地、柴达木盆地、莺琼盆地等均有异常地层压力存在。而不确定性的异常地层孔隙压力的出现，给油气勘探、钻井和开发带来了很大的困难。因此，如何准确地发现与评价地层压力对于油气勘探开发至关重要。

第一节 异常地层孔隙压力特点与形成机理

一、异常地层压力评价的作用与方法分类

意识到地层孔隙压力在油气钻井中的重要性并探索估计其值的方法始于20世纪50年代初Dickinson对墨西哥湾沿岸异常地层压力的研究（Gretener,

1990），当时最主要的目的是防止井喷及异常地层压力对油气生产方面的影响。经过近 60 年的发展，现在已远远超出了此范畴。地层孔隙压力作为一项地质参数，在油气地质勘探、油气井工程、油气开发及油藏工程等领域占有极其重要的地位。

1. 异常压力评价的作用

准确地确定地层孔隙压力不仅为安全优快钻井，而且可以为油气勘探评价提供重要的决策依据。在钻井工程方面，地层压力（包括地层孔隙压力和地层破裂压力）关系到快速、安全、低成本钻井和完井，甚至关系到钻井的成败。其作用主要体现在以下两个方面：

（1）地层压力是合理选择钻井液密度，实现高效率近平衡或欠平衡压力钻井的关键依据。

（2）地层压力是合理设计确定套管程序的基础参数。

因此，地层压力尤其是地层孔隙压力的及时发现与合理确定，对于实现安全优快钻井、减少油层伤害和解放油气层，尤其是防止和避免钻井重大事故发生等方面都具有很大的经济价值和科学意义。

2. 异常压力评价方法分类

关于地层孔隙压力确定方法，可以按不同的方法来分类。

1）按资料来源分类

（1）地震层速度预测地层孔隙压力方法。

（2）钻井资料解释（检测）地层孔隙压力方法。

（3）测井资料解释（检测）地层孔隙压力方法。

（4）实测地层孔隙压力方法。

2）按与钻井过程的先后关系分类

（1）钻前预测方法（Prediction of Pore Pressure）：主要是利用地震层速度资料，并根据它与地层孔隙压力的关系计算出地层孔隙压力。其预测精度主要取决于地震资料的质量、对地质分层及岩性的了解程度以及计算模型的合理性。常用的方法有直接计算法和等效深度法。

（2）随钻监测方法（Detection of Pore Pressure）：主要是利用钻井过程中测量到的随钻信息资料实时监测异常地层压力带并确定其值。过去常用的有 dc 指数法、Sigma 指数法、标准化钻速法、泥页岩密度法。近几年随着钻井技术的进步，相继出现了随钻测井（LWD）资料法、随钻地震（SWD）资料法等。

（3）钻后测井检测方法（Eveluation of Pore Pressure）：利用钻后测井资料评估地层孔隙压力。这是公认的最可靠的方法，精度较高。常用的方法有泥页岩声波时差法、泥页岩电阻率（电导率）法、泥页岩密度法等。

（4）实测地层孔隙压力：通过一定仪器直接测量地层孔隙压力，是最准确的一种方法。常用的方法有钻杆测试（DSTS）、重复地层测试（RFT）、多层位测试器（FMT）测试等。

在实际生产过程中，往往是几种方法交替使用。钻前，通过对已获取的地震资料进行处理解释，并结合地质研究及邻井钻探资料分析，确定目标区地下地层压力的分布状况，预测异常高压存在的地层、深度及大小；钻探过程中，通过对 dc 指数变化趋势的分析，结合其他实钻参数如气测显示、钻井液性能、泥岩密度及地质层位等的综合分析判断，修正前期异常压力预测井深及高低，为钻井施工提供建议，确保钻井安全；完钻后，通过测井资料的分析处理，并结合井下测试，获取准确的地层孔隙压力资料，并对之前的地震、dc 指数等方法获得的预测结果进行校正。如此循环往复，便可获得越来越准确的地层孔隙压力资料。

二、地下压力的概念

1. 静液柱压力

静液柱压力（Hydrostatic Column Pressure）是由液柱重力产生的压力。它的大小与液体密度及液柱的垂直高度成正比。若用 p_h 表示，则有：

$$p_h = \rho_f g H \tag{3-1}$$

式中　p_h——静液柱压力，Pa；

ρ_f——液体密度，kg/m^3；

g——重力加速度（9.81），m/s^2；

H——液柱垂直高度，m。

通常把单位深度增加的压力称为压力梯度（Pressure Gradient），用 G_h 表示静液柱压力梯度，有：

$$G_h = \frac{p_h}{H} = g \rho_f \tag{3-2}$$

式中　G_h——静液柱压力梯度，Pa/m。

在油气钻井工程领域，通常用当量钻井液密度来表示压力梯度，因此压力梯度的单位通常为密度的单位。

静液柱压力梯度受地层水中固体溶解度（矿化度）和气体溶解度及地层温度的影响（表3-1）。由于静液柱压力梯度依赖于地层流体的性质，因此不同地区之间静液柱压力梯度有所差异。油气钻井钻遇到的有代表性的平均静液柱压力梯度一般有两类：一是淡水和淡盐水盆地，G_h一般取9.81kPa/m；另一类是盐水盆地，G_h一般取10.5kPa/m。大多数为后一种情况。

表3-1　常温下孔隙水矿化度、密度和静液柱压力梯度

孔隙流体	矿化度，μg/g	密度，g/cm³	静液柱压力梯度，kPa/m
淡水	0 ~ 6000	1.0 ~ 1.003	9.81 ~ 9.84
微咸水	7000 ~ 50000	1.004 ~ 1.028	9.85 ~ 10.085
盐水	60000 ~ 330000	1.033 ~ 1.193	10.13 ~ 11.703

2. 上覆岩层压力

某一深度地层的上覆岩层压力（Overburden Pressure）是指该深度以上地层岩石骨架和孔隙流体总重力产生的压力。用p_o表示（图3-1），有：

$$p_o = H_w g \rho_w + \int_0^H g\left[(1-\phi)\rho_{ma} + \phi\rho_f\right]dh \qquad (3-3)$$

式中　p_o——上覆岩层压力，Pa；

　　　H_w——水深（陆上为0），m；

　　　ρ_w——海水密度，kg/m³；

　　　H——计算点的垂直深度（由地表或海水面起算），m；

　　　ϕ——孔隙度（0 ~ 1）；

　　　ρ_f——孔隙流体密度，kg/m³；

　　　ρ_{ma}——岩石骨架密度，kg/m³；

　　　g——重力加速度（9.81），m/s²。

上覆岩层压力梯度（Overburden Pressure Gradient）定义为单位深度增加的上覆岩层压力值，用G_o表示，有：

$$G_o = \frac{p_o}{H} = \frac{1}{H}\left\{H_w g \rho_w + \int_0^H g\left[(1-\phi)\rho_{ma} + \phi\rho_f\right]dh\right\} \qquad (3-4)$$

式中　G_o——上覆岩层压力梯度，Pa/m。

实际应用中，经常使用的是表示为当量钻井液密度的上覆岩层压力梯度。

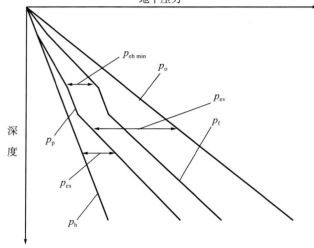

图 3-1　地下压力概念图示

p_h—静液柱压力；p_p—地层孔隙压力；p_f—裂缝传播压力；p_o—上覆岩层压力；

p_{ex}—剩余压力；p_{ev}—垂直有效应力；$p_{eh\,min}$—最小水平有效应力

　　以往人们通常假设上覆岩层压力随深度均匀增加，一般采用上覆岩层压力梯度的理论值为 G_o=227kPa/m（这是基于假设岩石骨架的平均密度为 2.5 g/cm³，平均孔隙度为 10％，流体密度为 1.0g/cm³ 计算出的）。多年的实践表明，这种近似误差较大。实际上，由于压实作用及岩性随深度变化，上覆岩层压力梯度并不是常数，而是深度的函数；而且不同地区，压实程度、地表剥蚀程度及岩性剖面也有较大差别，故上覆岩层压力梯度随深度的变化关系也不一定同。实际应用时，应根据本地区地层的具体情况来确定。

　　3. 地层孔隙压力

　　地层孔隙压力（Formation Pore Pressure）是指地层孔隙中流体（油、气、水）所具有的压力，简称孔隙压力（Pore Pressure），通常用 p_p 表示（图 3-1）。正常地质环境中，地层正常压实，认为地层孔隙连通至地表，地层孔隙压力等于从地表至该地层处的静液柱压力，称为正常地层孔隙压力（Normal Formation Pore Pressure）。因此，正常地层孔隙压力大小取决于地下流体的性质。在某些特殊的地质环境中，经常遇到地层孔隙压力高于或低于静液柱压力的情况，称为异常地层孔隙压力（Abnormal Formation Pore Pressure），简称异常压力。高于静液柱压力的地层孔隙压力称为异常高压；低于静液柱压力的地层孔隙压力称为异常低压。异常压力在世界范围内普遍存在，从一

定意义上讲，油气田与异常压力有着直接或间接的成因关系，尤其是异常高压与油气关系更为密切。另外，在地质学上常用剩余压力 p_{ex} 表示异常高压的大小，剩余压力等于地层孔隙压力与静液柱压力的差值。

$$p_{ex}=p_p-p_h \qquad (3-5)$$

式中　p_{ex}——剩余压力，Pa；

　　　p_p——地层孔隙压力，Pa；

　　　p_h——静液柱压力，Pa。

油气钻探实践亦表明，3 种地层孔隙压力情况（正常地层孔隙压力、异常高压、异常低压）都可钻遇到，其中异常高压地层对井身结构设计及钻井施工意义更大。

油气钻井工程领域通常将地层孔隙压力表示为地层孔隙压力梯度（Formation Pressure Gradient），即单位深度增加的地层孔隙压力（通常也指地层孔隙压力的当量钻井液密度），用 G_p 表示：

$$G_p = \frac{p_p}{gH} \qquad (3-6)$$

式中　G_p——地层孔隙压力梯度，Pa/m；

　　　p_p——地层孔隙压力，Pa；

　　　H——深度，m；

　　　g——重力加速度（9.81），m/s²。

在地质学领域，通常将地层孔隙压力表示为地层孔隙压力系数 C_p，即地下某点的地层孔隙压力与该点的静水压力的比值，即：

$$C_p = \frac{p_p}{\rho_f gH} \qquad (3-7)$$

式中　C_p——压力系数，无量纲；

　　　p_p——地层孔隙压力，Pa；

　　　ρ_f——地层水密度，kg/m³；

　　　g——重力加速度（9.81），m/s²；

　　　H——垂直深度，m。

按地层孔隙压力系数由小到大，可将地层孔隙压力状态分为超低压、低压、常压、高压和超高压 5 种类型，具体见表 3-2。

表 3-2 地层孔隙压力状态分类表（据杜栩，1995）

压力系数	< 0.75	0.75 ~ 0.9	0.9 ~ 1.1	1.1 ~ 1.5	> 1.5
分类	超低压	低压	常压	高压	超高压

4. 有效应力

水中的沉积物属于饱和多孔介质，其沉积压实过程是一种比较特殊的力学过程，属于饱和多孔介质力学的范畴，从力学角度讲，沉积压实的动力来源于上覆岩层的压力，但又受地层孔隙压力的影响。Terzaghi 经过多年对饱和多孔介质力学特性的研究，提出了如下有效应力（Effective Stress）定理：

$$p_{ei}=p_i-p_p \tag{3-8}$$

式中　p_{ei}——i 方向的有效应力，Pa；

　　　p_i——i 方向的主应力（i 为垂直方向时 p_i 即是上覆岩层压力），Pa；

　　　p_p——地层孔隙压力，Pa。

Terzaghi 在其 1943 年出版的经典著作《Theoretical Soil Mechanics》（理论土力学）一书中指出：对饱和多孔介质"应力变化产生的所有可测量的影响（如压缩变形、扭曲变形、剪切强度的变化等）唯一的原因是有效应力的变化"，强调了有效应力的概念性质。有效应力是物理学上不可直接测量的量，只有其产生的影响（如变形）是可测量的。Rubber 和 Rubey（1959）将这一概念引入地质学领域，有时也将有效应力称为骨架应力（Grain to Grain Pressure）或基岩应力（Matrix Stress）。

根据地下岩石的应力状态，一般将有效应力分解为 3 个方向，即垂直有效应力（Vertical Effective Stress）、最大水平有效应力 $p_{eh\,max}$（Maximum Effective Horizontal Stress）和最小水平有效应力 $p_{eh\,min}$（Minimum Effective Horizontal Stress）。垂直有效应力和最小水平有效应力在地质学和油气钻井工程领域具有更重要的意义。

由于压实主要发生在垂直方向，从力学角度讲，控制压实过程的力实际上是垂直有效应力，孔隙度的变化、孔隙流体高压的形成等过程都与垂直有效应力的变化有关。正常压力环境中，由于沉积颗粒之间相互接触，岩石基体支撑着上覆岩层载荷，地层孔隙压力等于静液柱压力；而沉积颗粒间垂直有效应力的减小，将使孔隙内流体支持部分上覆岩层载荷，形成异常高压。因此，异常高压形成可以通过有效应力定理得到解释。另外，若设法求出上覆岩层压力和垂直有效应力，可以利用该定理确定地层孔隙压力。

最小水平有效应力控制着地下岩石中裂缝的方向，地下的天然裂缝或人工裂缝的延伸方向一般与最小水平有效应力垂直。其也是确定地层破裂压力或裂缝传播压力的基础。

5. 地层破裂压力与裂缝传播压力

井眼内一定深度出露的地层，承压能力是有限的，当井眼内流体柱的压力达到一定值时会将地层压裂。用地层破裂压力（Formation Fracture Pressure）或地层裂缝传播压力（Fracture Propagation Pressure）来描述地层的这种承压能力。钻井领域一般将地层破裂压力定义为在井下一定深度处，使地层破裂并产生裂缝时井眼内流体柱的压力。地层的破裂压力与岩性、上覆岩层压力、地层孔隙压力、地层年代及该处岩石的应力状态等因素有关。总的趋势是地层破裂压力随井深而增加。由于构造运动或钻头的破碎作用，井眼周围的岩石中往往存在许多微裂缝，使这些已经存在的微裂缝张开并扩展的压力称为裂缝传播压力。裂缝传播压力略小于地层的破裂压力。因此，有些学者将其作为地层破裂压力的下限，并作为设计套管下深与确定钻井液密度上限值的依据。

经常使用的是地层破裂压力梯度（Formation Fracture Gradient）的概念，用 G_f 表示地层破裂压力梯度，有：

$$G_f = \frac{p_f}{H} \tag{3-9}$$

式中　　G_f——地层破裂压力梯度，Pa/m；

p_f——地层破裂压力，Pa；

H——深度，m。

同上述其他地下压力梯度一样，油气钻井领域通常将地层破裂压力的当量钻井液密度作为地层破裂压力梯度来使用。

三、异常地层孔隙压力现象的特点

异常压力是全球性的现象且在世界上许多盆地中都有发现，在陆地和海上烃类资源的全球调查中，都碰到了异常地层孔隙压力，异常压力可发生在地下较浅处，只有几百米，或者深到超过6000m。这些异常地层孔隙压力可以存在于泥岩—砂岩层系中，也可以在块状蒸发岩—碳酸盐岩剖面中，在地质时代上已知异常地层孔隙压力形成的范围从更新世一直到寒武纪。

Martinsen（1994）系统地总结了全球异常压力现象的特点，主要取得了如下认识：

（1）区域性的异常高压不超过上覆岩层压力梯度。

（2）异常压力可以存在于任何深度，但大多数异常高压在3050m以下。

（3）异常压力在任何时代的岩石中都有出现，但在较年轻的岩石（白垩系和古近—新近系）中更为普遍。在古老岩石中发现的异常压力其形成的时间通常是未知的，例如古生代的岩石可能到白垩纪及其以后才被深埋，并且直至此时才形成异常压力。

（4）与相似成岩条件、相似埋深的正常压力沉积物相比，有许多（但非全部）异常压力区（低压区或高压区）是欠压实、高孔隙（低密度）的。如在得克萨斯和俄克拉何马岸上异常高压区是典型的正常压实区，而离岸的墨西哥沿岸异常高压区都是欠压实的。但在一些地区，异常高压区却显示出正常密度甚至高密度的特点，高密度意味着压实比正常压实还强烈。

（5）异常压力区一般有较高的地温梯度，这可能由于较高的孔隙度及较多的孔隙充满了流体而使这些地区热传导性降低造成的。

（6）异常压力区地层水的含盐度一般低于附近正常压力区地层水的含盐度。

（7）由正常压力变为异常压力的区间称作过渡带。过渡带可能没有，也可能很薄而使压力突变，也可能较厚（几千米）而使压力变化缓慢。

（8）异常压力区的形态和分布可以与构造或地层结构无关，也可以受构造或地层结构的控制。

（9）无论是高异常还是低异常的异常压力区，通常（并不总是）与烃（尤其是气）有关，并且通常该区无自由水，即无底水或边水，仅含隙间水。

四、沉积压实力学关系与异常高压形成机制的分类

1. 沉积压实过程力学关系

根据 Terzaghi 定理，沉积物压实变形仅受垂直有效应力控制，研究沉积压实过程中的力学关系（应力—应变关系），只需考虑垂直有效应力即可，沉积物变形主要是孔隙度的变化，故应变由孔隙度（ϕ）或压实度（$1-\phi$）度量即可。研究沉积压实过程中的应力—应变关系，一方面是为了解释异常地层孔隙压力的形成机制，另一方面是为了更科学地确定地层孔隙压力。

岩石的应力—应变关系分为压实加载曲线（原始加载曲线）关系和压实过后的卸载曲线关系。

1）原始加载曲线

沉积过程中，随上覆岩层压力增加，沉积物逐渐压实，垂直有效应力增加，孔隙减小。垂直有效应力与孔隙度或压实度的关系称为原始加载曲线。

图 3-2 显示了某地区一条原始加载曲线，反映的是泥岩垂直有效应力与声速的关系。声波传播速度主要反映孔隙度变化，该曲线实际是原始压实加载过程中垂直有效应力与孔隙度的关系。

2）卸载曲线

压实过程中或压实后，若因某种原因孔隙压力升高或上覆压力减小，导致垂直有效应力减小而孔隙度增大，该过程称为卸载过程。因岩石并非完全弹性，卸载过程中垂直有效应力—孔隙度关系与原始加载曲线不同。图 3-3 是某地区地下泥岩在室内测得的声速—垂直有效应力关系，因岩样从地下取出后已经卸载，在模拟地下应力条件下测得的不同的声速—垂直有效应力值必定在卸载曲线上。

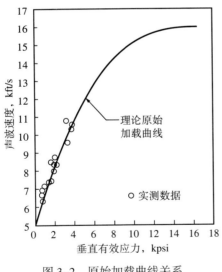

图 3-2　原始加载曲线关系

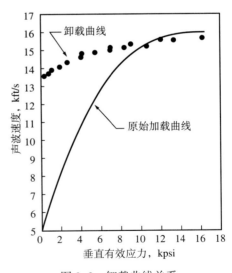

图 3-3　卸载曲线关系

2. 异常高压形成机制

异常压力的成因条件多种多样，一种异常压力现象可能是由多种相互叠加的因素所致，其中包括地质的、物理的、地球化学和动力学的因素。但就一个特定异常压力体而言，其成因可能以某一种因素为主，其他因素为辅。

近年来，国外对异常高压形成机制及对地层孔隙压力确定方法的影响研究得比较多。Ward（1994）从沉积压实过程中应力—应变关系（加载与卸载）角度，将众多的异常高压形成机制分成三大类，详见表3-3。

表3-3　异常地层高压产生机制分类表

符合原始加载曲线	不平衡压实
符合卸载曲线	孔隙流体膨胀（水热增压、生烃作用、烃类裂解、黏土矿物成岩作用、浓差作用）地层抬升、剥蚀
无孔隙度变化	构造挤压应力；流体密度差异作用

1）符合原始加载曲线情况（不平衡压实作用）

沉积物压实过程是一个力学过程。平衡压实过程中，水被排出，地层压实，地层孔隙压力为静液柱压力，随上覆沉积物的继续沉积及埋深继续增加，沉积物逐渐被压实，垂直有效应力持续增加，因此，平衡压实过程是一个逐渐加载的力学过程，其应力—应变关系符合原始加载曲线。由于某种原因（如沉积速率过快）导致排水能力减弱或停止，继续增加的沉积载荷部分或全部由孔隙流体承担，沉积物继续压实所需的载荷减小（与平衡压实比较），出现不平衡压实情况，在不平衡压实过程中，垂直有效应力不会在原有值的基础上减小，而是较平衡压实情况增加速率减小或维持原值不变，因此，不平衡压实过程也是一个逐渐加载或停止继续加载维持原有载荷的力学过程，其应力—应变关系也符合原始加载曲线。

在埋藏和压实过程中，水在机械力的作用下从沉积物中排出，地层被压实。沉积物压实的过程主要受沉积速率、孔隙空间减小速率、地层渗透率的大小及流体排出情况4个方面的因素控制。其中最主要的是沉积速率。

若4个方面的因素保持很好的平衡（比如沉积较慢，沉积速率小于排水速率），随着埋深的增加，沉积层有足够的排水时间，沉积颗粒承担了全部的上覆沉积物的载荷，使沉积颗粒排列得更为紧密［图3-4（a）］，孔隙度很快降低，地层孔隙压力为静液压力。这种情况称为平衡压实过程，形成正常压实地层。平衡压实过程中，由于压实与沉积速率及排水速率保持着很好的平衡关系，随着埋深的增加，孔隙度减小，地层密度增加，但是这种压实状态变化是不均匀的，开始时压实较快，以后压实速度逐渐减慢，地层孔隙度随埋深的变化不是线性的。

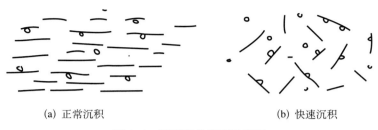

(a) 正常沉积　　　　　　　　　　　(b) 快速沉积

图 3-4　沉积颗粒排列示意图

正常压实地层的孔隙压力为静液柱压力系统，可以设想为一个水动力学开放的地质环境，即可渗透的流体连通的地质环境。在这种开放的地质环境中，排出的流体总是沿着最小阻力的方向流动，或向上流动或向着低压高渗透方向流动。

若某个或某几个因素受到制约，排水能力减弱或停止，继续增加的上覆沉积载荷部分或全部由孔隙流体承担，沉积物进一步压实所需的有效载荷（垂直有效应力）减小或不变，出现地层欠压实及异常高压地层。这种情况称为不平衡压实过程。

快速沉积是造成不平衡压实的主要原因之一，沉积速率过快，导致沉积颗粒排列不规则（没有足够的时间），孔隙性变差［图 3-4（b）］，排水能力减弱，继续增加的上覆沉积载荷部分由孔隙流体承担，形成异常高压，同时减缓了沉积物的进一步压实，造成地层的欠压实。另外一种常见的欠压实情况是一非渗透致密盖层的快速沉积，导致其下地层的欠压实与异常高压（图 3-5），最为典型的例子是复合岩层中与盐岩层伴生的软泥岩地层。

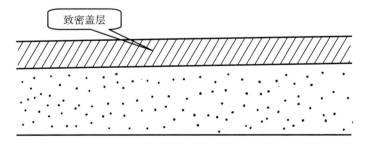

致密盖层

图 3-5　致密盖层的快速沉积导致地层欠压实与异常高压

不平衡压实作用常见于陆地边缘的三角洲地区，这些地区沉积速率大，在沉积剖面中泥页岩含量远高于其他岩性，因此极易形成异常高压，如我国东部地区的某些中新生代地层。大多数研究者认为，泥质沉积物的压实不平衡（欠压实）是古近系沉积盆地中遇到大多数异常高压的主要原因。

产生不平衡压实应具备如下条件（杜栩等，1995）：（1）巨大的沉积物总厚度。（2）厚层黏土岩的存在。（3）形成互层砂岩。（4）快速堆积加载。（5）在许多地区，欠压实多发生在海退层序中，而其中快速沉积是最主要的因素。

2）符合卸载曲线情况

主要包括以孔隙流体膨胀作用形成的异常高压和因构造运动影响引起地层抬升、剥蚀而形成的异常高压两类。

（1）孔隙流体膨胀作用。

压实过程中或压实以后，由于某种或某几种原因（如水热增压、生烃作用）使得孔隙中流体体积增大，这时若在封闭的地质环境中，膨胀受到孔隙体积的限制，结果使孔隙压力升高。这样造成的孔隙压力有时会非常大，流体膨胀造成的高压在世界许多盆地都存在，如北海油田中央地堑4000m以下的中生界沉积层属于典型的流体膨胀高压机理（Bowers，1994），最大压力达到地层裂缝传播压力。

孔隙流体膨胀的结果使垂直有效应力降低，因此，孔隙流体膨胀的过程是使垂直有效应力降低的卸载过程，应力—应变关系符合卸载曲线。

①水热增压。

随着埋深增加而不断升高的温度，使孔隙水的膨胀大于岩石的膨胀（水的热膨胀系数大于岩石的热膨胀系数）。如果孔隙水由于存在流体隔层而无法溢出，孔隙压力将升高（Barker，1982）（图3-6）。关于水热增压的作用还存在着争论，一些学者不认为水热增压作为可行的机制，原因是它要求有一个完好的封闭，而完好的封闭在地质上认为是极少见的。一旦超压产生的过程停止，那么甚至穿过封闭的极轻微的渗漏将很快耗散掉由于水热作用过程产生的超压。另一些学者（Barker，1972；Gretener，1990）推断在正常压实的异常高压地层中，不同于不平衡压实的一些机制，如水热增压机制肯定发挥着作用。然而，除厚盐岩层外，还没有人对一个完好的封闭及其产生的机理做出任何描述。

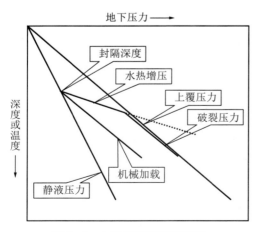

图3-6　水热增压作用示意图

②生烃作用。

在逐渐增加埋深期间，将有机物转化成烃的反应也产生流体体积的增加，从而导致单个压力封存箱超压。许多研究表明，与烃类生成有关的超压产生的破裂是烃类从烃源岩中运移出来进入多孔的、高渗透储集岩的机制，尤其是甲烷的生成在许多储层中已被引为超压产生的原因。气体典型地与异常压力有联系，异常压力具有气体饱和的特点。当烃源岩中的有机质或进入储层中的油转变成甲烷时，引起相当大的体积增加。在良好的封闭条件下，这些体积的增加能产生很强的超高压（Gies，1984；Hunt，1990）。烃源岩生气造成的压力很大，足以使气体进入毛细管力很大的岩石中，并且在此过程中驱替出水，甚至即使在阻碍流体的隔层存在的条件下也能流动。在有效封闭存在的地方，不断产生的甲烷能将压力提高到超过上覆岩层压力，从而使封闭层破裂并导致流体渗漏。甲烷的生成对异常压力的产生是一个潜在的高效机制，尤其是在与烃源岩有密切联系的岩石中。连续的甲烷生成能产生如此巨大的压力以致封闭层不能永久存在，它们要么连续地渗漏，要么周期性地发生破裂和渗漏。然而，即使封闭层被突破（或因地层孔隙压力超过了驱替压力门限或因地层孔隙压力超过了上覆岩层压力而导致封闭层的破裂），但在达到常压之前，封闭层将有可能"愈合"（通过水的侵滤或破裂的闭合），因此，封存箱依然超压，只是其中的压力低于渗漏以前的超压而已。另外，烃类生成使地下单相流渗流体系转变为多相流渗流体系，大大降低了流体的相渗透率，减缓了流体排出系统的速度，同样能引起压力增加（Surdam 等，1994）。

③蒙脱土脱水作用。

沉积下来的蒙脱土发生水合作用，不断地吸附粒间自由水，直至结构晶格膨胀到最大为止，吸附水成了黏土层间的束缚水。随着埋深增加，温度逐渐升高。当地温达到约 123℃时，黏土结构晶格开始破裂，蒙脱土的层间束缚水被排除而成为自由水，该过程称为蒙脱土的脱水过程，相应的埋深称为蒙脱土的脱水深度。释放到孔隙中的束缚水因发生膨胀，体积远远超过晶格破坏所减少的体积，使孔隙中自由水的体积大量增加。若排水通畅，则地层进一步压实，地层孔隙压力为静液柱压力（图 3-7）。如果岩石是封闭的，增加的流体向外排出受到阻碍，将产生高于静液柱压力的地层孔隙压力。在这个过程中，如果存在钾离子，由于吸附钾离子，这个作用就是蒙脱土向伊利石的转化作用。这一机制也被认为能产生阻碍流体流动的隔层，因为伊利石比蒙脱土更致密。

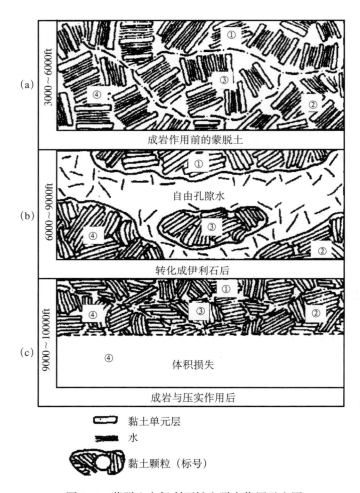

图 3-7 蒙脱土向伊利石转变脱水作用示意图

　　若地层非封闭，将会导致正常地层孔隙压力，若此时的上覆沉积载荷较小，不足以将岩石进一步压实到正常压实的程度，地层尚保留较高孔隙度。在我国许多地区古近—新近系存在这种现象，如南海的莺琼盆地，有人将这样的地层称为速度稳定段。

　　④浓差作用。

　　浓差作用是盐度较低的水体通过半渗透隔膜向盐度较高水体的物质迁移。只要黏土或页岩两侧的盐浓度有明显的差别，黏土或页岩便起半渗透膜的作用，产生渗透压力。渗透压差与浓度差成正比，浓度差越大，渗透压差也越大（图 3-8）。黏土沉积物越纯，其渗透作用就越强。浓差流动可以在一个封闭区内产生高压。如果一个封闭区内部的孔隙水比周围孔隙水的含盐度高，则浓差流动方向指向封闭区内，致使区内压力升高。浓差作用引起的异常高压远比压实作用和水热作用引起的高压小得多，由图 3-8 可以看到，当 NaCl 含量差为 50000μg/g 时，渗透压差大约只有 4MPa。然而，关于浓差作用产生异常压力的有效性上还存在着争议。Bradley（1975）的结论是浓差流动不是影响地下压力系统的一个主要因素，因为穿越封闭层而使压力达到平衡所需的流体数量相当小。按照 Hunt（1990）关于封闭的定义，浓差流动需要水穿越半渗透隔膜，它不能成为水力封存箱内异常压力产生的机制。

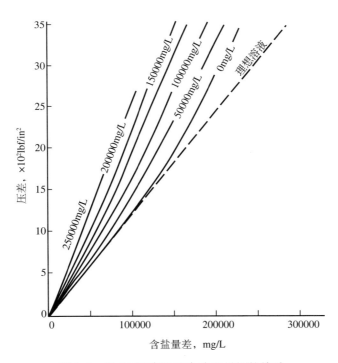

图 3-8　黏土层两侧压差与含盐量间的关系

⑤逆浓差作用。

逆浓差作用现象的研究已有文献刊载，逆浓差作用也就是水从高压、高盐度区流向低压、低盐度区的过程（Fertl，1982）。当水从高压区流入时，在低盐度区的压力就会升高（高于正常压力），而这种机制同样不能用于解释有效封存箱中产生的异常压力。

⑥石膏／硬石膏转化。

无论是石膏脱水转化成硬石膏，还是硬石膏在深部再水化成石膏都被作为碳酸盐岩中产生异常压力的可能机制（Fertl，1982）。

（2）深部气体充填封存箱的分隔和抬升。

随着抬升和上覆地层的剥蚀，充满气体的封存箱温度降低，气体体积收缩所引起的压力下降速率低于静水压力梯度，故使封存箱内与周围静水压力区相比，呈现超压状态。

3）无孔隙压力变化

（1）构造挤压。

在构造变形地区，由于地层的剧烈升降，产生构造挤压应力，如果正常的排水速率跟不上附加压力（构造挤压力）所产生的附加压实作用，将会引起地层孔隙压力增加，产生异常高压。例如，在某些情况下，断层可能起流体通道作用，但在另外一些情况下，却可能起到封闭作用，而引起异常高压。所以，同样是断块盆地，有的可能是异常高压层，有的可能不是。

（2）流体密度差异。

烃类密度的差异，尤其是水、气之间的密度差异，能在烃类聚集的顶部产生异常压力（Hubbert 和 Rubey，1959）。烃柱越长，烃类与周围水的密度相差越大，超压也就越大。一般说来，浮力差异能使压力上升到几百磅力每平方英寸这一数量级，而不能上升更多至几千磅力每平方英寸，而且，异常压力也只限于烃柱的上面接触处，典型地是毛细管圈闭的结果。因为烃类的聚集能发生在有限但开放的水力体系中，所以，浮力产生压力差不一定表明封存箱的存在（图 3-9）。

（3）水势面的不规则性。

在自流条件下或者由于浅层与较深的高压层间渗透通道的存在，能使孔隙压力高于正常值。这种情况在山脚下钻井时经常遇到（图 3-10）。

尽管关于异常高压形成的机制多样，但在实际钻探过程中，不平衡压实是最常见的异常高压产生的机制，同时在构造活动强烈的盆地中构造挤压也是一种重要的增压机制，烃类的生成尤其是气的生成起重要的增压作用。

3. 异常低压形成机制

关于异常低压的成因机制也存在多种解释，如抬升和上覆地层的剥蚀使温度和压力下降、气体饱和储层的埋藏、流动的不平衡、封隔层的渗漏、浓差作用、地下流体的采出、等势面的不规则性和低水位面等，但最常见的是

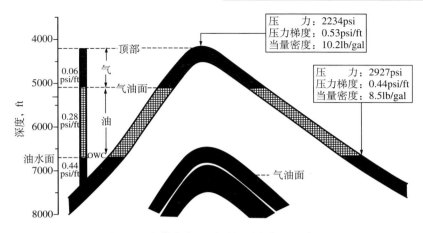

图 3-9　流体密度差异引起异常高压示意图

前两种情况。

1）抬升和上覆地层的剥蚀使温度和压力下降

当深处封隔的岩石抬升时，地层温度下降，随温度的降低水体积减小，从而使孔隙压力下降。由于岩石格架膨胀致使孔隙体积增加，将导致附加的压力下降（Barker，1972；Fertl，1982）。

2）气体饱和储层的埋藏

低压可在那些被气体饱和的（可能来自菌类气）、没有压实的

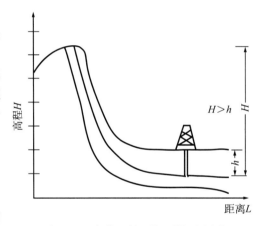

图 3-10　水势面的不规则性示意图

（例如白垩）和埋深较浅的封隔岩体中形成，低压的发生是由于随埋深增加，气体受热增压速度低于静水压力增加的速度，同时也是由于气体溶解在水中而降压。

3）流动的不平衡

若有一个低渗透和弱流动的隔层把一个承压含水层的某一区域从其排泄区分离开，由于该区的排泄量大于补给量，因此就有可能产生低压。含水层内准确的水头分布图表明等势面是倾斜的（Belitz 和 Bredehoeft，1988）。

4）封闭层的渗漏

如果超压和气体饱和的油气藏发生渗漏，那么只有当压力的产生速度大

于其耗散速度时，超压才能维持。当压力耗散的速度大于其产生的速度时，超压将会降低至正常，然后将会产生低压。由于相对渗透性的影响，甚至即使水饱和区的压力远远超过气饱和区的压力，水也不能流进气体饱和的岩石。这个机制能解释低压在欠压实沉积物中的存在（Gies，1984）。

5）浓差作用

如果一个封隔区中水的含盐度较低，水将穿过半渗透膜流出，从而导致封隔区内的异常低压。

6）地下流体的采出

从一个地下区域内采出流体，包括水、气、油，将会导致地层孔隙压力降低。

7）等势面的不规则性

在水头不同的承压层之间，渗流通道的存在将会使流体从水头高的地层向水头低的地层流动，因此使水头高的地层孔隙压力下降。

8）低水位面

正常静水压力的计算假定水柱延伸至地表，如果水位面明显低于地表（例如在中东地区）将会出现低压。

第二节　　dc 指数法检测地层孔隙压力

一、传统 dc 指数方法

在上覆岩层的作用下，随着岩层埋藏深度的增加，泥页岩的压实程度相应增加，地层的孔隙度减小，因此钻井时的机械钻速降低，而当钻进异常高压地层时由于高压地层欠压实，孔隙度增大，因此机械钻速相应升高。利用这一规律可及时地发现高压地层，并根据钻速升高的程度来评价地层压力的高低。1965 年 Jorden 与 Shirley 依据宾汉钻速方程首先提出了 d 指数法：

$$ROP = KN^e \left(\frac{W}{D_{BS}} \right)^d \tag{3-10}$$

式中　ROP——机械钻速，m/h；

N——转盘转速，r/min；

K——常数；

W——钻压，N；

D_{BS}——钻头直径，mm。

假设钻井条件（钻井水力因素和钻头类型）和岩性不变，则 K 为常数，取 $K=1$。又因泥岩是软地层，转速与机械钻速间呈线性关系，即以泥岩作为参照岩性，取 $e=1$，作方程变换，得到指数方程：

$$d = \frac{\lg\left(\dfrac{ROP}{18.29N}\right)}{\lg\left(\dfrac{W}{14.88D_{BS}}\right)} \tag{3-11}$$

d 指数的前提就是保证钻井液密度不变，但在钻井过程中难以做到，尤其是进入压力过渡带，为了安全起见，往往增加钻井液密度。因此为了消除这种影响，提出了修正 d 指数，即 dc 指数：

$$dc = \frac{\lg\left(\dfrac{ROP}{18.29N}\right)}{\lg\left(\dfrac{W}{14.88D_{BS}}\right)} \times \frac{\rho_n}{\rho_o} \tag{3-12}$$

式中 ROP——机械钻速，m/h；

N——转盘转速，r/min；

W——钻压，kN；

D_{BS}——钻头直径，mm；

ρ_n——正常压力段地层流体密度，g/cm³；

ρ_o——实际使用的钻井液密度，g/cm³。

从上可以得知，dc 指数值与钻速息息相关，因此凡是影响机械钻速的因素都跟 dc 指数有关。下面将分析各种因素的影响规律：

（1）钻头类型和钻头磨损。

钻头磨损是影响钻速的一个重要因素，随着钻头的磨损，钻速在减慢，而这势必会影响 dc 指数，但其影响不是线性的。尤其是进入异常压力过渡带时，会抵消由于孔隙压力增大引起钻速增大的影响，从而可能导致对孔隙压力的误判。并且在现场中常用的有铣齿钻头、镶齿钻头及 PDC 钻头，由于钻头结构导致不同的破岩方式，因此所遵循的钻速方程模型也不同。

（2）水力参数。

水力参数主要包括钻井液性能、排量、钻头压降等参数。现用 dc 指数计算模型的前提之一就是假设钻进过程中水力参数完全达到清除岩屑的要求，没有考虑水力参数变化的影响。实际钻井过程表明，高水马力既能很快清除岩屑，减小压持效应，又能达到破岩目的，极大地提高了机械钻速。这必将影响 dc 指数，进而导致正常趋势线出现偏移。

（3）岩性和地层。

岩性是影响钻速的最重要因素。钻井实践表明，泥岩到砂岩的变化可能会导致机械钻速加倍或增加 3 倍。而在宾汉钻速方程中系数 K 与岩性变化息息相关。为了消除岩性变化影响，dc 指数计算模型采用了岩性分离方法，在泥页岩中 K 被设定为 1，从而 dc 指数法仅仅局限于泥页岩中，在砂质岩性为主的地层就限制了它的应用。因此在随钻监测过程中，能否实时识别岩性是提高随钻预测精度的关键之一。

地层作为钻井的直接对象，直接影响机械钻速。有时钻井过程中可能穿过不整合面、断层等，甚至不连续的有几套压力系统，这必将影响正常趋势线的建立。

（4）压差。

压差也是影响机械钻速的最重要因素之一，压差对岩屑具有压持作用，减少了钻头上的实际钻压，压差越大钻速越小。即使钻井液密度保持不变，随着井深的增加，压差也会逐渐加大。在正常压力梯度井段钻井时必须注意连续变化的钻井液液柱压力和孔隙压力产生的不断增加的压差，因为一个减少的压差是异常高压的指示器，必须给公式添加一个修正系数来计算钻压指数变化。1979 年被 Rehm&Mclendon 提出并且在修正钻井液密度变化明显时是很有效的，但是当钻井液密度较大时它有两个缺点：

①它模糊了压差减小的影响。

②它过多地补偿了在钻进中的钻井液密度的作用，如果在钻进过程中密度逐渐增加的情况下，迫使 dc 指数向左偏移，导致计算的地层孔隙压力偏大，并预示需要进一步增加钻井液密度。如果不加注意，可能会引起钻井液密度的恶性循环增加。

上述 dc 指数计算模型中已考虑机械钻速、钻压、钻头尺寸、转速和钻井液密度等因素，但是对钻头的磨损及钻头类型和磨损、岩性、水力参数等没有充分的考虑。在实际应用中，应主要从钻头类型和磨损、压差影响、岩性等方面考虑，从而进一步提高 dc 指数监测精度。

二、影响因素的修正

1. 钻头磨损的修正

Cunningha 等人在进行钻速和转速试验中注意到即使在岩性均匀、钻压和转速等各种钻井参数都不改变的情况下，钻速也会随着钻头工作时间的增加而有所下降。而 dc 指数方法是建立在机械钻速法基础上的，因此到了钻头磨损后期，由于磨损值会增大使得 dc 曲线往右偏移，模糊了钻遇高压地层或过渡带时引起 dc 指数变小的趋势，导致对异常高压的漏判误判。所以正确的途径是建立一个钻头磨损方程以消除在钻进期间磨损的影响。

1）确定钻头磨损的计算公式

自 1960 年以来，国内外不少专家介绍了多种形式的磨损模式，但都没有解决通用性问题。我们在综合分析的基础上，采用下面介绍的通用钻速磨损方程进行磨损计算。

钻头牙齿磨损方程：

$$\frac{\mathrm{d}h}{\mathrm{d}t} = \frac{A_{\mathrm{f}}\left(PN + QN^3\right)}{2.54 \times 10^3 D_1 D_{\mathrm{b}}\left(P_0 - W\right)\left(1 + C_1 h\right)} \tag{3-13}$$

式中　D_{b}——钻头直径；

　　　W——钻压；

　　　N——转盘转速；

　　　h——牙齿磨损量；

　　　A_{f}——地层研磨性系数。

轴承磨损方程：

$$\frac{\mathrm{d}B}{\mathrm{d}t} = \frac{N\left(D_{\mathrm{b}}W\right)^3}{b} \tag{3-14}$$

式中　b——轴承磨损系数。

在钻头牙齿磨损方程中，模式中系数、指数 P、D_1、D_2、Q、C_1、L_1 见表 3-4 和表 3-5。

表 3-4　钻头参数表（1）

钻头直径，in	D_1	D_2
$6\frac{1}{4}$	0.1940	5.50
$6\frac{3}{4}$	0.1830	5.60
$7\frac{7}{8}$	0.1632	5.94
$8\frac{1}{2}$	0.1567	6.08
$8\frac{5}{8}$	0.1566	6.11
$9\frac{5}{8}$	—	6.38
$9\frac{3}{4}$	—	6.41
$9\frac{7}{8}$	—	6.44
$10\frac{3}{4}$	—	6.68
$12\frac{1}{4}$	—	7.15
$13\frac{3}{4}$	0.1213	7.56

注：D_1 和 D_2 是指钻压影响系数，其值与牙轮钻头尺寸有关，当钻压等于 D_2/D_1 时，牙齿的磨损速度将无限大，其值是该尺寸钻头的极限钻压。

表 3-5　钻头参数表（2）

齿形	适用地层	系列号	类型	P	Q	C_1	L_1
铣齿钻头	软	1	1	2.5	1.088×10^{-4}	7	1.0
			2				
			3	2.0	0.870×10^{-4}	6	
			4				
	中	2	1	1.5	0.653×10^{-4}	5	1.2
			2	1.2	0.522×10^{-4}	4	
			3				
			4	0.9	0.392×10^{-4}	3	
	硬	3	1	0.65	0.283×10^{-4}	2	1.4
			2				
			3	0.5	0.218×10^{-4}	2	
			4				

续表

齿形	适用地层	系列号	类型	P	Q	C_1	L_1
镶齿钻头	特软	4	1				1.0
			2				
			3				
			4				
	软	5	1				
			2				
			3				
			4				
	中	6	1	0.5	0.218×10^{-4}	2	1.2
			2				
			3				
			4				
镶齿钻头	硬	7	1				1.4
			2				
			3				
			4				
	中硬	8	1				
			2				
			3				

注：P、Q 和 L_1 是决定钻头类型的系数，C_1 为牙齿磨损减慢系数。

而：

$$P_o = \frac{D_2}{D_1 D_b} \tag{3-15}$$

P_o 可称为临界比钻压，对于铣齿钻头，$P_o=1.77\text{tf/cm}$（$P_o=4.5\text{tf/in}$）；对镶齿钻头，$P_o=1.33\text{tf/cm}$（$P_o=3.4\text{tf/in}$）。由式（3-13）得：

$$\mathrm{d}t = \frac{2.54 \times 10^3 D_1 D_b (P_0 - W)}{A_f P (N + 4.35 \times 10^{-5} N^3)}(1 + C_1 h)\mathrm{d}h \tag{3-16}$$

积分得钻头工时：

$$T = \frac{2.54 \times 10^3 D_1 D_b (P_0 - W)}{A_f P (N + 4.35 \times 10^{-5} N^3)} \left(h_f + \frac{C_1}{2} h_f^2 \right) \tag{3-17}$$

上式中，h_f 为牙齿实际磨损值，未磨损时 $h_f=0$，牙齿磨秃时，$h_f=1$。T 是由牙齿磨损决定的钻头寿命（小时）。由此可解出牙齿磨损量：

$$h_f = \frac{-1 + \sqrt{1 + 2C_1 \dfrac{A_f P (N + 4.35 \times 10^{-5} N^3)}{2.54 \times 10^3 D_1 D_b (P_b - W)} T}}{C_1} \tag{3-18}$$

对轴承磨损方程两边积分得：

$$B = \frac{N(D_b W)^3}{b} T \tag{3-19}$$

根据 ARCO 公司的经验，当 $A_f < 4$ 时轴承先坏，也就是说由轴承决定钻头寿命；当 $A_f > 4$ 时，牙齿先坏，由牙齿决定钻头寿命，这主要是指铣齿钻头；而镶齿钻头牙齿基本不磨，因此都以轴承决定寿命，也就是用轴承磨损方程计算钻头寿命 T，即由式（3-19）得：

$$T = \frac{Bb}{N(D_b W)^s} \tag{3-20}$$

式中　b——轴承磨损系数（由现场资料确定不同类型钻头的 b 值，已取得的部分类型钻头的 b 值见表 3-6）；

　　　 s——一般取值 1.5。

表 3-6　部分钻头的 b 值

钻头类型	J_{11}	J_{22}	J_{33}	XHP_2	XHP_3
平均 b 值	48×10^4	46.56×10^4	56.31×10^4	27.5×10^4	35.24×10^4

上述的一些公式在实际应用中比较麻烦，主要是由于其中的某些参数不好确定，特别是在诸如探井之类的应用中，其周围邻井的资料较少，这些参数的值很难精确给出，如地层研磨性系数 A_f。但从某种意义上来说，它也在一定程度上反映了所计算数据的趋势或范围，现场应用中依然有一定的参考价值。

2）确定磨损对钻速修正的关系

对牙轮钻头来讲，特别是对使用长齿铣齿钻头时，由于牙齿迅速地损坏而使钻速变慢。伯格尼和杨根据试验数据提出钻速与磨损之间的简单关系式：

$$ROP = Ke^{-a_7 h} \tag{3-21}$$

式中　h——钻头磨损量；

　　　a_7——与钻头的类型相关的一个指数，即与钻头 IADC 编码相关（表3-7）。

对铣齿钻头，推荐指数 a_7 的值为 0.5，也可参考以往类似条件下使用过的钻头，根据其钻速随牙齿磨损的下降情况来确定指数 a_7。

后来盖勒和伍兹通过大量的数据分析，建立了一个近似的钻头磨损方程：

$$ROP = K\left(\frac{1}{0.928125h^2 + 6h + 1}\right)^{a_7} \tag{3-22}$$

式中　h——压齿磨损量，以牙齿的相对磨损高度来表示。

表 3-7　a_7 值与钻头类型

钻头 IADC 编码第一位数字	1	2	3	4	5	6	7
a_7 值	0.6	0.5	0.4	0.3	0.2	0.1	0

经过综合分析，分析决定对镶齿钻头采用盖勒和伍兹公式，而对铣齿钻头采用伯格尼和杨公式。

2. 对 dc 指数的压差校正

dc 指数中对压差的修正是在 d 指数的基础上乘以一个系数：

$$dc = d \times \frac{\rho_n}{\rho_m} \tag{3-23}$$

式中　ρ_n——正常地层压力当量钻井液密度，g/cm^3；

　　　ρ_m——实际钻井液密度，g/cm^3。

但是实际上如果钻井液密度较大时（或压差较大时），现有的压差校正过多地补偿了钻井液密度的影响，导致监测的孔隙压力偏高。因此有必要在较大钻井液密度时重新考虑对 dc 指数修正。

通过对宾汉钻速方程分析，认为 dc 指数中 K 取 1 是容易引起疑问的，它隐去了其他因素的影响。实际上述模式中 K 是一个钻速系数，各种未考虑的因素都包含在里面，即使保证钻井条件、岩性不变，K 的值也不可能是 1，并且泥页岩地层随着致密性的增加可钻性下降，在 K 值中有所显示，K 的值不是常数。为了方便可把 K 折算成比钻压指数。令：

$$K = \left(\frac{W}{D_{BS}} \right)^{d'} \tag{3-24}$$

式中　W——钻压，N；

　　　D_{BS}——钻头直径，mm；

　　　d'——由 K 折算出的比钻压指数，将它与钻压指数合并就得到 d 指数概念。

通过上述推导可解释在 dc 指数地层压力监测过程中遇到的问题。由上面分析可知，钻井条件不变时，泥页岩地层的 d 指数与压差和岩石的致密性有关。对于正常压力地层，d 指数与井深和压差具有统计性规律，一种方法是根据大量的统计资料分析得到，另一种是从现有的钻井模式中推导得出。修正杨格钻速模式已从钻速系数中分离出压差的影响系数，令：

$$e^{-m\Delta p} = \left(\frac{W}{D_{BS}} \right)^{d'}$$

则有：

$$d' = -\left(m \lg e / \lg \frac{W}{D_{BS}} \right) \times \Delta p \tag{3-25}$$

式中　m——压差影响系数；

　　　Δp——压差，MPa；

　　　d'——由压差影响因素折算出的比钻压指数。

当 W、D_{BS} 变化不大时，可认为 d' 为数，这说明压差与 d 指数近似成线性关系。这可得出正常趋势线方程：

$$\begin{cases} d_n = A + B \times H + C \times \Delta p \\ \Delta p = 0.098(\rho_m - \rho_f) \times H \end{cases} \tag{3-26}$$

式中　H——井深，m；

　　　ρ_m——实际钻井液密度，g/cm³；

　　　ρ_f——地层流体压力等效密度，g/cm³。

式（3-26）假定 d 指数的压实规律符合直线规律。但钻遇压力异常时地层压力增加从而压差减小，同时地层孔隙度增大，两者都要导致 d 指数减小，在换算地层压力时首先去掉压差的影响，引用诺玛纳求压公式：

$$\rho = \frac{d_n - C \times \Delta p}{d - C \times \Delta p} \times \rho_n \qquad （3-27）$$

式中　d_n——某井深处正常 d 指数值；

　　　C——压差校正系数。

由式（3-26）知，$d_n - C \times \Delta p = A + B \times H$，将其代入式（3-18），并令：$a = 0.1C \times H$，$b = d - 0.1C \times H \times \rho_m$，$c = -（A + B \times H）\rho_n$

解得：

$$\rho_f = \frac{-b + \sqrt{b^2 - 4ac}}{2a} \qquad （3-28）$$

式中　ρ_m——实际钻井液密度；

　　　ρ_n——地层水密度；

　　　ρ_f——孔隙压力等效密度。

研究表明：dc 指数钻井液修正法中过高地估计了压差的影响，尤其是在钻井液密度较高的情况下。通过压差校正可以提高地层压力监测精度。

三、正常趋势线的合理确定

dc 指数的理论基础是泥质沉积物不平衡压实导致地层欠压实，产生异常高地层孔隙压力。因此在正常压实情况下，随着井深增加，dc 指数也表现为逐渐增大的趋势。通过研究发现其趋势线满足线性关系，实际中常采用以下两种方式：

$$dc_n = a + b \times H \qquad （3-29）$$

$$dc_n = e^{(a + b \times H)} = A_1 e^{B_1 \times H} \qquad （3-30）$$

式中　a——正常趋势线的截距；

　　　b——正常趋势线的斜率；

　　　H——井深，m。

合理确定正常趋势线是提高随钻监测精度最重要的因素之一，也是一直

制约 dc 指数的瓶颈。传统随钻监测过程中确定趋势线主要存在如下问题：首先，没法实时确定岩性，无法选出有效的纯泥页岩样本点；其次，实际上趋势线的斜率和截距受岩性变化、不整合、换钻头、异常高压等情况影响。针对上述问题，因此作正常趋势线时必须考虑以下几点。

（1） dc 指数仅仅适用于泥页岩，因此建立正常趋势线所需样本点须注意以下情况：

①非纯泥页岩点、井底不干净、纠斜吊打、磨合钻进、取心、定向钻井、新旧钻头交界处的异常值及地质不整合面等一切不属于正常钻井的数据不要。

②受地质条件、岩性变化影响的数据去掉；受水力作用影响的局部井段数据去掉（如出现泵上水效率下降、水眼刺大等）；受钻头类型影响的数据去掉。

③上部地层由于沉积较快还没完全压实，孔隙度较大，因此建立正常趋势线时一般对上部井段的泥岩（页岩点）都要排除。

在随钻过程中可利用岩性综合识别模型实时识别岩性，把处于正常压力的泥岩（页岩）或砂岩点分别归入样本库中，建立正常泥岩或砂岩样本点。

（2）在钻井过程中如果穿过一个不整合面或断层时，在它上下的地层应有不同的沉积历史，那么就应该有不同的斜率。

（3）当换钻头后一般都要引起曲线波动，需要趋势线作一平移，平移大小可根据假定某一深处的孔隙压力相等，即可得到截距大小。

（4）随钻监测过程中，趋势线的建立是一个动态过程。因此必须弃掉一些旧数据，置入一些新的数据，分别对泥页岩和砂岩每隔50m或100m重作正常趋势线。

（5）有时候曲线波动很剧烈，一般能用眼睛看出来，但很难找出新曲线的第一点，在此情况下可用如下方法：

假设在深度 H_1 和深度 H_2 上压力是相同的。

$$\rho_f = H_1 - (H_1 - H_2)(dc_{s1}/dc_{n1})^{1.2} \tag{3-31}$$

$$\rho_f = H_1 - (H_1 - H_2)(dc_{s2}/dc_{n2})^{1.2} \tag{3-32}$$

$$H_1 - (H_1 - H_2)(dc_{s1}/dc_{n1})^{1.2} = H_1 - (H_1 - H_2)(dc_{s2}/dc_{n2})^{1.2} \tag{3-33}$$

$$\frac{dc_{s1}}{dc_{n1}} = \frac{dc_{s2}}{dc_{n2}} \tag{3-34}$$

$$dc_{n2} = dc_{n1} \times \frac{dc_{s2}}{dc_{s1}} \tag{3-35}$$

式中　ρ_f——地层压力梯度等效密度，g/cm³；

　　　H_1——深度，m；

　　　H_2——深度，m；

　　　dc_{n1}——深度 H_1 的正常趋势线 dc 值；

　　　dc_{s1}——深度 H_1 实际计算的 dc 值；

　　　dc_{n2}——深度 H_2 的正常趋势线 dc 值；

　　　dc_{s2}——深度 H_2 实际计算的 dc 值；

（6）如果采用增压涡轮钻井，很明显的是增压涡轮钻速和一般旋转钻速没有直接的联系。解决这个问题的最好办法是把增压涡轮钻速分成 10 等份，取一个大概的近似值，或者让曲线的发展按照实际经验确定的近似值来延伸。

（7）用斜井段 dc 值来确定曲线将会变得困难，因为在地面测量的钻压不能反映井底钻头所受的重力。这种影响将使得 dc 曲线向右移动。在轻微偏移的井中，这还不是主要问题，如果偏移角度达到 30°，那么就要修正钻压。

四、dc 指数压力换算

实际常选用下列公式求地层压力，定量计算出孔隙压力大小。

（1）对数式：

$$\rho_f = 0.911 \lg(dc_n - dc) + 1.98 \tag{3-36}$$

（2）等效深度法：

$$\rho_f = \rho_n + (\rho_o - \rho_n)\frac{dc_n - dc}{\alpha \times H_c} \tag{3-37}$$

（3）反算式：

$$\rho_f = \frac{dc_n}{dc} \times \rho_n \tag{3-38}$$

（4）伊顿式：

$$\rho_f = \rho_o - (\rho_o - \rho_n)\left(\frac{dc}{dc_n}\right)^{1.2} \tag{3-39}$$

式中　ρ_f——地层压力梯度等效密度，g/cm^3；

　　　ρ_o——上覆压力梯度等效密度，g/cm^3；

　　　ρ_n——正常地层压力梯度等效密度，g/cm^3；

　　　H_e——等效深度，m；

　　　α——正常趋势线斜率；

　　　dc_n——深度 H 的正常趋势线 dc 值；

　　　dc——实际计算的 dc 值。

五、dc 指数法地层压力监测

　　综上所述，应用 dc 指数法所监测结果的精度与准确性在很大程度上取决于所收集资料的准确性。钻压在 dc 指数计算式中是最敏感的一个参数，也是钻进中变化频繁不易取准的参数。为确保检测结果的精度，应经常校正大钩负荷参数，以保证钻压数据的准确可靠。同时水力因素也影响 dc 指数法所测定结果的精度，随着喷射钻井技术水平的提高，特别是水力因素和机械因素的联合破岩作用，在其他条件不变的情况下，使机械钻速有不同程度的提高，dc 指数也相应减小，在计算 dc 指数值时，需要对水力因素的影响进行修正。而钻头类型也影响 dc 指数法所测定结果的精度。泥岩中砂质成分的多少也同样影响 dc 指数的检测精度，随着油田的开发，原始孔隙压力的分布状况发生变化，在这种条件下 dc 指数法不适用。在同样参数下，相邻两点泥岩的钻速往往不相同，计算的 dc 指数和地层孔隙压力也不同，实际应用时应将其一段内的地层孔隙压力值平均后作为该段的地层孔隙压力。在实际监测过程中，钻井参数的选择对 dc 指数法的应用有较大的影响，如钻头类型、钻头直径、水眼尺寸、钻头磨损、钻压、转速、钻井液类型、钻井液密度、钻井液黏度、立管压力、泵速、固相含量、颗粒大小及在钻井液中的分布等因素，因此，我们在使用 dc 指数法进行地层压力预测时，应当对此加以考虑。

　　工程录井参数类型多样，作用也各有不同。现场在利用 dc 指数等方法进行地层压力预测的同时，还可根据实时气测曲线的形态和特征对评价结论进行实时验证与校准（表3-8），并对钻井液密度使用提供建议。如果实时录井过程中，气测显示与储层有很好的对应性，且有明显的单根气、二次循环气，每次提下钻后有明显的后效显示，则表明当前是一种近平衡钻井状态，当前使用的钻井液密度较合理，井下地层压力与钻井液密度基本一致；如果钻遇储层时气测异常幅度低，单根气、后效显示不明显，则表明当前地层压力远

表3-8　根据气测曲线形态判断井下平衡状态、验证压力监测结果

状态	描述	气测曲线形态示意图			措施
		钻遇油气层	接单根	后效	
过压	钻遇油气层时气测曲线呈块状，与储层对应，无单根气和后效气				降低密度
近平衡	钻遇油气层时气测曲线呈锯齿状，与储层对应，单根气和后效气较明显				
欠平衡	钻遇油气层时气测异常明显，储层钻穿后仍然有气测显示，且持续时间较长，单根气和后效气偏度大，后效气会持续一段时间				适当提高密度

低于钻井液密度，建议根据井况适当降低密度；而当钻遇储层时，气测异常幅度高，储层钻穿后仍然有显示，且持续时间较长，同时单根气和后效气幅度大，后效气持续时间长，甚至在测后效过程发生井涌、溢流等现象，则表明当前井下压力处于欠平衡状态，这样较高的气测背景值也会影响油气水的识别，而且对钻井安全有一定的隐患，这种情况下可以考虑适当提高密度（提高幅度 0.02），以控制已钻过的油气层，不仅为下部新钻油气层提供良好的判别环境，同时，适当提高钻井液密度，也可以增加井下的安全系数，加快钻井施工进程。

第三节　Sigma 指数法检测地层孔隙压力

　　Sigma 指数法是一种在 20 世纪 70 年代中期，由意大利石油公司 AGIP 在坡山谷钻探时提出来的地层压力评价方法。在不连续的砂泥岩层或石灰岩层中，根据 d 指数计算出的压力数据不可靠，并且很难建立一条连续的压实趋势线。另外，d 指数的计算也不能直接补偿压差的变化，而压差对井眼的冲洗和钻速的影响都非常大。Sigma 录井对这些参数进行了优选，并成功地运用在全世界的黏土质地层录井中。此外，用户可以对用作压力计算的不真实的高值或低值进行处理，该项功能为用于计算 d 指数的砂岩线提供了便利。

　　d 指数的趋势线变换是对连续地层钻井参数进行补偿，而 Sigma 指数变换是对混合型的黏土质地层的钻井参数进行补偿，趋势线一般的斜率为 0.088，它被证实在欧洲和北海地区都是正确的。其他的地区可能需要不同的斜率值，用户可以对斜率值进行修改。实践证明，Sigma 法检测地层压力在世界上的很多地区都取得了良好的效果，曾在石油工程压力预测领域得到重视和广泛应用。

一、Sigma 指数检测原理

　　1. 原始 Sigma（σ_t）

　　基本的 Sigma 计算包括关于岩石可钻性的确定和关于压差的影响两部分。

首先，需确定原始 Sigma（σ_t）值，它是无量纲的：

$$\sqrt{\sigma_t} = \frac{W^{0.5} \times R^{0.25}}{D_{BS} \times ROP^{0.25}} \tag{3-40}$$

式中　W——钻压，tf；

　　　R——转盘转速，r/min；

　　　ROP——机械钻速，m/h；

　　　D_{BS}——钻头直径，in。

不同参数之间的关系是经验性的。从理论上讲，在同样的深度钻穿相同的岩层，除不同的钻压、转速、钻头直径和钻速外，σ_t 值对于两个同类钻头应该相同。在实际运用中，由于钻井参数的不断变化，可能引起 σ_t 值的一些变化。

2. 浅层井眼条件下校正后的原始 Sigma 值（σ_{t1}）

当把 σ_t 值对应于井深绘图时，有大量的 σ_t 值比平均值大或小。这在浅井中尤为明显。正因为如此，计算中使用了一个校正系数计算调整后的原始 Sigma 值（σ_{t1}），经验式如下：

$$\sqrt{\sigma_{t1}} = \sqrt{\sigma_t} + 0.028\left(7 - \frac{L}{1000}\right) \tag{3-41}$$

式中　L——井深，m。

一般说来，当 $\sigma_{t1} < 1$ 时代表砂岩，当 $\sigma_{t1} > 1$ 时代表页岩。

3. 真实 Sigma（σ_0）

井眼清洗系数 n 是地层孔隙度和渗透率的函数。当井底压差为正值时，岩石的孔隙度和渗透率决定岩层内部流体压力何时才能与钻井液压力相等，反过来将影响到岩屑能被钻井液带到地面的速度（岩屑沉降效应）。因此，n 描述钻井液把岩屑从钻头上冲洗掉的效率。

n 的计算有两种方法，这与 σ_{t1} 值有关。

如果 $\sqrt{\sigma_{t1}} \leqslant 1$，则：

$$n = \frac{3.2}{640\sqrt{\sigma_{t1}}} \tag{3-42}$$

如果 $\sqrt{\sigma_{t1}} > 1$，则：

$$n = \frac{1}{640}\left(4 - \frac{0.75}{\sqrt{\sigma_{t1}}}\right) \tag{3-43}$$

由此可见，页岩的 n 值比砂岩大，页岩层井眼清洗效率比砂岩的要低。

压差对地层可钻性有影响。这里要有一个已知的对于每个目标层的压差值。实际的压力差为：

$$\Delta p = (\rho - p_H)\frac{L}{10} \tag{3-44}$$

式中　Δp——压力差，MPa；

　　　ρ——钻井液密度，g/cm³；

　　　p_H——正常地层流体压力梯度，MPa/m；

　　　L——深度，m。

p_H 值是由局部地层流体的平均密度确定的。通常，由于缺乏对局部地层信息的了解，操作员必须估计出 p_H。一般地说，Δp 值的增加引起钻速的减慢，而 Δp 的减小引起钻速的加快。当 Δp 值为零或接近于零时，钻速最大。钻速相对于 Δp 的变化是非线性的。为了计算 Sigma 值，压差的影响被描述为一个系数 F，对于每个预计深度，F 满足方程：

$$F = 1 + \frac{1 - \sqrt{1 + n^2 \times \Delta p^{2n}}}{n \times \Delta p} \tag{3-45}$$

式中　n——井眼清洗系数；

　　　Δp——压差，MPa。

以此为基础，可以得到真实 Sigma 值的表达式，真实 Sigma（σ_0）值也称为岩石强度参数。计算公式如下：

$$\sigma_0 = \sqrt{\sigma_{t1}} \times F \tag{3-46}$$

4. Sigma 趋势值（σ_r）

岩石强度参数（σ_r）可被绘制成一系列相互连接的点。与 d 指数不同的是，其横坐标是线性的。Sigma 值从 0 到 1，σ_0 值在可钻性增大时具有向左偏移的趋势，而当可钻性减小时，具有向右偏移的趋势。发生偏移是由于岩石机械特性的变化（岩性或孔隙度）或钻井参数的变化（主要是井眼直径），或以上两种因素影响造成的。对于一个岩性相同的地层剖面，σ_0 值随着深度的增加而增大，为正常压实趋势 σ_r。岩性的改变，如从页岩到砂页岩，或者钻井参数的重大变化，会引起 σ_0 值的突然偏移，接着从岩性或钻井参数开始变化的下一点，出现一个新的平均值。因此，当出现岩性变化、井眼直径或钻头类型变化时，要对 σ_r 值进行偏移处理，以使它同 σ_0 维持适当的关系。

以下方程描述了趋势线在每个点的位置：

$$\sqrt{\sigma_t} = 0.088\frac{L}{1000} + \beta \qquad (3-47)$$

式中　L——井深，m；

　　　β——井深为零时 σ_t 值，即坐标截距，无量纲。

当 σ_0 平均值变化时，σ_r 趋势线也会变化。注意：不要随意改变 σ_r 趋势线。

下列方程描述了趋势线每一段的起始点：标准化的 Sigma 对孤立的 σ_r 线段进行重组，形成一条连续的趋势线，而在趋势线上的每一点维持着 σ_0 同 σ_r 的联系。正常趋势线上 Sigma 值（σ_r）：

$$\sigma_r = A\frac{H_v}{1000} + B \qquad (3-48)$$

式中　A，B——正常趋势线的斜率与截距，可由初始化给定的两点确定，一般 $A=0.088$；

　　　H_v——垂直井深，m。

5. Sigma 地层压力 p_f

以上述参数为基础，在长期的实践经验中，提出了利用 Sigma 参数来计算地层压力的公式：

$$p_f = \rho - \frac{20(1-Y)}{S_n Y(2-Y)H_v} \qquad (3-49)$$

$$Y = \frac{\sigma_r}{\sigma_t} \qquad (3-50)$$

式中　ρ——钻井液密度，g/cm³；

　　　H_v——垂直井深，m；

　　　S_n——井眼冲洗系数。

其中，钻井液的密度、垂直井深在钻井时可以较容易地获得，正常趋势线上的 Sigma 值也可以从式中求出，原始 Sigma 值也可以从式中求出，将它们带入地层压力计算公式就可以得到该井深处的地层压力。

二、Sigma 指数法评价

Sigma 指数法弥补了 d 指数法在不连续的砂泥岩层或石灰岩层中计算出的压力数据不可靠，并且很难建立一条连续的压实趋势线的弱点，而通过 Sigma 指数变换对混合型的黏土质地层的钻井参数进行补偿，能够取得很高的预测精度，它被证实在欧洲和北海地区都是正确的，并成功地运用在全世界的黏土质地层中，到目前为止，在黏土质地层压力检测中仍具有不可替代的优势。

应用 Sigma 指数法所测定的压力结果的精确度受地层的岩性、钻压和钻头类型的影响最为突出。Sigma 指数法对地层岩性的局限性表现在只适应于在不连续的砂泥岩层、石灰岩层以及黏土质地层中能取得较理想的效果，而在其他类的地层中往往都不被利用。钻压在 Sigma 指数计算式中是最不容易确定，也是钻进中变化频繁不易取准的参数。要确保检测结果的精度，保证钻压数据的准确可靠是前提。钻头型号也影响 Sigma 指数法所测定结果的精度。实践表明，用牙轮钻头和 PDC 钻头钻进时，Sigma 指数预测到的压力结果有很大的出入。因此，在运用此方法时要对选用的不同钻头类型特别注意，否则可能会得到毫无意义的检测结果。

第四节　录井压力监测案例分析

准确的地层压力监测与预报，可以确保及时发现高压层，为及时调整钻井液密度提供可靠依据，保障井下安全，同时，通过对区域地层压力的认识与评价，总结规律，为后续井的钻井施工与压力评价提供借鉴。根据目前国内录井压力监测的实际情况，应用 dc 指数法比较普遍，而对 Sigma 指数法的应用相对较少，因此，本节重点以 dc 指数法为例，介绍现场的一些具体应用。

一、MS1 井地层压力监测

MS1 井是一口重点风险探井，面临钻井深度大、钻揭层系多、地层压力跨度大、邻井资料少等困难。在实际评价过程中，通过邻井资料分析评价、实钻资料与中完电测相结合的办法，准确预测与评价井下地层压力变化，为钻井施工提供了准确的录井压力信息。

钻前通过对区域地层压力资料、邻井测压资料及钻井液密度使用情况分析，对井下地层压力在纵向上的分布有了系统认识（图 3-11）。

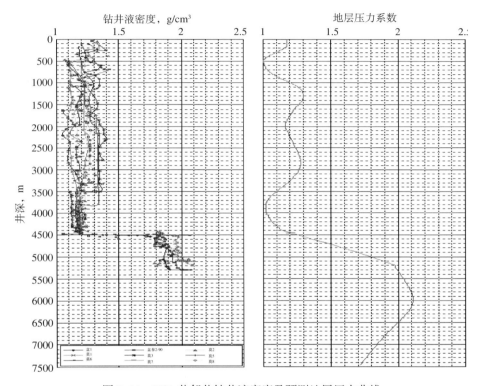

图 3-11　MS1 井邻井钻井液密度及预测地层压力曲线

预计该井三工河组 S2 段以上属正常压力地层，压力系数为 1.0 ~ 1.2。三工河组 S3 段以下为异常高压地层，已钻的 PC2 井 4385 ~ 4422m（J_2t）压力系数为 1.05，4430 ~ 4434m（J_1b）压力系数为 1.31，5122 ~ 5142m（J_1b）压力系数为 2.11。而通过本区钻遇地层最多，井深最深的 XX 井的位置与实钻压力情况分析，认为运用该井地层压力资料指导本井地层压力监测是非常有现实意义的（图 3-12、表 3-9）。在做好邻井资料分析的同时，地震资料分析也是一个重要的手段。根据地震层速度及邻井压力检测，预测超压带顶界深度在 4400m 左右，随井深增加地层压力系数增加，最高压力系数在三叠系，压力系数 2.1 以上，自下乌尔禾组开始地层压力梯度有降低的趋势。

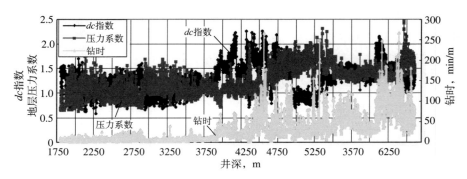

图 3-12　××井 dc 指数、地层压力系数、钻时曲线图

表 3-9　××井地层压力解释成果表

序号	井段，m	层位	dc 指数	地层压力系数	压力梯度	评价结论
1	1800.00 ~ 3935.00	第四系—白垩系	0.59 ~ 1.69	0.68 ~ 1.92	0.65 ~ 1.95	正常压实
2	3935.00 ~ 4187.00	白垩系—侏罗系	1.25 ~ 2.23	0.92 ~ 1.59	0.79 ~ 1.26	压力过渡带
3	4187.00 ~ 4701.00	侏罗系	0.71 ~ 2.26	0.86 ~ 1.98	0.89 ~ 1.55	欠压实
4	4701.00 ~ 6078.00	侏罗系—三叠系	0.7 ~ 2.18	1.11 ~ 1.32	0.86 ~ 1.98	正常压实
5	6078.00 ~ 6236.00	三叠系	1.35 ~ 2.15	1.18 ~ 1.67	1.19 ~ 1.67	压力过渡带
6	6236.00 ~ 6610.00	三叠系—二叠系	1.01 ~ 1.70	1.20 ~ 2.46	1.07 ~ 1.96	正常压实

　　该井实钻录井过程中，主要采用 dc 指数法在 500.00 ~ 7500.00m 进行地层压力随钻监测。录井过程中利用系统所带地层压力监测软件跟上钻头实时计算 dc 指数、Sigma 指数，要求 4400m 以上地层每 100m 进行一次回归计算，4400m 以下加密回归计算。钻时加快时，要求每米回归计算地层压力，并循环观察井下压力变化情况，记录其他录井参数的变化情况，如气显示、钻井液温度、密度、电导率等的变化，岩屑的数量形状和大小等综合判别井下压力的平衡情况，并修正趋势线，以保证较准确地计算地层压力。钻遇地层不整合面，由于钻头尺寸、类型等的变化以及钻井参数的变化等引起 dc 指数较大的变化要重新进行回归。全井分段回归得出趋势线方程见表 3-10。

表 3-10　MS1 井地层压力分段趋势线方程

井段，m	趋势方程式
40.00 ~ 1598.89	$dc_n = 0.000177L + 0.278590$
1598.89 ~ 1915.91	$dc_n = 0.000177L + 0.789623$

续表

井段，m	趋势方程式
1915.91 ～ 2287.40	$dc_n=0.000177L+0.129433$
2287.40 ～ 2535.68	$dc_n=0.000177L+0.729623$
2535.68 ～ 3565.60	$dc_n=0.000177L+0.033693$
3565.60 ～ 3622.33	$dc_n=0.000390L+0.019995$
3622.33 ～ 3809.13	$dc_n=0.000177L+0.035698$
3809.13 ～ 4071.62	$dc_n=0.000700L-1.192490$
4071.62 ～ 4099.17	$dc_n=0.000700L-2.071350$
4099.17 ～ 4463.00	$dc_n=0.000700L-1.192490$
4463.00 ～ 4500.00	$dc_n=0.000700L-1.459420$
4500.00 ～ 6406.00	$dc_n=0.000567L-1.397210$
6406.00 ～ 6901.49	$dc_n=0.000131L+0.685000$
6901.49 ～ 7500.00	$dc_n=0.000035L+1.123098$

压力监测结果及实钻资料表明，MS1 井在钻至三工河组前（井段 40.00 ～ 4360.00m）为正常压力，进入三工河组后地层压力系数迅速升高，在八道湾组下部（井段 5080.00 ～ 5350.00m）进入异常高压带，地层压力系数最高为 2.10，在进入上乌尔禾组时地层压力系数开始逐步回落，地层压力系数的拐点在 6190.00m 左右，拐点之后地层压力系数呈回落的趋势，进入石炭系后地层压力系数明显降低。地震预测与录井监测地层压力吻合较好，中完 VSP 测井的数据也显示，在 6060.00m 附近地层压力系数开始回落（图 3-13）。

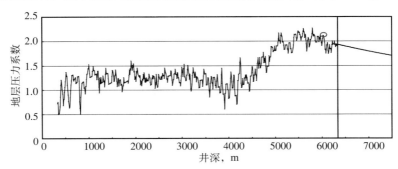

图 3-13　MS1 井 6600m 中完 VSP 实测压力系数及预测图

在完成实时监测的同时，完井后，根据 *dc* 指数监测、气测显示、后效情况以及钻井液密度使用情况，结合测井压力评价，对全井地层压力纵向变化（图 3-14）及对钻井液密度使用情况作出如下评价（表 3-11）：

表 3-11   MS1 井地层压力系数解释成果表

序号	井段，m	层位	dc 指数	地层压力系数	评价结论
1	40.00 ~ 4360.00	E—J_1s	0.26 ~ 2.16	1.05	正常压实
2	4360.00 ~ 4530.00	J_1s	0.78 ~ 1.41	1.10 ~ 1.50	压力过渡带
3	4530.00 ~ 4950.00	J_1s—J_1b	0.66 ~ 1.01	1.70	异常压力
4	4950.00 ~ 5080.00	J_1b	0.70 ~ 0.97	1.90	异常高压过渡带
5	5080.00 ~ 5350.00	J_1b	0.53 ~ 0.98	2.10	异常高压
6	5350.00 ~ 5900.00	J_1b—T_2k	0.41 ~ 1.27	2.00 ~ 1.80	异常压力
7	5900.00 ~ 6900.00	T_2k—C	0.65 ~ 1.44	1.90	异常压力
8	6900.00 ~ 7500.00	C	0.79 ~ 1.33	1.75	异常压力

（1）井段 40.00 ~ 4360.00m 为正常压力段。

该段 dc 指数为 0.26 ~ 2.16，dc 指数随井深增加逐渐增大，为正常压实地层，属正常压力系统，地层压力系数为 1.05 左右。建议使用 1.10 ~ 1.15g/cm³ 钻井液，实际使用的是 1.16 ~ 1.37g/cm³ 钻井液，该段使用的钻井液密度偏高。

（2）井段 4360.00 ~ 4530.00m 为压力过渡带。

该段 dc 指数为 0.78 ~ 1.41，dc 指数开始偏离趋势线，压力开始出现异常，为压力过渡带，地层压力系数由 1.05 逐渐增大到 1.50。这一段钻进过程中气测异常明显，但单根气与停泵静止气不明显。从地层压力录井图上看，使用密度高于地层压力系数。建议使用钻井液密度由 1.20g/cm³ 逐渐增大到 1.60g/cm³，实际使用钻井液密度由 1.35g/cm³ 逐渐增大到 1.82g/cm³，该段使用的钻井液密度偏高。

（3）井段 4530.00 ~ 4950.00m 为异常压力带。

dc 指数为 0.66 ~ 1.01，dc 指数继续偏离趋势线，为异常压力地层，地层压力系数为 1.60 ~ 1.70。此段单根气与停泵静止气不明显。建议使用 1.80 ~ 1.85g/cm³ 钻井液，实际使用 1.75 ~ 1.97g/cm³ 钻井液，该段使用的钻井液密度偏高。

（4）井段 4950.00 ~ 5080.00m 为下部高压层的过渡带。

dc 指数为 0.70 ~ 0.97，dc 指数继续降低，偏离趋势线明显，地层压力系数为 1.90 左右。从地层压力录井图上看，使用密度与地层压力系数相近，

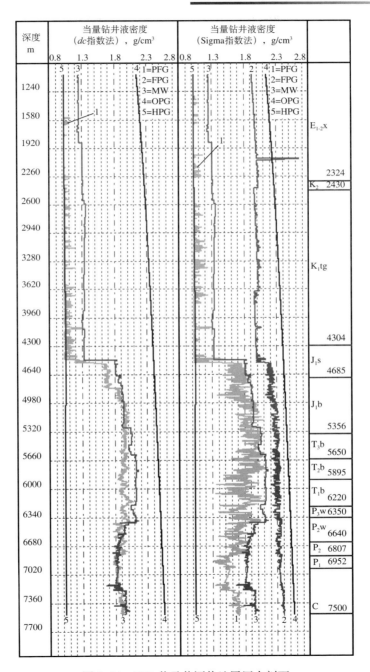

图 3-14 MS1 井录井评价地层压力剖面

单根气与停泵静止气亦明显。建议使用 2.00 ~ 2.05g/cm³ 钻井液，实际使用 1.92 ~ 1.97g/cm³ 钻井液，该段使用的钻井液密度稍偏低。

（5）井段 5080.00 ~ 5350.00m 为异常高压带。

dc 指数为 0.53 ~ 0.98，dc 指数偏离趋势线更加明显，为超高压地层，地层压力系数为 2.10 左右。从地层压力录井图上看，5100.00m 以后密度使用低于地层压力系数，气测全烃背景值与前面相比增加十分明显。井段 5106.00 ~ 5111.00m，气测全烃由 1.8163% 上升至 9.2285%，组分出至 nC_5。自 5100.00m 开始气测开始上升，井段 5113.00 ~ 5122.00m 钻时较慢，但气测仍爬坡上升，表明 5100.00 ~ 5122.00m 为进入高压显示层前的压力窗。揭开这一高压层后，几次后效显示十分活跃，气测全烃最大达到 89.9869%，单根气与停泵静止气亦十分明显。建议使用 2.15 ~ 2.25g/cm³ 钻井液，实际使用 1.93 ~ 2.07g/cm³ 钻井液，该段使用的钻井液密度偏低。

（6）井段 5350.00 ~ 5900.00m 为异常压力带。

dc 指数为 0.41 ~ 1.27，5350.00m 之后 dc 指数开始向趋势线回靠，地层压力系数比上部明显降低，地层压力系数为 2.00 左右。从后效来看，后效显示较活跃，应为上部八道湾高压层作用的结果，单根气与停泵静止气亦明显。建议使用 2.05 ~ 2.15g/cm³ 钻井液，实际使用 2.00 ~ 2.17g/cm³ 钻井液，该段钻井液使用合理。

（7）井段 5900.00 ~ 6900.00m 为异常压力带。

dc 指数为 0.65 ~ 1.44，dc 指数继续向趋势线回靠，地层压力系数继续降低，但 6200m 之后略有增加，地层压力系数为 1.85 ~ 1.90。录井地层压力监测 6190.00m 为压力拐点，地层压力系数有回落趋势，在井段 6192.76 ~ 6406.00m 发生 6 次井漏，漏失时钻井液密度为 2.09 ~ 2.12g/cm³，共漏失钻井液 822.00m³。从四开后效来看，钻过 6540.00 ~ 6625.00m 之后，后效有明显显示，单根气与停泵静止气明显。在井深 7118.48m 提下钻发生溢流，分析溢流层段为 6540.00 ~ 6625.00m，这段压力系数为 1.90，钻揭该段时钻井液密度为 1.80g/cm³，不足以平衡地层压力，密度加至 1.90g/cm³，在井深 7209.00m 提下钻又发生溢流，之后把钻井液密度提到 1.95g/cm³ 左右正常。建议使用 1.95 ~ 2.05g/cm³ 钻井液，井段 5800.00 ~ 6406.00m 使用 2.07 ~ 2.14g/cm³ 钻井液，偏高；井段 6406.00 ~ 6900.00m 使用 1.82 ~ 1.92g/cm³ 钻井液，该段使用的钻井液密度偏低。

（8）井段 6900.00 ~ 7500.00m 为异常压力带。

dc 指数为 0.79 ~ 1.33，地层压力系数为 1.75 ~ 1.80。此段地层压力系数低，且地层裂缝发育多，在井段 7118.48 ~ 7500.00m 发生 12 次井漏，漏失时钻井液密度为 1.88 ~ 1.95g/cm³，共漏失 608.80m³。后效的显示为上部溢流层段的显示。由于上部溢流层段压力系数为 1.90 相对较高，压力窗口较窄，为了平衡上部溢流层段，建议使用 1.90 ~ 1.95g/cm³ 钻井液，实际钻进中，在井段 6900.00 ~ 7209.00m，实际使用 1.80 ~ 1.87g/cm³ 钻井液，这一段使用的钻井液密度偏低；在井段 7210.00.00 ~ 7500.00m，密度提至 1.94 ~ 1.96g/cm³，该段钻井液使用合理。

二、应用录井资料验证录井压力评价结果

在现场录井与压力监测过程中，不仅可以通过 dc 指数变化及时监测与评价地层压力，同时，通过其他相关录井资料的应用，也能进一步验证录井压力监测与评价结论。

F3 井于 10 日 13:22 钻至井深 5298.81m，井深 5298.40m 时气测出现异常，出口密度为 1.84g/cm³，黏度 68s，电导率 28.30mS/cm，13:40 停钻循环，14:05 气测值全烃由 3015μL/L 上升至 172340μL/L；C_1 由 2890μL/L 上升至 119689μL/L；C_2 由 16μL/L 上升至 3875μL/L；C_3 由 11μL/L 上升至 532μL/L；iC_4 由 2μL/L 上升至 17μL/L；nC_4 由 3μL/L 上升至 18μL/L，出口密度为 1.73g/cm³，漏斗黏度 74s，电导率 30.52mS/cm，取样点火可燃，橘黄色火焰，焰高 3cm，持续 1s。取钻井液样测得氯离子含量为 38000mg/L，较上午 7:00 所测钻井液氯离子含量高了 5000mg/L，判断层出水（图 3-15）。

14:10—14:50，气测保持平稳，全烃为 160000 ~ 180000μL/L。14:50—15:45 气测值再次上升，全烃从 180000μL/L 上升到 15:45 的 243200μL/L。13:15—15:45 总池体积从 129.72m³ 上升至 137.63m³，扣除加重材料的增加体积 2.50m³，实际增加 5.44m³，15:50—17:15 钻具提至套管内，钻头位置 4722.15m，提钻过程中井口出现外溢，总池体积由 142.41m³ 上升至 151.87m³，总池体积增加 9.46m³。17:36 关井求压，至 18:00 立压稳定在 2.5MPa，套压为 4.5MPa，按钻井液密度 1.78g/cm³ 折算地层压力系数为 1.83，用 1.93g/cm³ 的钻井液压井成功。

通过对压井过程中钻井液密度增加与气测值变化的相关性分析，我们可以更准确地评价地层压力（图 3-16、图 3-17）。在完成压井后，井队一直使用 1.83 ~ 1.85g/cm³ 钻井液钻至井底，气测显示与储层有很好的对应性（图 3-18），再未出现井涌等工程复杂。

LG	5298.80 m	BH	30.61 m	TPIT	144.10 m³	RPM	0 r/min	D	5298.81 m
MWO	0.08 kg/L	SPP	0.24 MPa	TQ	0.61 kN·m	WOB	-51.86 kN	BD	5208.36
SPM1	20 冲/min	SPM2	0 冲/min	SPM3	61 冲/min	HL	1718.08 kN	ROP	95.3 min/

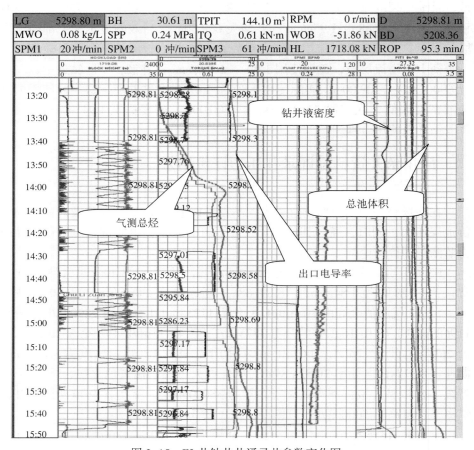

图 3-15　F3 井钻井井涌录井参数变化图

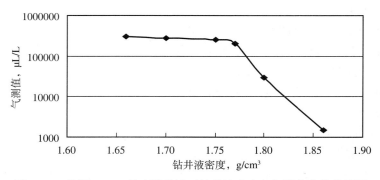

图 3-16　井深 5298m 处理钻井液时钻井液密度与气测值变化趋势图

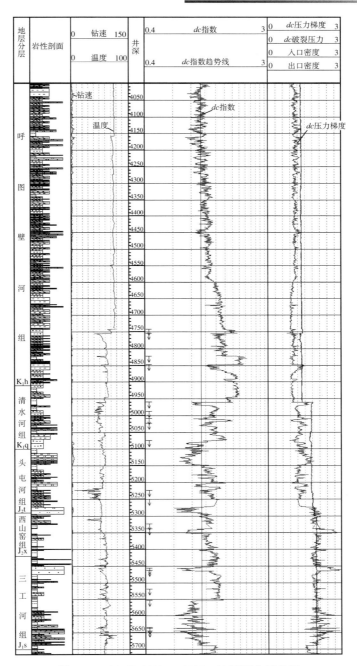

图 3-17　F3 井 4500 ~ 5715m 地层压力录井图

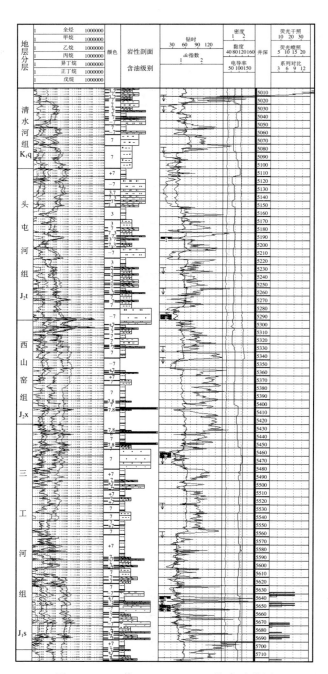

图 3-18　F3 井 5000 ~ 5700m 综合录井图

三、地层压力综合评价与认识

对丰富的钻前邻井资料进行透彻分析也是做好压力预测的重要手段之一，特别是对于一些复杂区块，通过钻前分析，不仅可对区域压力分布有一个准确的认识，同时，通过对这些已录井的分析，还可总结出一套合适的录井监测与评价方法，为后续井的压力监测提供借鉴。

以新疆油田准东 ST 地区为例，实钻资料表明，该区地处山前，地层复杂，存在较高地层压力（表 3–12），给安全钻井造成很大困难。录井技术人员通过对 ST2091 井、T62 井等一批已钻井随钻录井地层压力监测过程的分析与摸索，找出了适应该项区块的地层压力监测与预报方法，并通过不断调整，在后续井的钻探中快速、准确预测地层压力变化情况，为钻井施工的安全、顺利进行提供了保障。

表 3–12　ST 油田 T3、T13 和 T14 断块部分地层压力

区块	层位	中部深度，m	地层压力系数	地层压力，MPa
T3 断块	T_2k	2850	1.51	42.10
	J_3q	1950	1.65	31.50
T13 断块	J_3q	2300	1.41	31.70
	J_1b	2750	1.81	48.96
T14 断块	J_1b	2650	1.64	42.60

1. 已钻井压力特征分析

ST2091 井构造上位于 T3 断块，完钻井深 2910.00m。该井从 500.00 ～ 2910.00m 采用 dc 指数法进行地层压力随钻监测。选用 1150.00 ～ 1450.00m 的泥岩段回归确定三牙轮钻头钻进段正常趋势线方程，对 PDC 钻头钻进段采用向左移动改变趋势线方程截距，同时调整趋势线方程斜率来确定其趋势线方程，趋势线方程见表 3–13。

表 3–13　ST2091 井 dc 指数趋势线方程表

井　段，m	趋势线回归方程	钻头类型
501.00 ～ 1994.00	$dc_n=0.0003H+0.85$	三牙轮
1994.00 ～ 2318.00	$dc_n=0.00034H+0.038$	PDC
2318.00 ～ 2910.00	$dc_n=0.0003H+0.75$	三牙轮

通过对 ST2091 井 dc 指数变化结合区域地层压力分布特征的分析，对该井的地层压力纵向上的变化有了清楚的认识，纵向上大致可分为四段：

（1）井段 500.00～1720.00m，该段为第四系、新近系、古近系，可钻性好，dc 指数无明显异常，评价地层压力系数为 1.00～1.07。

（2）井段 1720.00～2400.00m，该段为侏罗系，地层可钻性好，dc 指数异常，评价地层压力系数为 1.40～1.70。

（3）井段 2400.00～2840.00m，该段为侏罗系、三叠系，dc 指数异常，评价地层压力系数为 1.80～1.85，为异常高压段。

（4）井段 2840.00～2910.00m，该段为三叠系，dc 指数异常逐渐减弱，评价地层压力系数为 1.41～1.51。

通过与油田开发方案上提供的 T3 断块 T_2k 与 J_3q 油藏地层压力系数进行对比，监测的地层压力系数与实际较为吻合（图 3-19）。尔后，对同期的 T101 井、T102 井进行分析，结果表明其也具有相似的表现特征。

T401 井亦位于 T13—T14 断块。主要目的层侏罗系齐古组（J_3q）、八道湾组（J_1b）。完钻井深 2826.00m，完钻层位三叠系郝家沟组（T_3hj）。该井从 818.00m 开始进行地层压力监测工作，主要采用 dc 指数法监测地层压力。通过对 dc 指数曲线变化趋势的分析，选择合适泥岩井段对 dc 指数进行回归，得出合理趋势线方程（表 3-14），采用诺玛纳反算法计算地层压力系数。

表 3-14　T401 井 dc 指数趋势线方程表

井　段，m	趋势线回归方程	钻头类型
819.00～1472.00 1543.00～1977.00 2626.00～2686.00 2698.00～2826.00	$dc_n=0.864226+0.000257H$	三牙轮
1473.00～1542.00 1978.00～2625.00 2687.00～2697.00	$dc_n=0.182405+0.000257H$	PDC

通过地本井 dc 指数纵向变化特征的分析，结合区域地层压力分布特征，可以看出，其与 ST2091 井的纵向压力分布特征基本一致，其变化大致可分为四段：

（1）井段 819.00～1740.00m，层位 N—E。dc 指数随深度增加逐渐增大，

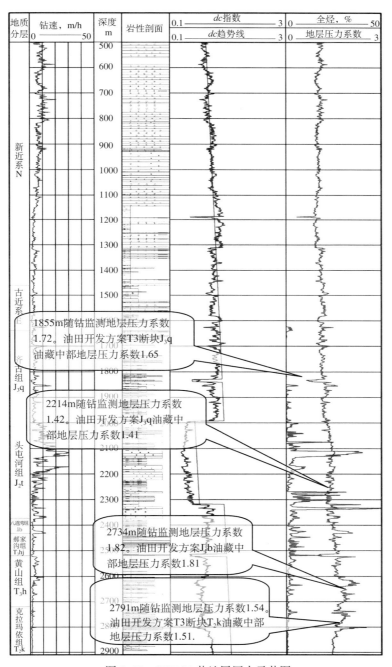

图 3-19　ST2091 井地层压力录井图

无明显偏离，根据 dc 指数计算泥岩段地层压力系数为 1.05 ~ 1.10，为正常压力。

（2）井段 1740.00 ~ 2340.00m，层位 J_3q。该段 dc 指数向左偏离趋势线，根据 dc 指数计算泥岩段地层压力系数为 1.38 ~ 1.42，为异常压力过渡带。

（3）井段 2340.00 ~ 2710.00m，层位 J_2t、J_1b。该段 dc 指数进一步向左偏离趋势线，根据 dc 指数计算地层压力系数为 1.50 ~ 1.52，为异常高压。

（4）井段 2710.00 ~ 2826.00m，层位 J_1b、T_3hj。该段 dc 指数向左严重偏离趋势线，根据 dc 指数计算地层压力系数为 1.74 ~ 1.78，为异常高压。

该井通过采用上述方法进行地层压力监测，并与完井测压资料相比较，我们采用油田开发方案上提供的两套地层的压力系数与监测压力系数进行对比，监测的地层压力系数与实际较为吻合（图 3-20）。

T62 井位于准噶尔盆地南缘阜康断裂带 T14 断块。设计井深 3200m。该井从 30.00 ~ 3255.00m 开始采用 dc 指数法进行地层压力监测。选用 220.00 ~ 1728.00m 的泥岩段回归确定三牙轮钻头钻进段正常趋势线方程，对 PDC 钻头钻进段采用平移法来确定其趋势线方程，趋势线方程见表 3-15。

表 3-15　T62 井 dc 指数趋势线方程表

井　段，m	趋势线回归方程	钻头类型
30.00 ~ 220.00	$dc_n=0.000211H+0.827763$	三牙轮
220.00 ~ 1446.00 1462.00 ~ 2032.00 2047.00 ~ 2425.00 2484.00 ~ 2723.00 2777.00 ~ 3255.00	$dc_n=0.000211H+1.189992$	三牙轮
2032.00 ~ 2047.00 2452.00 ~ 2484.00 2723.00 ~ 2777.00	$dc_n=0.000211H+0.347664$	PDC

与 ST2091 井不同的是，其受构造运动影响，上部存在一套推覆体，因此，其纵向压力变化亦有一定的变化。通过地本井 dc 指数纵向变化特征（图 3-21）的分析，结合区域地层压力分布特征，可以看出，除去推覆体，纵向压力分布与区域上其他井特征基本一致。

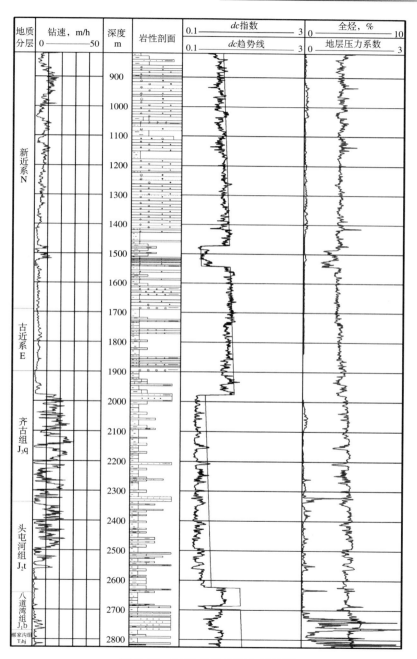

图 3-20　T401 井地层压力录井图

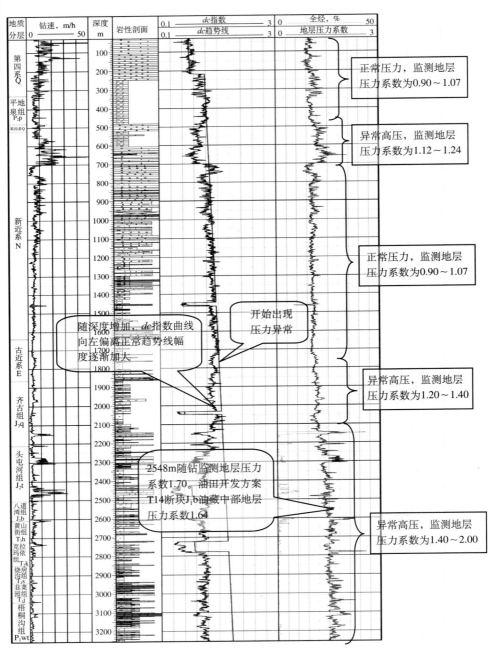

图 3-21　T62 井地层压力录井图

井段 30.00 ～ 468.00m，层位为 Q、P_2p，主要是第四系沉积及二叠系推覆体，综合评价该段地层压力系数为 0.90 ～ 1.07，为正常地层压力。

井段 468.00 ～ 700.00m，层位为 P_2p，主要是第四系沉积及二叠系推覆体，受构造运动及地层封闭性影响，地层存在一定高压，而其在 dc 指数变化上也有显明表现，综合评价该段地层压力系数为 1.12 ～ 1.24，为异常高压段。

井段 700.00 ～ 1732.00m，层位为 N、E，dc 指数随井深增加逐渐增大，无明显异常偏离，综合评价该段地层压力系数为 0.90 ～ 1.07，为正常地层压力。

井段 1723.00 ～ 2100.00m，层位为 E、J_3q，dc 指数已明显异常偏离正常趋势线，综合评价该段地层压力系数为 1.20 ～ 1.40，为异常高压段。

井段 2100.00 ～ 2510.00m，层位为 J_3q、J_2t，dc 指数亦明显异常偏离正常趋势线，综合评价该段地层压力系数为 1.40 ～ 1.82，为异常高压段。

井段 2510.00 ～ 3255.00m，层位为 J_1b、T_3h、T_3k、T_1s、T_1j、P_3wt，dc 指数亦明显异常偏离正常趋势线，综合评价该段地层压力系数为 1.52 ～ 2.00，为异常高压段。

通过与油田开发方案上提供的 T3 断块 T_2k 与 J_3q 油藏地层压力系数进行对比，监测的地层压力系数与实际较为吻合（图 3-22）。

2. 区域压力特征总结

通过对本区上述各井地层压力监测结果对比，结合区域实测压力资料分析，三台地区地层压力在纵向上的分布具有以下特征：古近系下部或侏罗系齐古组上部以上基本为正常压力，地层压力系数小于 1.07。个别区块地表存在推覆体的断块，不排除在此段内存在异常高压；古近系下部或侏罗系齐古组上部开始出现异常高压，但异常幅度不高；自侏罗系齐古组底部开始，异常高压幅度开始增大，地层压力系数最高达 1.90。

从 dc 指数纵向表现特征来看，与地层压力的变化趋势具有一致性。在现场录井工作中，如非出现更换 PDC 钻头或地层相变，不会出现 dc 指数曲线出现拐点式的大幅度偏离趋势线的现象。而对于 PDC 钻头钻进段录井中的 dc 指数，可分段进行回归，再可通过平移的方式，拟合为与三牙轮钻头钻进段相一致的 dc 指数趋势线，使现场在 PDC 钻头钻进段与三牙轮钻头钻进段相一致，运用三牙轮钻头钻进段正常趋势线快速、准确地进行地层压力检测。该方法的应用效果明显。

第一，在上部新近系及古近系上部建议使用三牙轮钻头钻进（该段地层

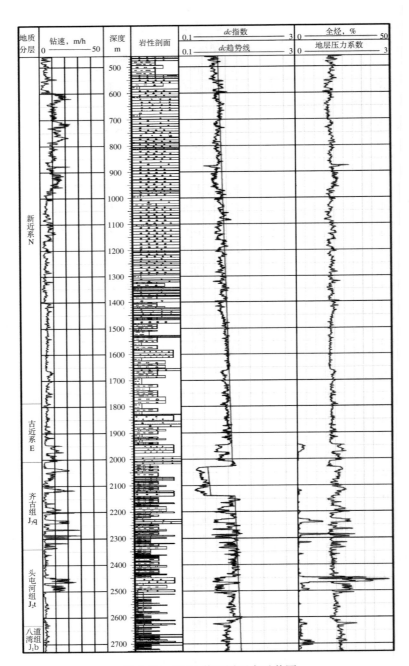

图 3-22　T101 井地层压力录井图

PDC 钻头与三牙轮钻头机械钻速大致相当），以保证有足够长的三牙轮钻头钻进的泥岩段用来确定正常趋势线（因为在古近系下部部分井就开始出现异常压力）。

第二，选择上部新近系及古近系上部合适泥岩井段对 dc 指数进行回归，确定三牙轮钻头钻进井段正常趋势线方程。正常趋势线方程确定之后，如果全井都使用三牙轮钻头钻进，则全井沿用此趋势线进行地层压力计算。

第三，在正常趋势线方程确定之后的钻进过程中如果使用 PDC 钻头，则采用将趋势线向左移动的方法来确定 PDC 钻头钻进井段趋势线方程。在移动时我们摸索出以下两点：（1）如非必要，应只改变趋势线方程的截距，斜率不变；（2）如未在沉积相变带或砂岩段，趋势线向左移动后计算出的地层压力系数应与更换 PDC 钻头前 20 ~ 50m 井段内地层压力系数一致，不应该出现大的变化，如达不到该要求，则应同时调整趋势线方程的截距和斜率，使之达到上述要求。

第四，如果在使用了一段 PDC 钻头钻进后，又更换为三牙轮钻头钻进，则还应延续使用上部三牙轮钻头钻进井段确定的正常趋势线方程。

3. T101 井地层压力评价

T101 井位于 T5 井区，本井设计井深 2830m。目的层侏罗系头屯河组（J_2t），兼探侏罗系齐古组（J_3q）。本井运用 dc 指数法从 460.00 ~ 2730.00m 进行随钻地层压力监测。采用实时采集到的钻压、钻速、转盘转速、入口密度、钻头直径参数计算出 dc 指数，采用诺玛纳反算法计算地层压力系数。从整个地层压力录井图看，排除地层岩性、钻头类型对 dc 指数造成的假异常外，通过对 dc 指数曲线变化趋势的分析，选择合适泥岩井段对 dc 指数进行回归，确定合理的趋势线方程，dc 指数趋势线方程见表 3-16。

表 3-16 T101 井分段趋势线方程

序号	井 段，m	dc 指数趋势线方程	钻头类型
1	460.00 ~ 2029.00	$dc_n=0.000193H+0.981017$	三牙轮
2	2029.00 ~ 2140.00	$dc_n=0.00065H+0.565$	PDC
3	2140.00 ~ 2730.00	$dc_n=0.000193H+0.981017$	三牙轮

T101 井地层压力录井图（图 3-22）分析结果表明，压力系数变化可分为三段，这里分别对各段中压力变化与钻井液密度使用及钻井过程中其他影响因素的关系进行简要分析（表 3-17）。

表 3–17 T101 井钻井液性能统计表

井 段 m	设 计		推 荐 密度 g/cm³	实 际		使用钻井液 密度情况评价
	密 度 g/cm³	漏斗黏度 s		密 度 g/cm³	漏斗黏度 s	
460.00 ~ 1660.00	1.10 ~ 1.36	50 ~ 60	1.20 ~ 1.32	1.23 ~ 1.40	50 ~ 60	偏高
1660.00 ~ 2450.00	1.36 ~ 1.50	60 ~ 70	1.32 ~ 1.46	1.40 ~ 1.49	60 ~ 65	合理
2450.00 ~ 2730.00	1.50 ~ 1.75	65 ~ 70	1.46 ~ 1.64	1.49 ~ 1.74	65 ~ 80	偏高

（1）井段 460.00 ~ 1660.00m，该段地层为第四系、新近系，地层可钻性好，dc 指数随深度增加逐渐增大，在趋势线附近波动。根据 dc 指数计算地层压力系数为 1.10 ~ 1.22，为正常压力，依据平衡钻进的原则，向钻井液工程师推荐钻井液密度为 1.20 ~ 1.32g/cm³，实际使用钻井液密度为 1.23 ~ 1.40g/cm³，使用钻井液密度偏高。

（2）井段 1660.00 ~ 2450.00m，该段地层为新近系、古近系、侏罗系，地层可钻性好，dc 指数向左偏离趋势线。根据 dc 指数计算地层压力系数为 1.22 ~ 1.36，为异常高压过渡带，依据平衡钻进的原则，向钻井液工程师推荐钻井液密度为 1.32 ~ 1.46g/cm³，实际使用钻井液密度为 1.40 ~ 1.49g/cm³，钻井液使用合理。

（3）井段 2450.00 ~ 2730.00m，该段为侏罗系，dc 指数向左大幅偏离趋势线，根据 dc 指数计算地层压力系数为 1.36 ~ 1.54，为异常高压段，依据平衡钻进的原则，向钻井液工程师推荐钻井液密度为 1.46 ~ 1.64g/cm³，实际使用钻井液密度为 1.49 ~ 1.74g/cm³，随钻后效显示不明显，钻井液密度使用偏高。

地层孔隙压力确定技术的发展，一方面要适应更加复杂多样的地质环境和新的钻井工艺技术要求，更好地为石油工业服务，另一方面新方法将不断完善，但从目前情况看地层孔隙压力检测和预测方法还存在着精度不够高、适应面不广的缺陷，在非连续沉积地层和石灰岩地层更是一个技术难点，PDC 钻头钻进时的压力监测也尚未完全解决，在理论机理和技术方法研究方面亟待加强研究。因此，复杂地质地层条件下的地层孔隙压力确定，在今后一段时间内仍是需要重点研究和解决的问题。

第四章 工程因素导致的钻井事故和井下复杂特征分析与预报

　　钻井中由于遇到特殊地层、钻井液的类型与性能选择不当、井身质量较差等原因，造成井下的遇阻遇卡、钻进时严重蹩跳、井漏、井涌等不能维持正常的钻井和其他作业的现象，均称为井下复杂情况（简称井下复杂）。由于操作失误、处理井下复杂情况的措施不当等还可能会造成钻具折断、顿钻、卡钻、井喷、失火等钻井事故（简称事故）。井下复杂情况与钻井事故给钻井工程带来很大困难，不仅降低了钻井效率，增加了钻井成本，严重的钻井事故还会导致油气井报废，拖延油气田的勘探开发速度，甚至严重破坏油气资源。钻井时如果一种井下复杂情况的产生不能得到及时处理，便可能引起其他复杂情况或事故的发生。为了确保钻井施工的顺利进行，作为安全钻井的参谋，录井工作者必须了解事故发生的原因和过程，掌握各种井下复杂情况与事故在录井参数上的表现特征，综合分析、判断钻井过程中各项工程参数的异常变化，及时发现隐患并做出相应预报，以使钻井技术人员及时采取有效的措施防止情况恶化，有针对性地处理好井下复杂情况和事故，保证钻井工作的安全、顺利。要做到这一点，就需要对钻井工程事故发生前和发生过程中各项录井参数的变化特征及规律进行研究，熟知不同状况下录井参数的变化特征。

第一节 钻井事故和井下复杂
分类与监测、预报流程

及时、准确地发现、预报和评价钻井工程异常是工程录井服务最重要的工作内容之一。在实时监测过程中，通过及时发现参数变化，并进行实时分析与评价，是发现工程异常、预防事故发生的重要环节。同时，将异常与以往井下复杂表现特征相对照，不仅可以对钻井事故隐患发生时相关录井参数的变化特征有更进一步认识，还可通过经验总结，以使录井技术人员在今后录井过程中，在进行事故隐患分析与预报时有了对比参照，从而达到提高录井工程监测水平、有效避免井下复杂和钻井事故、保障钻井安全的目的。

一、井下复杂与钻井事故类型划分

井下复杂及钻井事故情况都属于钻井异常事件，井下复杂情况主要有溢流、井涌、井漏、轻度井塌、砂桥、泥包、缩径、键槽、地层蠕变、地应力引起的井眼变形、钻井液污染及有害气体逸出。钻井事故主要有卡钻、井喷、严重井塌、钻具或套管断落、固井失效、井下落物及划出新井眼丢失老井眼等。如何进行合理的归类是井下复杂及钻井事故分析、存档的基础，本书主要根据引发井下复杂及钻井事故的主控因素、钻井工具、工况以及钻井参数类别等的不同，结合录井异常预报情况，将常见井下复杂及钻井事故情况分为两大类六小类（表4-1）。

表4-1 井下复杂与钻井事故类型划分表

主控因素	类型	预报内容
工程因素	循环系统类	泵刺穿、冲管刺穿、钻具刺穿、钻具断落等
	钻头类	钻头水眼堵、水眼刺、钻头老化、泥包、溜钻等
地层因素	阻卡类	井壁垮塌、缩径、阻卡、卡钻等
	井涌、井喷类	油气水侵、溢流、井涌、井喷等
	井漏类	井漏等
	有毒有害气体类	H_2S、CO_2等

二、钻井工程监测与井下复杂预报流程

工程录井作为安全钻井的参谋，在长期为钻井服务的过程中，积累了丰富的工程异常预报资料，并通过对成功经验和失败教训的不断总结，形成了一套有效的钻井工程监测与井下复杂、事故预报流程（图 4-1），对钻井施工措施的制订具有很好的参谋作用。

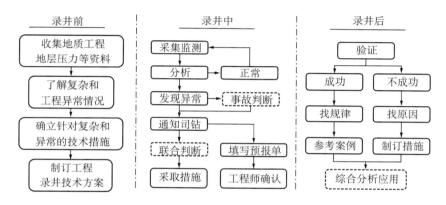

图 4-1　井下复杂监测、预报流程

在广大录井工作者的共同努力及油田公司和钻井施工方的支持下，经过长年的努力，逐步规范了工程录井施工作业流程。录井前通过大量收集、分析区域地质资料、相关的工程录井和地层压力资料，针对所钻井的地层特点制订科学合理的录井技术方案，指导录井施工作业；录井过程中，严密监测工程参数变化，并利用岩性、气测、油气显示、后效分析等进行综合分析判断，确保工程预报结论的准确可靠。同时加强与钻井技术人员的沟通交流，确保预报结果被采纳。录井后，加强规律统计分析评价，逐步建立和完善工程服务技术知识体系，形成针对各种事故的参考案例和处理对策。

1. 钻前资料收集与分析对比

丰富翔实的资料是制订施工方案的重要基础，钻前通过对收集到的资料进行综合分析对比，可以对所钻区块的地质概况、地层岩性、构造特征、纵向压力分布及对钻井施工的影响有所认识，同时还可通过区域已钻井的井下复杂与钻井事故的统计，了解区域主要复杂类型及可能出现的层位，并据此制订相应的录井技术对策，为后续实钻录井技术方案的制订和安全钻井施工

提供指导。钻前主要应收集区域地质信息和邻井施工信息。

区域地质信息：区域地质研究报告、构造井位图、构造面图、可能钻遇地层的剖面图、岩性及岩石理化分析、油气水显示资料和压力等有关资料。

邻井施工信息：根据现有条件，可借阅或拷贝邻井录井报告及有关数据库、文档，收集、分析邻井测井、试油、地层压力、井斜、井下复杂和钻井事故报告等有关资料。

2. 钻井过程中的实时监测

做好工程录井技术应用的关键首先是要加强现场实时监测，录井过程中，通过数值变化、曲线特征及数据回放等手段严密监测各项工程参数变化，并利用岩性、气测、油气显示、后效分析等进行综合分析判断，确保工程预报结论的准确可靠。同时加强与钻井技术人员的沟通交流，确保预报结果被采纳。

录井过程中，通过对实时采集的包含钻井、钻井液、油气水、岩性、地层压力等信息的各项参数变化情况进行监测分析，及时发现和预报井下复杂和钻井事故情况，可以大幅减少或避免工程事故的发生。长期为钻井服务，积累了丰富的工程录井资料、成功经验和失败教训，并在此基础上形成了一套有效的井下复杂与钻井事故分析评价方法和工程辅助系统，对钻井施工措施的制订具有很好的指导和帮助作用。

通常，井下复杂、钻井事故发生前都会有一些征兆，即在钻井参数上表现出一些异常变化，这些异常正是工程录井判断井下复杂工况或事故的依据。通过对相关录井参数变化的分析、评价，能够及时发现钻井参数异常，提前做出判断并预报可能出现的复杂工况或事故，指导和帮助钻井施工方及时处理复杂工况或事故。然而，也应看到，钻井参数的异常与工程事故并非简单的一一对应关系。一个事故的发生往往是由多种因素引起的，一项参数异常也可能是两三类复杂工况或事故的表现。在进行判断时要找出其中的关键因素，结合其他参数异常特征综合判断，才能保证判断的准确和预报的可靠。

3. 完钻后资料的分析与总结

针对录井过程中出现的井下复杂及钻井事故，现场录井技术人员在加强现场实时监测的同时，更应重视事后的归纳总结。完井后，加强对录井过程中各类井下复杂、异常进行规律统计与分析评价，对于成功案例，要分析其参数变化的规律性及预报过程中好的做法和经验，而对于失败的案例，更应认真分析失败的原因，是人为因素还是客观因素，并对各种因素进行认真剖析，提升认识，总结规律逐步建立和完善工程服务技术知识体系，形成针对各种事故的参考案例和处理对策。

第二节　循环系统类复杂与事故

循环系统是钻井工程的重要组成部分，它是连通地下与地面的渠道，主要由钻井泵、高压钻井液管线、水龙带、水龙头、钻柱以及钻井液固控设备等组成。其主要功用包括：给井底施加钻压、传递破碎岩石所需要的能量及将注入的高压钻井液能量传递给井底以提高钻井速度，维持钻井液循环、对井底进行冲洗以控制压力及清洁井眼。随着钻井深度的不断增加，对循环系统性能的要求越来越高，几千米甚至上万米的钻柱，在井下的工作条件十分恶劣，它往往也是钻井设备与工具中的薄弱环节，并常导致复杂的井下情况，而钻柱的刺漏、脱扣及扭断等则是常见的钻井事故。因此，加强对此类异常的监测对钻井安全极其重要。

一、井下复杂与事故原因

正常循环过程中，钻井液先后流经钻井泵—地面管线—钻具—钻头水眼—环空—地面钻井液罐—钻井泵。整个循环过程要克服地面摩阻、钻具内摩阻、钻头压降、环空压降等阻力，这些阻力的大小与排量、钻井液性能、地面管线尺寸、钻具尺寸、水眼尺寸、环空体积等有关系，所有阻力之和即等于立管压力。当循环系统局部位置出现异常（如刺、漏、堵、断等）情况时，钻井液的循环路线及局部位置的钻井液流量就会发生改变，则相应克服的阻力也将发生变化，于是立管压力也会发生相应变化（升高或降低）（表4-2）。

主要类型：钻井泵刺穿、冲管刺穿、钻具刺穿、钻具断落等。

恶性程度：一般的复杂事故。

表现形式：立管压力下降，泵冲上升是最明显的标志，而如果悬重下降，则表明可能是钻具断落。如果立管压力下降，在地面找不出原因的情况下，必须起钻，检查钻具，绝不允许继续钻进；断钻具时大钩负荷和扭矩参数也会有变化，同时可能无进尺或放空（表4-2）。

表 4-2　循环系统类异常发生时录井参数的变化

异常类型	参数异常变化	可能原因
冲管刺穿	泵冲不变，立管压力缓慢下降	冲管老化
钻井泵刺穿	泵冲不变；立管压力缓慢下降，出口流量略有减小	立管压力过高，部件疲劳、老化
钻具刺穿	泵冲增大；出口流量增大；立管压力持续缓慢下降	钻具疲劳、损伤，立管压力过高等
钻具断落	泵冲增大，出口流量增大，立管压力缓慢、持续下降，后突然大幅降低，大钩负荷突然减小；转盘扭矩减小；钻时增大，也可能出现瞬时放空	钻具疲劳、损伤

二、监测方法

　　实时监测过程中，应在监测画面中将立管压力、泵冲曲线的量程尽量设定得适用，以可以明显看出变化为宜。可同时设置立管压力参数报警门限，自动报警。发生立管压力变化后，在确认相关录井设备工作正常后，应立即与司钻沟通，落实原因，因为现场中还会有其他原因也会导致立管压力变化（如处理钻井液的过程中钻井液性能不均衡，立管压力会缓慢持续地升高和降低，反复变化直至循环均匀）。本类异常发生后，引起的参数变化特征较明显，通常较容易发现与预报。

三、典型案例分析

1. 钻井泵刺穿

　　发生原因：钻井泵刺穿是钻井过程中较为常见的小隐患，通常是钻井泵缸体在使用过程中由于部件老化或质量问题发生刺漏，从而造成立管压力降低，及时发现与处理，不仅可以维持正常的钻进立管压力，提高钻速，同时还可避免设备的进一步损坏，避免引发更多事故发生。

　　表现形式：泵刺穿主要通过立管压力和泵速两项参数判断，其主要表现特征是在泵速无明显变化的情况下，立管压力逐渐降低。

　　案例：X007 井，2009 年 9 月 21 日 4:10 钻至井深 1267.50m，接单根

后，开泵继续钻进，至 4:15 钻至井深 1267.72m 时，当班操作员发现立管压力开始下降，至 4:21 时已由 12.85　MPa 降为 12.41MPa，泵速无明显变化，而到 4:22，钻至井深 1269.11m 时，立管压力再由 4:21 时的 12.41MPa 降至 11.85MPa，并仍有继续下降的趋势（图 4-2）。录井操作员在检查确定录井传感器工作正常后，根据上述参数异常变化，判断为循环管路异常，并立即通知井队，建议停钻检查，经地面设备检查，发现为 1# 泵阀提刺，经修理后，至 5:10 恢复正常钻进，各项参数正常。

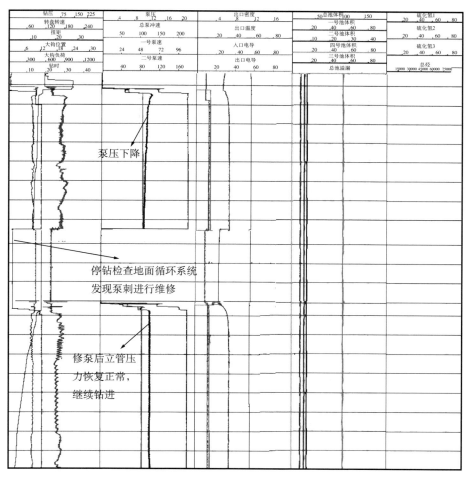

图 4-2　X007 井钻井泵刺穿曲线变化图

2. 冲管刺穿

发生原因：该类复杂是钻井过程中较为常见的小隐患，通常是在钻进过程中发生刺漏，从而造成立管压力降低，及时发现与处理，不仅可以维持正常的钻进立管压力，提高钻速，同时还可避免设备的进一步损坏，引发更多的事故发生。

表现形式：冲管刺穿主要通过立管压力和泵速两项参数判断，其主要表现特征是在泵速无明显变化的情况下，立管压力逐渐降低。

案例：F3 井，2005 年 12 月 22 日 22:20，正常钻进至井深 5334.25m，当班操作员发现在钻压等相关参数无明显变化的情况下，立管压力开始下降，由 21:50 时正常的 20.68MPa 缓慢下降至 19.94MPa，并仍有继续下降的趋势，但泵速无明显变化（图 4-3）。录井操作员在检查确定录井传感器工作正常后，根据上述参数异常变化，判断为循环管路异常，并立即通知井队，建议停钻检查。经地面设备检查，发现水龙头冲管刺穿，停泵更换后，至 22:40 恢复正常钻进，各项参数正常。

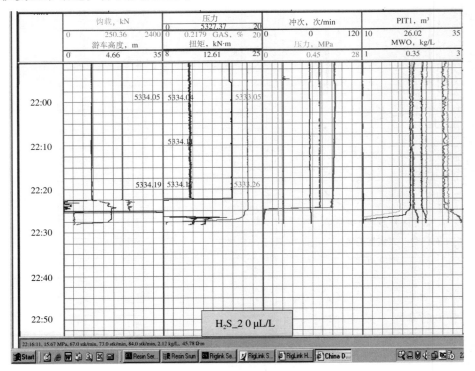

图 4-3　F3 井冲管刺穿曲线变化图

3. 钻具刺穿

发生原因：钻具刺漏也是钻井过程中较为常见的现象，发生钻具刺漏的原因是由于钻井所用的钻具较为陈旧，钻井液对钻具腐蚀以及钻进时使用的钻井液立管压力较高，这些容易引起钻具刺漏。钻具的扭转振动导致钻具旋转速度时快时慢，当钻具突然加速旋转时，扭矩可能突然增加，又因为钻具与井壁、外螺纹与内螺纹间的交互作用使得在接头处产生很高的热量，从而螺纹脂从螺纹间隙流出，可能造成密封失效，同时高压流体沿着螺纹间隙从管内流出，引起刺扣；轴向拉力也会降低密封能力；上紧扭矩过小，过低的螺纹过盈量也导致较低的密封能力；钻具的横向振动使钻具承受交变的弯曲应力，同样会造成密封失效；加工误差，不合理的公差配合也是一个重要的原因。钻进中立管压力较高等因素的作用，可能使这种影响加剧，从而导致钻具刺漏。

可能引发的恶性事故：发生钻具刺应做到早期预报、判定，及时停钻检查并更换损坏钻具，避免发生井底钻头干钻及钻具刺断等其他恶性事故的发生。

表现形式：钻具刺穿主要通过立管压力和泵速两项参数判断，其主要表现特征是在泵速无明显变化的情况下，立管压力逐渐降低。

案例：S131 井，2009 年 6 月 12 日 5:40 钻至井深 757.21m，立管压力 14.00MPa，至 5:46 钻至井深 759.00m 时，当班操作员发现立管压力已缓慢降至 12.88MPa，并有继续下降的趋势，而泵冲数及其他参数无明显变化，至 6:00 钻至井深 762.48m 时，立管压力再降至 12.20MPa（图 4-4）。现场录井操作员在确定录井参数准确无误并与实测立管压力进行比对后，及时进行预报，并建议井队停钻检查循环管路，井队未采纳，并继续钻进，至 6:30 井深 766.74m，立管压力再降至 11.75MPa，录井操作员再次提出警告，井队技术员在对相关录井参数核对后，决定停钻检查，经查地面管线无刺漏，于是井队于 07:30 开始提钻检查钻具，提钻过程中检查发现 5#、6# 钻铤（159mm）接头螺纹刺漏。成功的预报，避免了一起钻具断落恶性事故的发生。

案例：FC011 井，2009 年 3 月 16 日正常钻进，01:10 钻至井深 3758.80m 时，当班操作员发现立管压力下降，立管压力由 1:00 时正常的 10.06MPa 下降至 9.01MPa，并有继续下降的趋势，而其他相关参数无明显变化（图 4-5），当班录井操作员在对传感器及采集系统检查并确定工作正常后，判定为循环管路刺漏，及时向井队进行预报，并建议停钻检查循环管路，经查地面管线无刺漏，于是井队于 02:30 开始提钻检查钻具，提钻过程中检查发现第 75 号

井深	766.74	总烃	000	泵压	-0.13	出口电导率	10.65	总池体积	70.50
钻头深度	754.25	C_1	000	总泵冲速	0.00	硫化氢1	000	总池溢/漏	3.55
迟到井深	764.81	大钩负荷	361.59	扭矩	24.89	硫化氢2	000	钻头进尺,m	266.67
瞬时钻时	5.19	钻压	14.96	出口密度	1.11	硫化氢3	-001	总钻进时间	14.53
平均钻时	5.82	转盘转速	0.00	出口温度	40.48	硫化氢4	000	迟到时间	0.00

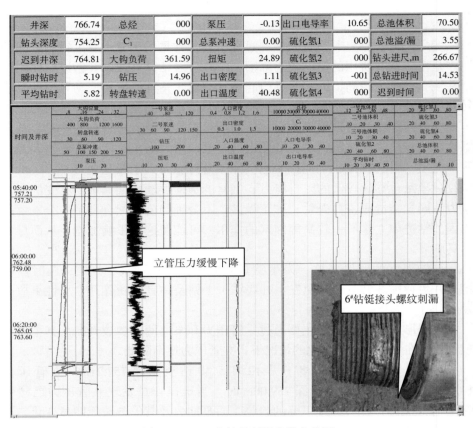

图 4-4　S131 井钻具刺漏曲线变化图

钻杆本体底部刺穿，形成一长约 20cm、宽 3 ～ 5mm 的裂缝（图 4-5）。及时准确的预报，成功避免了一起钻杆刺断的恶性事故。

4. 钻具断落

发生原因：钻具断落在钻具事故中所占比例较大，危害也很严重，造成钻具断落事故的原因不外乎疲劳破坏、腐蚀破坏、机械破坏及事故破坏，但它们之间不是独立存在的，往往是互相关联、互相促进的，但就某一具体事故来说，可能是一种或一种以上的原因造成的。

（1）疲劳破坏：这是钢材破坏的最基本、最主要的形式之一。金属在足够大的交变应力作用下，会在局部区域产生热能，使金属结构的聚合力降低，形成微观裂纹，这些微裂纹又沿着晶体平面滑动发展，逐渐连通成可见的裂纹。一般来说，裂纹的方向与应力的方向垂直，故钻具疲劳破坏的断面是圆

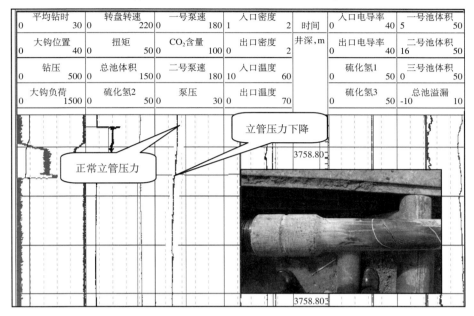

平均钻时		转盘转速		一号泵速		入口密度		时间	入口电导率		一号池体积	
0	30	0	220	0	180	1	2		0	40	5	50
大钩位置		扭矩		CO$_2$含量		出口密度		井深，m	出口电导率		二号池体积	
0	40	0	50	0	100	0	2		0	40	16	50
钻压		总池体积		二号泵速		入口温度			硫化氢1		三号池体积	
0	500	0	150	0	180	10	60		0	50	0	50
大钩负荷		硫化氢2		泵压		出口温度			硫化氢3		总池溢漏	
0	1500	0	50	0	30	0	70		0	50	-10	10

立管压力下降

正常立管压力

3758.80

3758.803

图4-5　FC011井钻具刺漏曲线变化图

周方向的。形成疲劳破坏的原因有：

①钻具在长期工作中承受拉伸、压缩、弯曲、剪切等复杂应力，而且在某些区域还产生频繁的交变应力，如正常钻进中中和点附近的钻具、处理卡钻事故时的自由段钻具以及在弯曲井眼中运转的钻具，当这种应力达到足够的强度和足够的交变次数时，便产生疲劳破坏。

②临界转速引起的振动破坏。钻柱旋转速度达到临界转速时，会使钻具产生振动，有纵向振动和横向振动两种形式，同时在一定的井深这两种形式的振动还会重合在一起。这种振动会使钻具承受交变应力，促使钻具过早地疲劳。

③钻进时的跳钻、蹩钻，既可使钻具产生纵向振动，又可使钻具产生横向振动，对受压部分的钻具破坏极为严重，所以在砾石层中钻进最容易发生钻具事故。

④钻具在弯曲的井眼中转动，必然以自身的轴线为中心进行旋转。这部分钻杆靠井壁的一边受压力，离井壁的一边受拉力，每旋转一圈，拉、压应力交变一次，如此形成频繁的交变应力，促使钻具早期破坏。

⑤天车、转盘、井口不在一条中心上，转盘本身形成了一个拐点，井口

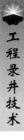

附近的钻具就好像在弯曲井眼中转动一样，产生了交变应力。

⑥将弯钻杆接入钻柱中间，弯钻杆本身和与其上下相连接的钻杆都要产生弯曲应力。如这段钻具和狗腿井段相遇时，所产生的交变应力将是相当大的。

（2）过载断裂：是由工作应力超过材料的抗拉强度引起的。如钻杆遇卡提升时焊缝热影响区的断裂，蹩钻时的钻具折断等。

（3）低应力脆断：主要由于钻具的疲劳损伤。在突然断裂前没有宏观前兆，是最危险的断裂方式之一。另外，应力腐蚀断裂、钻杆接触某些腐蚀介质（如盐酸、氯化物类）时的应力腐蚀断裂等。

（4）径脆断裂：一般发生在钻杆接头、钻铤和转换接头螺纹部位等截面变化区域或因表面损伤而造成的应力集中处。由于整个钻具承受复杂的交变应力，有些部位如螺纹根部、焊缝及划伤等缺陷处会出现应力集中，缺口根部应力可高出平均应力几倍甚至更高，所以缺陷处很快发生裂纹并扩展，直到断裂，疲劳断裂失效是钻具的主要失效形式。

上述这些因素之间不是独立存在的，往往是互相关联互相促进的，但就某一具体事故来说，可能是一种或一种以上的原因造成的，需要根据实际情况具体分析对待。

可能引发的恶性事故：钻具断落是钻井过程中经常碰到的事故。有些情况比较简单，处理起来比较容易，往往会一次成功。有的处理起来就比较麻烦，因为钻具断落之后，往往伴随着卡钻事故的发生。如果处理不慎，还会带来新的事故。如果造成事故摞事故的局面，那就很难处理了。

表现形式：钻具断落应该很容易发现，其具有悬重下降、立管压力下降、转盘负荷减轻、没有进尺或者放空的特征。有时落鱼很少，如只有一个钻头或一个钻铤，从悬重上很难分辨，但其他各项相关参数的变化则是很清楚的。判断的参数主要有大钩负荷和立管压力两项参数，其主要表现特征是大钩负荷和立管压力突然降低，而泵速无明显变化或略有上升。

案例：BQ1 井，2009 年 10 月 15 日 3:04 钻至井深 1621.70m，洗井准备提钻换钻头过程中，发现立管压力由 13.20MPa 突降至 11.28MPa，1 号泵冲由 98.74 冲 /min 升至 100.06 冲 /min，2 号泵冲由 92.50 冲 /min 升至 93.75 冲 /min，其他参数无异常（图 4-6）。提钻检查钻具，10:40 提钻完，提至最后一柱钻铤时发现底部 ϕ239mm 水力加压器由本体处断开，距内螺纹端 0.36m，井底落鱼 6.09m，鱼顶位置 1615.61m。通过使用记录查询，ϕ239mm 水力加压器在本井使用 144h。于是井队下 298mm 卡瓦打捞筒打捞，至 2009 年 10 月

18 日 0:00 落鱼全部打捞出来，事故解除。本次事故处理共耗时 61.3h。

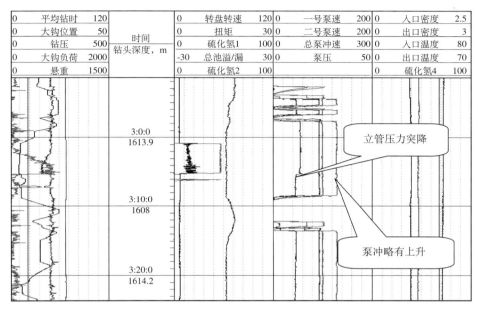

图 4-6　BQ1 井钻具断落曲线变化图

事故原因及录井监测过程分析：经现场工程技术人员分析，本井正钻地层为石炭系，岩性较硬，性脆，可钻性差，对钻头及钻具损伤大，使用时间过长，钻具容易产生疲劳断裂。同时，所用 ϕ239mm 水力加压器本体存在一定质量问题，通过厂家现场分析断裂处为水力加压器薄弱点。

通常来说，任何钻井事故的发生、发展到结束，都是一个由量变到质变的过程，综合录井仪通过传感器，真实地记录了这个过程，通过对相关录井参数的回放与分析，可以真实再现整个事故发生、发展过程，不仅有助于下步事故处理方案的制定，同时，通过分析与回顾录井参数变化规律，也能提高录井预报水平，建立和完善事故预报模型，避免类似事故再次发生。

在此次工程事故分析与预报过程中，虽然现场及时地发现并预报了钻具断裂，避免了事故的进一步恶化，但在此过程中是否可以做得更好，提前预报，避免事故的发生呢？通过对现场传回的历史数据进行重新回放（图 4-7），认真分析了事故发生、发展过程中录井参数变化，自 11 日晚 19:37 起，立管压力参数便明显处于一个不断下降的趋势中，至 15 日 3:00 事故发生，这期间有超过 3 天的时间，尤其是 13 日 18 时后，变化更为明显，这期间如果现场能对所录数据进行回放和认真的分析，及时将信息反馈给井队工程师，并提出相应的建议，是能够避免此次钻具断裂事故发生的。

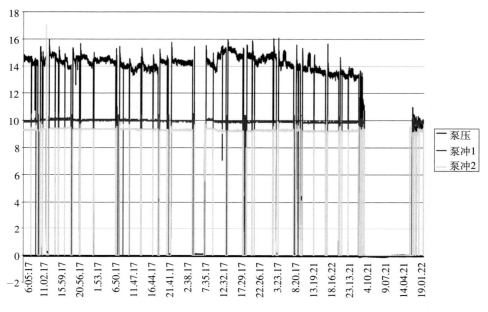

图 4-7 BQ1 井钻具断落实时数据回放曲线图

案例：T59 井钻具脱落引发掉牙轮事故。2005 年 5 月 11 日 4：20，当钻至井深 640.45m 时，工程参数出现异常，钻压由 160kN 瞬间升至 200kN，扭矩由正常 25kN·m 升至 36kN·m，又升至 72kN·m。并且转盘出现倒转，由正常正转 58r/min 回零，又反转至 68r/min，据此判断钻头有憋卡现象，而在这个过程中，立管压力也由 21.2MPa 降至 19.5MPa，录井操作员迅速向井队作出了预报（图 4-8）。井队停钻检查立管压力、悬重、转盘正常，判断为合转盘电动机过猛造成的，遂继续钻进（此时，井队忽略了由于钻具憋卡引起的扭矩参数异常）。5min 后发现方钻杆双反接头螺纹有钻井液刺出，经紧扣后继续钻进。至 09：50 钻至井深 670.68m 时，操作员发现立管压力由正常 20 ~ 21MPa 略降至 19.86MPa，后密切关注立管压力的变化情况。9：51 至 9：54，立管压力再由 19.58MPa 降至 18.41MPa，现场判断为泵刺或钻具刺漏（图 4-9），当班操作员及时通过井场电话向正在钻台操作的当班司钻做出了口头预报。并于 10：03 向井队做出了书面预报，井队采纳，停钻检查，经查地面设备及管汇无泄漏，于是决定提钻检查钻具。至 12：21 在上提至第 4 根立柱时，悬重由54tf突降至2.0tf，钻具脱扣，掉入井中。落鱼长544.44m，鱼顶127.56m，井队下光钻杆对扣一次打捞成功，捞出钻具变形（图4-10）。5月12日10:30提钻完，检查发现掉3个牙轮。遂开始处理掉牙轮事故，到5月19日8:10下 ϕ290mm强磁打捞工具，12:00将牙轮捞出，打捞成功。事故处理共历时192.5h。

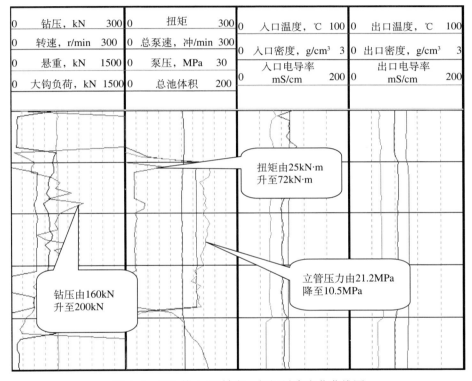

0 钻压，kN 300	0 扭矩 300	0 入口温度，℃ 100	0 出口温度，℃ 100
0 转速，r/min 300	0 总泵速，冲/min 300	0 入口密度，g/cm³ 3	0 出口密度，g/cm³ 3
0 悬重，kN 1500	0 泵压，MPa 30	入口电导率 mS/cm 200	出口电导率 mS/cm 200
0 大钩负荷，kN 1500	0 总池体积 200		

扭矩由25kN·m
升至72kN·m

立管压力由21.2MPa
降至10.5MPa

钻压由160kN
升至200kN

图4-8　T59井4:20转盘、扭矩异常变化曲线图

事故原因及录井监测过程分析：事故发生后，我们又对事故的发生过程及实时录井监测情况进行了分析。现场分析认为：由于憋卡引起钻盘倒转，倒转速度很快，可能引发钻具接头被倒开，从而引起后续的钻具刺漏事故［钻具刺漏处，接头螺纹上部4～5扣及台阶处未见损伤，仅下部11～12扣被刺坏（图4-10），说明在刺漏时该处已被松开4～5扣］。在发生钻具刺漏后的提钻过程中，导致钻具刺坏，引起钻具脱落，最终造成3个牙轮落井的事故。

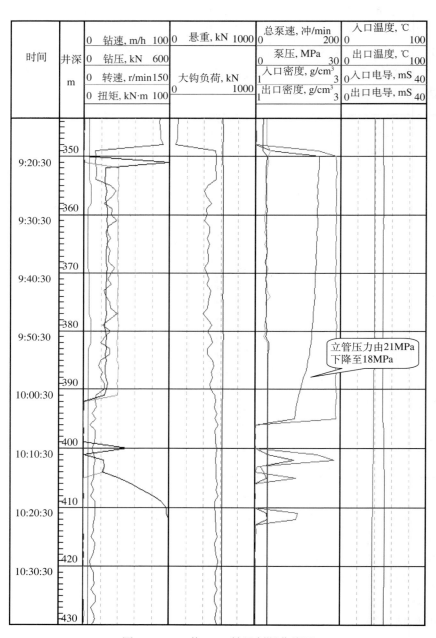

时间	井深 m	0　钻速, m/h　100	0　悬重, kN　1000	0　总泵速, 冲/min　200	0　入口温度, ℃　100
		0　钻压, kN　600		0　泵压, MPa　30	0　出口温度, ℃　100
		0　转速, r/min 150	大钩负荷, kN	1　入口密度, g/cm³　3	0　入口电导, mS　40
		0　扭矩, kN·m　100	0　　　　　　1000	1　出口密度, g/cm³　3	0　出口电导, mS　40

立管压力由21MPa
下降至18MPa

图 4-9　T59 井 9:54 钻具刺漏曲线图

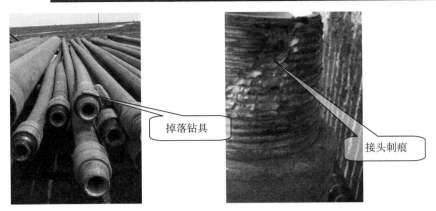

图 4-10 T59 井掉落钻具及接头刺痕

在此次工程事故分析与预报过程中，虽然我们及时地发现并预报了钻具刺漏，但由于错过最佳预报时机，并未能避免事故的进一步恶化。通过对现场传回的历史数据进行重新回放，并进行了认真的分析，可以看到在事故发生之前，相关参数是有明显变化的，如果能提前预报，或许此次事故便可避免。从回放曲线中可以看到，从 11 日 4:20 发生转盘憋停、倒转后，在随后的钻进过程中，立管压力便处于一个缓慢的、不断下降的趋势中（图 4-11），但由于受监测画面限制，仅凭操作人员的肉眼观察，并不能明显地发现这些微小的变化。至 9:54 事故发生，这期间有超过 5h 的时间，在这段时间里，

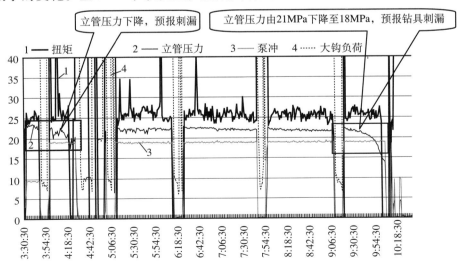

图 4-11 T59 井钻具脱落实时数据回放曲线图

如果我们能对所录数据进行回放分析，及时将信息反馈给井队工程师，并提出相应的建议，是应该能够避免此次钻具脱落导致掉牙轮事故发生的。

通过对上述两起事故的深入分析可以看出，时间数据及时回放与分析是发现这类工程隐患的重要手段之一。不论是当班操作员，还是现场录井工程师，甚至包括井队钻井工程师以及负责技术支持的后勤技术人员，都应树立忧患意识，不应只盯着各参数当前的变化，更应关注一个时间段内参数的变化，并通过对时间数据的适时回放，及时分析、判断近一段时间内工程施工的状况，发现可能存在的异常并进行判断、落实，这样才能更进一步地确保钻井安全。

第三节　钻头类复杂与事故

钻头是钻井中的重要工具，它是直接影响钻井速度、质量及成本和钻井工程顺利进行的重要因素。钻井施工过程中因钻头的使用不当引起钻头事故时有发生，而利用工程录井技术对钻井工程参数的实时监控，能够有效评价井下钻头的使用情况，避免钻井事故的发生。

一、井下复杂与事故原因

（1）产品质量有问题：如牙轮钻头在厂家规定的参数内运行时，仍然发生牙轮裂开、焊缝裂开、巴掌断裂、连接螺纹断裂、密封失效、轴承早期磨损、掉齿、掉水眼等。这些现象，除某些外界因素影响外，主要是产品质量上存在某种缺陷而引起的。刮刀钻头的刮刀片折断落井与刮刀片材质、锻造工艺及焊接质量有关。

（2）使用参数不当：过高的钻压、过高的转速，使钻头过早地产生疲劳现象。送钻不均，使钻头产生冲击负荷。溜钻、顿钻又使钻头在短期内承受超过其设计能力的巨额载荷。这些都足以造成钻头事故。

无论是牙轮钻头的牙轮还是刮刀钻头的刀片，都不可能在同时间内全部落井，总是先有一个或半个落井，而操作者不查，在井下已有蹩钻、跳钻或进尺锐减的情况下，仍不甘心起钻，而要反复试探，这样就把第二个、第三个牙轮或刮刀片别入井下，使事故更加恶化。

（3）起下钻过程中遇阻、遇卡时，若操作不当，猛提猛压，除容易造成卡钻外，也容易使钻头受损。

（4）钻头超时使用：钻头是用钻头本体上的牙齿切削地层岩石来实现钻进，当钻头牙齿切削地层岩石到一定程度时，钻头上的牙齿会磨平甚至脱落，这时机械钻速明显降低，继续钻井会增加钻井成本。任何钻头在一定的钻井方式下都有一个可供参考的使用寿命，但不是固定不变的，它和钻遇的地层条件、钻进参数、钻井液性能、井底温度、井底清洁程度都有密切关系，而且同一个厂家生产的钻头，其质量也非整齐划一，工作寿命也是有区别的。所以不能以厂家介绍的钻头使用时间作为唯一的依据，而应根据钻头在井下的实际工作情况分析判断，决定起钻时间。影响牙轮钻头使用寿命的最主要因素是轴承的磨损。轴承的磨损有个过程，由紧配合到松配合到滚珠掉落、牙轮卡死、牙轮偏磨，直至牙轮脱落是一个较长的过程，有经验的操作者，不难发现其异常现象，如进尺减慢、扭矩增大、转速不均、蹩钻、跳钻等。如果停钻及时，可大大降低事故发生的概率。

（5）钻头与接头连接螺纹的规范不一致，或者是在大扭矩下将内螺纹胀大，或者不加控制地打倒车造成整个钻头落井。

（6）顿钻造成钻头事故。由于机械故障，或工具失效，或操作失误，或套铣中途遇卡的钻具，都有可能使钻具顿入井底，给钻头施以极大的冲击力，造成部分或整个钻头落井的事故。

（7）钻遇特殊地层，如钻遇砾石层就会跳钻，钻遇某些泥页岩层也会蹩钻，但有进尺，且钻速基本均匀，调整钻压转数后会见到明显效果。

（8）从井口落入物件。除正常钻进外，井口往往处于不封闭状态，在起下钻、接单根及其他作业过程中，井口工具及其零件落入井中的机会较多，大者如卡瓦、吊卡，小者如手锤、撬杠，形形色色，不一而足。这些物件有的落入井底，有的黏附在井壁或坐落在壁阶上，随时有"造反"的可能，有的横亘在井筒中间，阻断了钻具运行的通道。

主要类型：水眼刺、水眼堵、掉水眼、钻头泥包、钻头本体刺穿、老化、掉牙轮等。

恶性程度：钻头泥包处理不当，严重的也可造成井塌、卡钻、井喷等井下复杂和事故，而钻头老化严重的就是掉牙轮，会成为继续钻进的拦路虎，不消除是无法继续钻进的。

表现形式：钻进过程中，当井下钻头故障或井下有落物时，会出现蹩钻、跳钻、扭矩增大、调整钻压、转数不起作用，进尺锐减或无进尺等情况（表

4-3）。而钻头早期磨损如轴承旷动、牙轮互咬、牙轮卡死，都会发生蹩钻、跳钻现象，但有进尺而钻速降低。遇到这些情况，如果一时判断不清，虽然钻头使用时间不够，也要及早起钻，勿贪小利而酿大祸。而当井下情况不明，出现如悬重下降、立管压力下降等情况，在地面查不出原因时，绝对禁止从钻具水眼内投入任何物件如测斜仪、憋压钢球等。钻头类复杂、事故发生时录井参数的变化见表4-3。

表4-3　钻头类复杂、事故发生时录井参数的变化

异常类型	参数异常变化	可能原因
掉水眼	立管压力下降并稳定在某一数值上；泵冲增大；钻时增大；钻头时间成本增大	水眼尺寸不适、钻头质量不过关
水眼堵	立管压力升高；出口流量减小；泵冲下降；钻时增大；钻头时间成本增大	井下有落物、杂物，大块岩屑等
水眼刺穿	立管压力降低，而泵速无明显变化或还有略升	钻头质量不过关、水眼安装不到位
钻头老化	机械钻速明显降低，扭矩变小，波动幅度减弱	钻头使用进入中后期
钻头泥包	机械钻速明显降低，扭矩变小且波动幅度变小，立管压力会略微上升，上提钻头有阻力，起钻时，井口环形空间的液面不降，甚至随钻具的上起而外溢。返出岩屑为松软泥岩	钻遇松软泥岩地层
掉牙轮	机械钻速变小甚至为零，扭矩增加且波动变大	钻头质量不过关、使用至中后期、操作不规范
溜钻	钻压骤然增大，进尺大幅增加	操作不规范

二、监测方法

一是综合考虑同类型钻头在相同区块、相同地层、相同作业参数条件下的工作状况，二是具体考虑本只钻头的具体工况，例如，从钻头是否出现溜钻现象、非工作时间是否过长、是否钻遇特殊地层、深井段井温对钻头的影响等方面考虑。在现场实际工作中，尽量做到点面结合，对钻头使用做出明确判断：

（1）根据上只钻头的使用时间及磨损情况，参考邻井资料，综合钻头特点和地层岩性，初步确定钻头的使用时间。

（2）钻头机械钻速变化。在地层岩性没有变化、钻井技术措施没有改变

的情况下，机械钻速明显变化，此时需考虑同钻头因素有关。

（3）转盘和柴油机负荷增加。钻头使用到后期，一般可发现不规则的蹩钻现象，对于深井段钻井和小井眼钻井，需利用转盘扭矩仪测定扭矩的变化。

三、典型案例分析

1. 钻头水眼堵

发生原因：发生钻头水眼堵的原因主要是下钻过程中由于钻头防堵水眼措施不到位，或钻进时钻井液中大颗粒物体进入水眼，将水眼堵死，导致管路无法循环钻井液。

可能引发的恶性事故：复杂发生后，通常要反复提下钻，循环通水眼，若无效，则必须起钻更换水眼，这样将增加一次起下钻，影响钻井时效。

表现形式：这种异常容易及时发现，水眼堵主要通过立管压力和泵速两项参数判断，在泵速不变的情况下，立管压力突然大幅增高，且在停泵后立管压力下降缓慢。

案例：A001 井，2005 年 10 月 24 日 3:32 钻至 3231.04m 地质循环测单点时，泵冲保持不变（78 冲 /min），立管压力由 18.8MPa 增至 20.6MPa；泵冲由 78 冲 /min 降至 72 冲 /min，循环到 3:42 时，立管压力由 18.6MPa 升至 19.9MPa（图 4-12）。当班操作员在对传感器及采集检查确定无误后，判断可能为水眼堵，并及时向井队发出预报。井队工程师分析确认为水眼堵，并决定提钻检查，提完钻后检查钻头发现，1# 、2# 水眼被堵死。

2. 钻头水眼刺

发生原因：主要是钻头质量不好或水眼安装不到位等。

表现形式：这种异常容易及时发现，水眼刺穿主要通过立管压力和泵速两项参数判断，其主要表现特征是立管压力降低，而泵速无明显变化或略升。

案例：2009 年 9 月 18 日 14:55，X007 井钻至井深 781.60m 时，立管压力由 15:56 时的 12.41MPa 降至 11.53MPa，且有继续下降的趋势。录井操作员根据上述异常参数判断为循环系统刺漏，立即通知井队，井队停钻，经检查泵及地面管线正常，决定提钻检查钻具，最后发现钻头水眼处刺开一长 1.3cm、宽 0.7cm 裂缝（图 4-13）。操作员及时的预报，避免了掉水眼、掉牙轮等复杂的发生。

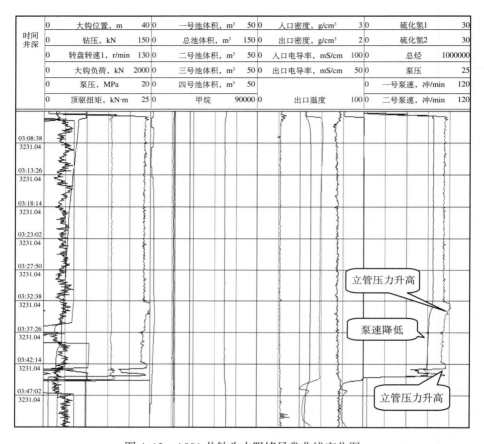

时间井深	0	大钩位置，m	40	0	一号池体积，m³	50	0	入口密度，g/cm³	3	0	硫化氢1	30
	0	钻压，kN	150	0	总池体积，m³	150	0	出口密度，g/cm³	2	0	硫化氢2	30
	0	转盘转速1，r/min	130	0	二号池体积，m³	50	0	入口电导率，mS/cm	100	0	总烃	1000000
	0	大钩负荷，kN	2000	0	三号池体积，m³	50	0	出口电导率，mS/cm	50	0	泵压	25
	0	泵压，MPa	20	0	四号池体积，m³	50				0	一号泵速，冲/min	120
	0	顶驱扭矩，kN·m	25	0	甲烷	90000	0	出口温度	100	0	二号泵速，冲/min	120

图 4-12　A001 井钻头水眼堵异常曲线变化图

3. 钻头掉水眼

发生原因：由于水眼安装不到位，钻井液沿水眼周围刺漏，最后刺掉水眼。掉水眼后钻头水功率下降，影响钻头破岩效率，同时脱落的水眼还会引起钻头蹩跳等，最终导致钻速下降，降低钻头使用寿命。

表现形式：掉水眼可能是由于早期钻井液沿水眼周围刺漏，表现为立管压力缓慢下降，刺漏到一定程度时水眼被刺掉，表现为立管压力不再下降，转盘扭矩跳变，钻速降低，此时水眼可能已掉入井内，立管压力不降低，此时如果继续钻进，则发生钻盘和扭矩蹩跳，钻速降低。

案例：X007 井，2009 年 9 月 21 日 11:45 钻至井深 1296.11m 时，立管压力自 11:25 起便不断下降，从 10.15MPa 降至 9.80MPa，且有继续下降的趋势，

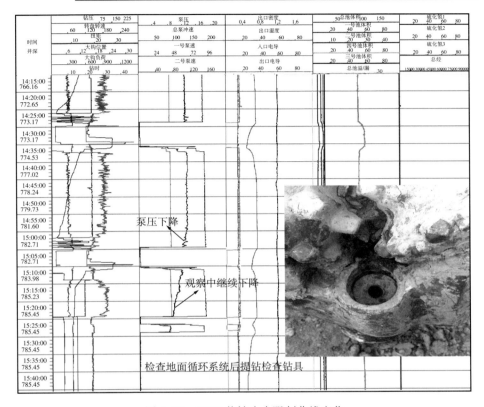

图 4–13　X007 井钻头水眼刺曲线变化

而泵冲等相关参数无明显变化（图 4–14），录井操作员在确定传感器等无误后，根据上述异常参数判断为循环系统刺漏，并立即通知井队停钻检查循环系统，井队停钻，经检查钻井泵及地面管线正常，决定提钻检查钻具，最后发现钻头 1# 水眼处被刺坏致使水眼脱落。

4. 钻头本体刺穿

发生原因：主要是钻头质量差，这类事故通常较少见。

表现形式：钻头本体刺穿主要通过立管压力和泵速两项参数判断，其主要表现特征是立管压力降低，而泵速无明显变化或还有略升。

案例：X005 井，2009 年 8 月 29 日 14:20 钻至井深 1500.41m 时，立管压力由 14:16 时的 10.69MPa 降至 10.09MPa，且有继续下降的趋势，录井操作员在确定传感器等工作无误后，判断为循环系统刺漏，及时通知井队并建议检查循环系统。经停钻检查，泵及地面管线正常，于是决定提钻检查钻具，最

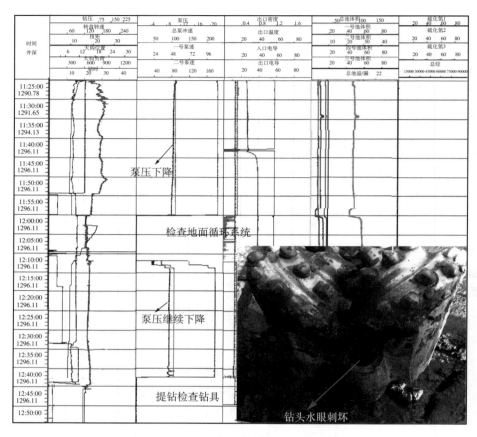

图 4-14　X007 井掉水眼录井曲线变化图

后发现钻头刺开一个长约 3.5cm、宽 2cm 的洞（图 4-15）。

5. 钻头老化

发生原因：钻头钻进时要求井底干净，如果井底有落物或落物打捞不干净，将使钻头的牙齿较早磨平、脱落，缩短钻头的使用寿命。

表现形式：判断的参数主要有机械钻速、扭矩、立管压力和泵速等，钻头使用进入中后期时，机械钻速明显降低，立管压力在钻头到底与钻头提离井底时不同，钻头到底后立管压力将上升，这是由于钻头老化终结后牙齿磨平或脱落使钻头水眼与井底间隙变小导致立管压力上升。另外，头老化时还表现为扭矩变小，波动幅度减弱。

案例：A001 井，2005 年 11 月 18 日 9:40 钻至 3349.02m 扭矩出现异常。

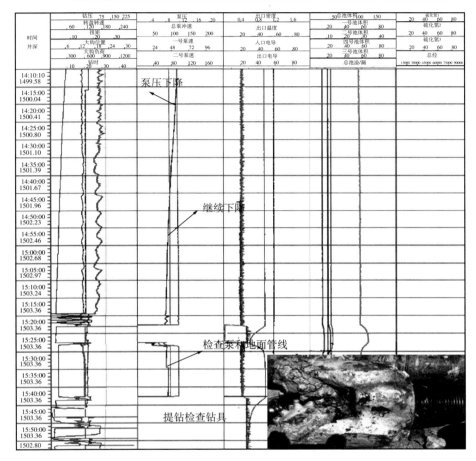

图 4-15　X005 井钻头本体刺穿曲线变化图

由正常的 4.3 ~ 4.9kN 变化至 0.9 ~ 8kN 呈尖峰状波动；同时转盘转速在 43 ~ 54r/min 之间变化，锯齿状波动，钻时明显变大，由 26min/m 上升到 46min/m，至 3357m 时钻时更达到了 92min/m（图 4-16），而此时钻头纯钻时间已达 60h，钻头进尺 83.25m，已进入钻头使用中后期，现场判断为钻头老化，建议提钻检查钻头。操作员在 11 月 17—18 日，多次告知井队，并建议提钻检查钻头。井队于 18 日 11:10 开始提钻。钻头提出后，经检查发现，3 个牙轮的牙齿已基本磨光，且其中一个牙轮轴承严重损坏，牙轮即将脱离钻头本体。

6. 钻头掉牙轮

形成原因及危害：牙轮钻头是通过牙轮滚动使牙轮上的牙齿对地层岩石

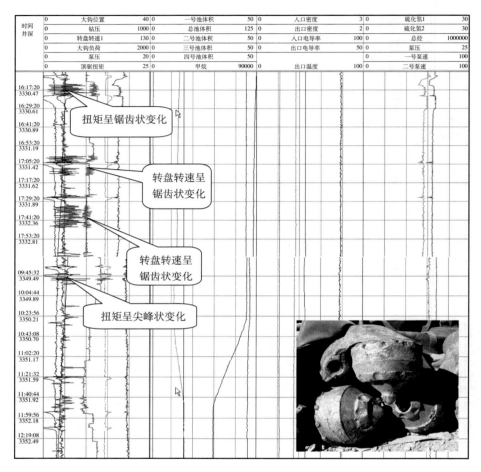

图 4-16 A001 井钻头老化曲线变化图

产生冲击破碎实现钻进，牙轮由于长时间在高压下滚动，牙轮上的牙齿、牙轮轴承使用到一定程度就会磨损、松动，甚至脱落。牙轮落井后不能正常钻进，将影响钻井速度，延长施工工期，加大钻井成本。

判断方法：钻头的判断从钻头数据收集开始，例如，入井钻头，是新钻头还是旧钻头，如果是旧钻头，它的已纯钻时间、已钻进尺、新度、井底是否干净；新钻头入井后是否按要求磨合，钻头正常钻进时的钻时、钻压、转盘转速、扭矩、所钻岩性剖面等参数之间的变化规律；钻井过程中送钻是否均匀，钻压、转速的搭配是否合理，有无溜钻、顿钻，这些参数要在工程录井监测中建立模式，这样可为以后钻头使用状况提供参考数据。

一般情况下，牙轮钻头异常主要表现为机械钻速变慢，扭矩增加，扭矩波动变大。对钻头的监测就是要在钻头磨损严重，掉牙轮之前做出判断，保证最大限度地使用钻头，而又不发生牙轮事故。

案例：X72 井　HJT517G 钻头钻至 4669.09m 以后，钻压基本不变，转盘转速减小，而扭矩却逐渐变大，操作员及时进行了钻头异常的预报，井队未采纳继续钻进。钻至 4675.36m 以后，钻压、转盘转速不变，而扭矩却突然变大（图 4-17）。操作员再次及时进行了钻头异常的预报。此时钻头累计钻进时间仅 18.66h，进尺 25.26m，提钻检查钻头，井队采纳提钻检查钻头，3 个牙轮掉入井内。事故原因分析表明，造成该次事故的原因首先是井底不干净，有上只钻头的掉齿；其次，该型号的钻头在正常情况下纯钻时间至少在 100h 以上，井队没有引起足够的重视；再就是钻头质量可能也有问题。

7. 钻头泥包

钻头泥包一般发生在钻遇大段泥岩或泥岩较为松软的地层中。主要由于钻头选型不合理（牙齿大小、水眼大小等）或转盘转速、钻压、立管压力等工程参数的搭配不合理，钻头就会泥包，泥包后的钻头机械钻速会明显降低，将会影响钻井工期，如果以泥包钻头起钻还将诱发井涌甚至井喷。

产生泥包主要有以下几方面的原因：

（1）钻遇松软而黏结性很强的泥岩时，岩层的水化力极强，切削物不成碎屑，而成泥团，并牢牢地黏附在钻头或扶正器周围。

（2）钻井液循环排量太小，不足以把岩屑携离井底。如果这些钻屑是水化力较强的泥岩，在重复破碎的过程中颗粒越变越细，吸水面积越变越大，最后水化而成泥团，黏附在钻头表面或镶嵌在牙齿间隙中。

（3）钻井液性能不好，黏度太大，滤失量太高，固相含量过大，在井壁上结成了松软的厚滤饼，在起钻过程中被扶正器或钻头刮削，越集越多，最后把扶正器或钻头周围的间隙堵塞。

（4）钻具有刺漏现象，部分钻井液短路循环，到达钻头的液量越来越少，钻屑带不上来，大量黏附在钻头上。

（5）钻头泥包主要是泥页岩遇水发生塑性变形，使钻头表面与钻屑间的黏附力变得比举升岩屑的携浮力大得多，因而发生泥包。

判断方法：钻头泥包一般发生在钻大段泥岩，钻头泥包后，机械钻速会明显降低，扭矩变小而且波动变小，但有时会出现时大时小的曲线，而且扭矩曲线较钻头没有泥包时平滑。立压会略微上升。钻头泥包后还表现为钻头

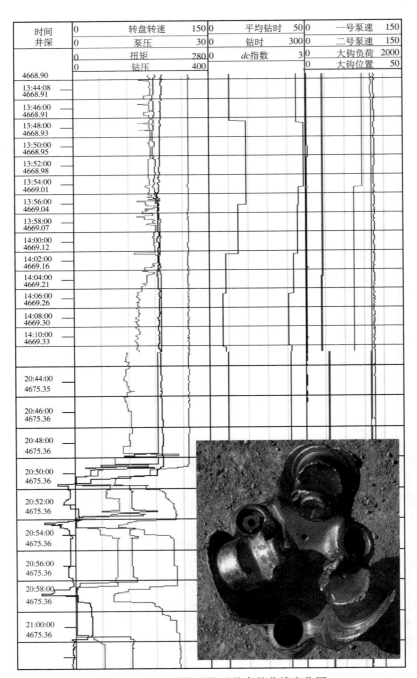

图 4-17　X72 井掉牙轮录井参数曲线变化图

到底与钻头离开井底扭矩变化较小，立管压力会略微上升，返出的岩屑为泥岩。钻进时，机械钻速会明显降低；转盘扭矩逐渐增大，如因泥包而卡死牙轮，则有蹩钻现象发生。如钻头或扶正器周围泥包严重，减少了循环通道，立管压力还会有所上升。上提钻头有阻力，阻力的大小随泥包的程度而定。起钻时，随着井径的不同，阻力有所变化，一般都是软遇阻，即在一定的阻力下一定的井段内，钻具可以上下运行，但阻力随着钻具的上起而增大，只有到小井径处才会遇卡。起钻时，井口环形空间的液面不降或下降很慢，或随钻具的上起而外溢，钻杆内看不到液面。

　　案例：TC1 井，2009 年 4 月 12 日 12:04 钻至井深 473.00m 时，平均钻时由 5min/472.00m 升至 23min/473.00m，13:10 钻至井深 473.82m 耗时 66min，扭矩由正常钻进时的 22 ~ 28kN·m 降至 15 ~ 20kN·m，其他相关参数无变化（图 4-18），经查该钻头钻遇地层岩性多为褐红色泥岩，泥质纯，性软，

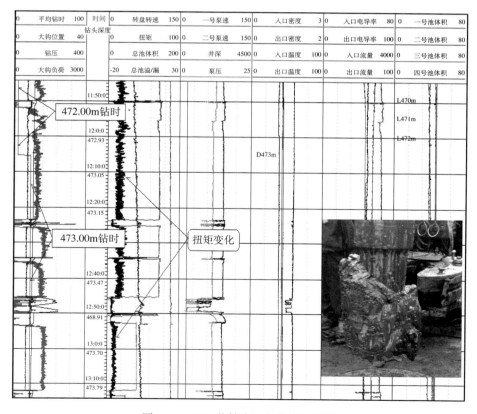

图 4-18　TC1 井钻头泥包曲线变化图

呈块状，吸水性好。当班操作员在确定与核实异常后，向井队做出钻头泥包预报，并建议提钻检查。钻头提出后，检查发现钻头本体严重泥包。

8. 溜钻、顿钻

形成原因：溜钻一般是指司钻送钻不均匀，在钻头上突然施加超限的钻压，导致钻具压缩、井深突然增加的现象。

顿钻一般是在钻头提离井底后，由于未控制好刹把，钻具自然下落，在钻头上突然施加上超限的钻压，导致钻具压缩、井深突然增加的现象。

表现形式：参数频繁发生溜钻或顿钻会损害钻头结构，影响其使用寿命。视程度的大小，其后果也不相同：轻者钻头损坏；重者钻头报废，牙轮掉入井底，钻具变形。溜钻在录井参数上最直接的表现为钻压骤然增大，大钩负荷减小。

案例：SN41 井钻至 2870.31m 时，大钩负荷由 1115kN 降到 769kN。井深由 2870.31m 突然升至 2871.13m（图 4-19）。操作员及时通知井队，预报为溜钻，实际情况为溜钻。由于井队考虑还有几十米完钻，加上事后扭矩无明显异常，因此井队决定继续钻进，至井深 3055.59m，操作员发现扭矩出现异常，及时通知井队提钻检查钻头。提钻后检查发现，钻头的一个轴承磨损严重，牙轮即将脱落，牙齿 1/3 脱落，钻头报废（图 4-20）。

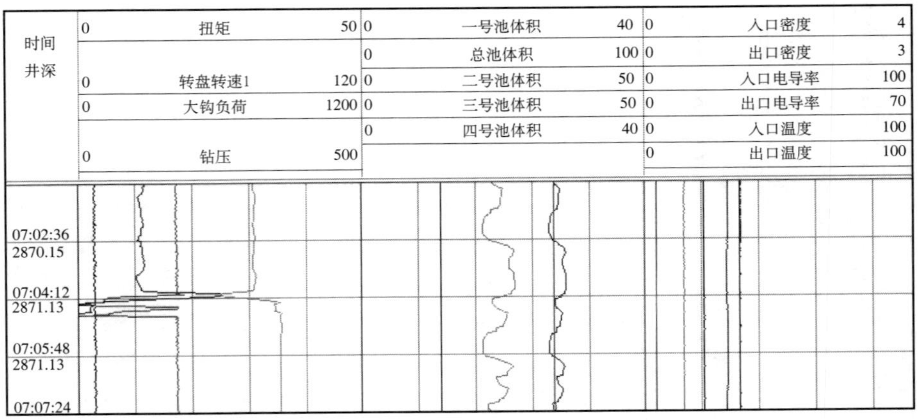

图 4-19　SN41 井溜钻参数变化图

钻头的异常对钻井安全影响较大，同时，也是监测过程中容易发现和预报的一类异常，在录井过程中，只要能够及时发现参数异常并做出准确预报，应该可以避免大多数恶性事故的发生。

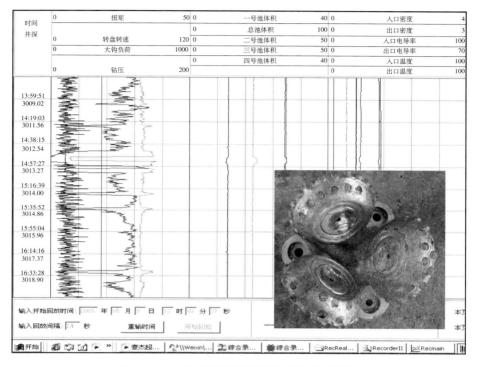

图 4-20　SN41 溜钻后继续钻进扭矩出现异常

第四节　欠平衡钻井条件下的工程监测与预报

　　为充分保护油层，提高经济效益，越来越多的钻井新技术应用于钻井中，这其中的空气、泡沫等欠平衡钻井技术已被世界公认为是缩短钻井周期、降低钻井成本、解放油气层的一类实用技术。空气、泡沫钻井最早源于美国，是在 20 世纪 50 年代初期针对坚硬地层和严重漏失地层而发展起来的一项钻井技术，在保护油气层的钻进中得到了充分应用。该类技术具有成本低、效益好、使用范围广等优点，特别适用于低压、低渗透或易漏失及水敏性地层的钻井。但在钻井新技术发展、应用的同时，也给录井技术带来了冲击和挑战，传统的录井技术已不能适应气体、泡沫等欠平衡钻井新技术发展的要求。因此，发展与气体、泡沫等欠平衡钻井技术相适应的配套录井技术已成为必然，广大录井技术人员也为此做了大量的探索和研究。通过对欠平衡钻井录井方法的研究和总结，对在欠平衡钻井中的录井工作方法有了系统的认识，对录井方法和相应配套设备进行了探索性技术创新，基本解决了欠平衡钻井条件下的录井关键难题，在实际应用中取得了良好的效果。

一、气体钻井对录井影响与采集方法改进

以空气、氮气、天然气、尾气为循环介质的钻井技术，其密度适用范围一般小于 $0.02g/cm^3$。各类气体钻井的技术特点见表4-4。

表4-4 各类气体钻井的技术特点

类型	技术特点
空气钻井	空气钻井主要用于非产层（其原因在于空气钻产层存在井下燃爆的危险，易爆炸点天然气含量4.5%～13.1%）
氮气钻井	氮气是最好的气体钻井介质。氮气欠平衡钻井技术基本与空气钻井技术相同。除具有空气钻井技术的优点外，还有避免井下爆炸和避免污染的优点。 不足：与空气钻井相比增加制氮设备，因此设备费用高
天然气钻井	天然气钻井技术基本与空气钻井和氮气钻井技术相同。除具有空气钻井技术的优点外，还有避免井下爆炸的优点。 不足：要求地面设备和工具防泄漏、防爆性能好，费用高，受气源控制等
尾气钻井	柴油机尾气是惰性气体，对超低压气井钻补充开发井是安全经济的，能有效保护大气环境。 不足：该技术不适应产水气井，也不适于高压气井

1. 气体钻井对录井影响

与液态钻井液体系相比，气体钻井以气体为循环介质，对工程参数监测、常规地质资料采集和气测录井等方面的影响表现如下。

1）岩屑上返速度加快带来的影响

由于气体流动速度快，迟到时间缩短，受色谱分析周期影响，使监测到的气体参数数据密度变小，影响油气层识别与评价。另外，迟到时间的求取与液态钻井液的求取方法不同，其原因是依据以固体岩屑为分散相和空气为分散介质形成分散体系的性质，与液体流动的基本定律（质量守恒定律、能量守恒定律、热力学定律）以及介质的物理属性和状态方程等建立迟到时间的求取方程不同。

2）气测样品被空气稀释带来的影响

在液态钻井液体系条件下，当钻头打开油气层时，油气层中的油气扩散进入钻井液中，除了少部分溶解在钻井液中外，绝大多数以游离态存在于钻井液中，脱出的气体直接进入色谱柱分析，受外界空气影响很小；以气体为循环介质时，由于油气层中的油气扩散到井筒内被大量的流动气体稀释，使色谱检测到的烃组分参数信息被弱化。

3）对岩屑取样方式的影响

以钻井液为循环介质的岩屑捞取通常在振动筛处进行，空气钻井因为无法使用振动筛，直接由岩屑返出口经导管喷射到地面，所以传统的岩屑取样方式要改变。

4）对取准岩屑样品的影响

气体流速随井筒内温度和压力而变化，也影响气体携带岩屑的能力，同时又受到单位时间内钻得的岩屑量变化影响，使迟到时间相对变化幅度增大，不如液态钻井液体系迟到时间相对稳定，因而给选准岩屑带来困难。

5）对工程录井与事故预报的影响

空气钻井是一个密闭的钻井过程，录井仪原来为钻井液体系下测量所配备的传感器已不能使用，可能给地层中的流体侵入井筒内给地层温度异常的识别带来困难。为了保证工程录井的完整性与事故预报的准确性，按技术与安全要求还应配备特殊类型的传感器。

6）对地层压力解释评价的影响

空气钻井无钻井液密度数据，通常 dc 指数监测地层压力方法因缺少钻井液密度数据而不能使用。

2. 气体钻井条件下录井采集方法的改进

1）岩屑上返理论的研究

岩屑在环空是在绕流阻力和浮力及重力的作用下上升的，在此过程中会产生一个沉降末速度，所谓沉降末速度是指岩屑在上升气流中运动，最终达到稳定状态时岩屑相对于气流的速度。假设上升气流平均速度为 V，岩屑在上升气流中的绝对速度为 V，达到稳定状态时的岩屑相对于气流的速度为 V_1，即沉降末速度，则在上升气流中建立方程 $V=V-V_1$，只要保证 $V > V_1$，即上升气流平均速度大于沉降末速度，则可使岩屑在上升气流中始终上升。根据牛顿第二定律列出受力平衡方程求解沉降末速度，对于理想岩屑（外部特征是球形岩屑），可据下式求取 V_1：

$$V_1 = \left[4gd_{max} \left(\rho_c - \rho_g \right) / 3c\rho_g \right]^{1/2}$$

式中　g——重力加速度；

　　　d_{max}——最大岩屑特征尺寸；

　　　ρ_c——气体密度；

　　　ρ_g——井底岩屑密度；

　　　c——线流阻力系数，取 0.44。

从上式可以看出，岩屑外观形状特征不同则具有不同的沉降末速度，球形岩屑是理想化岩屑特征模型，其沉降末速度最小。岩屑沉降末速度越小，其迟到时间越短，即使是位于同一深度的岩屑，因外观形状特征不同返出时间也不同。在球形岩屑沉降末速度公式中，绕流阻力系数 c 值可根据流体力学求取雷诺数 Re 的范围来定。

由气体状态方程求出上升气流平均流速（单位为 m/s），计算上升气流平均流速公式为：

$$V = \frac{RW_g T}{pS}$$

式中　R——气体常数，J/（kg·K）；

　　　W_g——气体质量流量，kg/s；

　　　T——全井平均平均温度，K；

　　　p——井底气体压力，Pa；

　　　S——钻柱内截面积，m²。

根据美国《空气钻井手册》以上参数可取值如下：

$W_g=0.431$kg/s，$R=287$J/（kg·K），$T=322$K，$S=0.00742$m²，$p=1500000$Pa。

应用上述公式可求出岩屑沉降末速度 V_1 和上升气流平均流速 V，通过推导求取出岩屑在上升气流中的绝对速度 V。由于岩屑在上升气流中达到稳定状态时间很短，可以忽略掉这段时间，这样井深除以岩屑在上升气流中的绝对速度即可求取出岩屑返出地面的迟到时间。

通过上述公式不难发现，迟到时间的求取公式中没有与环空体积有关的参数，因此以空气为携带岩屑循环介质的迟到时间求取不同于以往的液态钻井液体系，迟到时间与环空体积没有直接关系。在现场可根据使用的空气压缩机组正常工作提供的性能参数值，根据录井中泥（页）岩密度测定选择合适的岩石密度值以及根据该井钻井设计中井温梯度选取合适的值作为井底温度，并根据实际钻得岩屑选择合适的特征尺寸计算出沉降末速度。

结合气体状态方程求出上升气流平均流速，理论上建立以岩屑外部特征为球形的迟到时间为准的随井深变化对应数据表，方便现场录井人员的使用。当以上参数实际值与理论值发生较大变化时，可根据实际值进行必要的修正。该井根据使用的空气压缩机性能参数值和选择的上述适用参数值，建立理论迟到时间随井深变化对应数据表。

2）岩屑取样方法的改进

空气钻井条件下岩屑取样，国外普遍采用的方法是在岩屑返出口排出管开一个支路，安装上、下两个阀门进行控制。采样时上阀门处于开放状态，下阀门处于关闭状态，排出的部分岩屑进入支路管线；取岩屑样时上阀门关闭，下阀门打开，岩屑自动流入砂样盒，国外称此装置为岩屑捕获器。此种岩屑捕获器在实际应用中效果不佳，一是排出的岩屑处于高速运动状态，不会轻易改变方向进入支路内，所以捕获的岩屑数量有限；二是捕获的岩屑多为井内尘土和大块岩屑，多为假岩屑，降低了剖面符合率。

针对这一情况，对此种岩屑捕获器进行的改进见图4-21。在岩屑捕获器口外侧焊接插槽，使其插板A与岩屑返出管线呈45°夹角，同样在取样口内侧10～15cm处焊接插入岩屑返出管线内与取样器口水平夹角10°～25°的插槽，两槽同宽约10cm，将合缝的A、B两块钢挡板从插槽口伸入岩屑返出管线内部，用紧扣螺栓固定。上阀门打开，排出的岩屑通过与取样器水平成

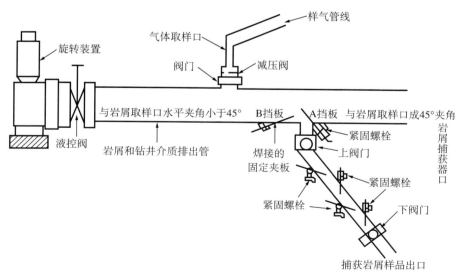

图4-21 气体钻井部分改进的取样装置

小角度的钢挡板 B 改变运动方向，这部分岩屑与取样口成 45°，钢挡板 A 撞击反弹流入岩屑取样器。钢挡板 B 有两个作用：一是其延伸高度的垂直面面积占排出岩屑流截面积的大小就是岩屑流中运动方向发生改变岩屑所占的比例，使捕获岩屑的数量有保证；二是其正斜面使反弹落下的岩屑不易形成堆积，阻止岩屑顺畅流出。

通过调整 A、B 两块钢挡板插入岩屑返出管线内部的长度，可获取足够的岩屑量。在调节的过程中要注意钢挡板 B 正斜面延长线不能高于钢挡板 A 高点，否则岩屑会沿钢挡板 B 正斜面切出而取不到岩屑，在实际的使用当中通常使钢挡板 B 正斜面延长线位于钢挡板 A 高度的 1/2 处。同样，在岩屑捕获器支路管线焊接 3 ~ 4 处伸入岩屑取样器管线内部的插槽，插槽内钢挡板宽度与取样器直径相等，外部用紧固螺栓固定，钢挡板与取样器壁夹角至少 120°，这样进入取样器内的岩屑不会发生逆向反弹而弹出岩屑捕获器，同时降低了岩屑的反弹速度，在取岩屑时关闭上阀门打开下阀门，岩屑自动流入砂样盆。

3）气测样气取样方法的改变

由于空气钻井可以不用脱气器，在岩屑和空气介质返出管线上设置一取气口（图 4-21），在取气口安装阀门，用来调节进入色谱单元的气体流量并控制压力，在阀门上部做一个减压筛网，防止岩屑等杂物进入气路管线，经过耐压过滤器与内装脱脂棉树脂筒以及装氯干燥筒，经过稳压、除尘、过滤和脱水后的气体进入集气瓶装置，由气路管线将气体导岩入仪器房，经砂芯滤球再次过滤进入色谱单元进行分析。安装阀门的用途一是调节通气量，二是为更换干燥剂和利用钻井液压井进行作业等操作提供安全保障。

4）工程监测与异常预报

气相欠平衡钻井条件下的工程异常预报是录井技术难点之一，主要通过立管压力、悬重、扭矩、转盘转速、气测值及砂样的变化进行异常预报，有别于常规钻井条件下的工程预报，缺少钻井液相关参数。现对典型工程异常预报特征进行分析：

（1）钻具刺的典型特征：立管压力下降、岩屑减少。

（2）钻具断的典型特征：钻时增加、悬重下降、转速增加。如果钻具下部断，立管压力变化不明显；如果钻具上部断，则立管压力下降。

（3）滤饼环的产生特征：立管压力增大、转盘扭矩增大、排气口喷出的岩屑减少甚至没有，上提、下放钻具阻力增大。

（4）地层坍塌的特征：立管压力增大、转盘扭矩增大、排气口喷出的岩屑增多、上提钻具阻力增大、下钻有遇阻现象。

（5）地层出水的特征：岩屑湿润、取样袋湿润，岩屑返出量减少或岩屑无返出。

5）配套装备的改进

为了监测密闭钻井过程中空气压缩机泵入井内的实时空气流量和返出的气固混合物实时流量，保证井内安全，出、入口均安装了气体流量计传感器，可测量瞬时流量和累计流量，其测量值为真实值而不是相对值，取代了传统利用泵冲数来推导入口排量和靶式流量传感器，加强了对井内流体流量的监控，更有利于避免井喷事故的发生。另外，在油气水分离器以后的放喷管线安装了天然气和有毒气体检测计，可对分离出的气体进行测量；在放喷管线的末端安装了自动点火装置，以便随时燃烧可能存在的有毒气体和天然气。

在实际钻进过程中，常常伴随压井作业，此时要启动常规钻井液循环系统，所以应配置钻井液的密度、温度、电导与池体积传感器。因为气体流量计传感器对钻井液流量测量失去作用，当使用钻井液时为了不影响空气钻井时共用出、入口部分的密闭管线，在出、入口安装了电磁流量计传感器，同样用来取代利用泵冲数和靶式流量传感器。同时安装了非接触式温度传感器，它与被测对象不用接触，利用辐射热交换原理测量被测物体的温度变化，进一步加强对井内流体的监控。在进行负压钻井时，还应在油气水分离器之后的排气管线上安装一套气体取样装置，用于气体定量检测与火焰观察，为此增设了 QGM 定量脱气器，对分离出的气体定期取样分析，加强对油气显示的检测力度。为了加强 H_2S 气体监测，在钻台、井口、岩屑返出口和油气水分离器放喷管线口安装了 H_2S 传感器，在仪器房加装声光报警器，并完善防火系统，配备防毒设备，井场多处还安装了风向标，以便随时掌握风向变化。

二、泡沫钻井对录井影响与参数采集改进

1. 泡沫钻井对录井影响

泡沫钻井完全不同于液相钻井液的循环体系，给录井信息采集与评价带来深刻影响。对录井过程中的工程参数监测、常规地质资料采集和气测录井等方面影响主要表现在如下几方面：

1）岩屑上返速度加快带来的影响

迟到时间的求取与液态钻井液的求取方法不同，其原因是依据以固体岩屑为分散相和泡沫为分散介质形成分散体系的性质与流动的基本定律（质量

守恒定律、能量守恒定律、热力学定律）以及介质的物理属性和状态方程等建立迟到时间的求取方程不同。泡沫钻井作业中，泡沫在井筒内流动时要经过加压和释压两个过程，导致井筒内泡沫不连续（图4-22）。此外由于钻速快，接单根频繁，导致循环中断，岩屑在井筒内混杂沉淀，也影响岩屑的代表性。

图4-22　泡沫喷出不连续

　2）对岩屑取样方式的影响

以钻井液为循环介质的岩屑捞取通常在振动筛处进行，泡沫钻井因为无法使用振动筛，直接由岩屑返出口经导管喷射到地面，所以传统的岩屑取样方式没有办法捞取岩屑。

　3）气测样品被泡沫稀释和滑脱作用抑制带来的影响

由于泡沫密度低，在高压空气的带动下流动速度快，迟到时间缩短，受色谱分析周期影响，监测到的气体参数数据密度变小，影响油气层识别与评价。另外，在液态钻井液体系条件下，当钻头打开油气层时，油气层中的油气扩散进入钻井液中，除了少部分溶解在钻井液中外，绝大多数以游离态存在于钻井液中，脱出的气体直接进入色谱柱分析，受外界空气影响很小；以泡沫为循环介质时，由于油气层中的油气扩散到井筒内被大量的流动泡沫和气体稀释，地层气体在被携带到地面时，泡沫在高温和高压环境下能长达5小时保持稳定状态的特性充分抑制了气体的滑脱逸散作用，使色谱检测到的烃组分参数信息被极大地弱化。通过在现场地面进行的泡沫注入组分样品气模拟实验，泡沫鼓到鸡蛋大小才发生破裂（图4-23），说明泡沫对气体的滑脱逸散有极强的抑制作用。

样品气在泡沫中破裂痕迹

图4-23　气样在泡沫中难以破碎

4）对工程录井与事故预报的影响

泡沫钻井是一个密闭的钻井过程，现有工程录井手段中无法录取以液相介质为主的出/入口参数（如出/入口流量、出/入口温度、出/入口电导、出/入口密度等），同时地层中的流体侵入井筒内给地层温度异常的识别和工程录井的完整性与事故预报的准确性带来困难。

5）对地层压力解释评价的影响

泡沫钻井无钻井液密度数据，地层可钻性与砂泥岩关系不大，通常dc指数监测地层压力方法不能使用。

2. 泡沫钻录井工艺方法改进

1）迟到时间测量

泡沫钻井中，造成迟到时间测量困难的影响因素较多。首先，由于钻具中安装单流阀，无法用塑料片等片状固体标记物实测迟到时间，只能用粉状小颗粒或液态标记物实测；而相对于大量的泡沫，小颗粒的固体标记物很容易被其包裹，肉眼无法观察的，实测极为困难。其次，由于泡沫在钻杆内存在压缩过程，这就导致了下行时间计算不准确。再次，接单根时泡沫在钻杆内和环空内的运行状态是一种间断而非稳定状态，与正常钻进时相对连续而稳定的运行状态相差甚远，因而接单根时实测的迟到时间与正常钻进时实际的迟到时间有差距。

结合多口井实践经验分析，总结出几种测量、检验迟到时间的方法，在实际工作中可以采用多种方法同时使用，相互印证，取其合理值。

（1）用颜料或辣椒面作为标记物测量。

具体方法与常规钻井液的迟到时间测量类似，将颜料或其他标志物混入水中搅拌均匀后注入钻杆，实测其返出所用时间，再除去其在钻具中的下行时间（理论计算）即为迟到时间。使用颜料等测量迟到时间方法颜料量要大，选用与所钻地层颜色反差大的颜料。

（2）利用地质循环、提下钻或短提时眼观耳听岩屑量变化、气测变化测量迟到时间。

在地质循环时，提钻前存在一个岩屑由有到无的过程，可以通过听排砂管线内声音和观察岩屑返出量判断岩屑上返的截止时间，同时可以通过气测下降的起始时间推断、验证岩屑上返的截止时间，则停钻至岩屑上返的截至点的时间差即为迟到时间。同样在地质循环后开钻、下钻到底开钻存在一个岩屑由无到有的过程，可以通过听排砂管线内声音和观察岩屑返出量判断岩屑上返的起始点，同时可以通过气测上升的起始时间推断、验证岩屑上返的起始点，则开钻至岩屑上返的起始点的时间差即为迟到时间。该方法受主观判断因素影响较大，而且需在特殊工况下才能实施，但由于不需要考虑下行时间，该方法较为准确、简便，实际工作证实该方法测得的迟到时间更为准确。

（3）后效测量检验迟到时间。

同常规钻井类似，通过后效来检测迟到时间是十分有效的。

（4）通过快钻时与岩屑量、气测对应分析检验。

正常情况下，快钻时井段岩屑上返量多，颗粒大，气测值上升，通过快钻时井段与多岩屑井段、气测上升井段对应来检验和校正迟到时间。该方法对检验和校正迟到时间非常必要和有效。

2）捞砂装置和安装

（1）岩屑取样。

常规钻井岩屑取样通常在振动筛处进行，泡沫钻井是一个密闭的钻井过程，泡沫钻井不使用振动筛，岩屑从井口返出后经排砂管排入排污池。如果不采取特殊方法无法获取岩屑，我们通过在多口井反复实验，采取在导管底部开旁通支路加挡板的方法取样，现场使用效果较好，岩屑砂样量较多。具体做法如下：做一个 2in 的一端为 45°左右斜面的短节，在排砂管线底部割一圆孔，将短节的斜面斜插进去，插入高度为排砂管管径一半以下。短节与排砂管线成 30°～ 45° 夹角，短节斜面正对泡沫流向，短节下方接阀门，阀门外接 2in 加厚耐高压胶皮管线连接至砂样采集箱（图 4–24、图 4–25）。

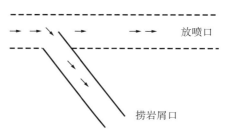

图 4–24 岩屑取样口示意图

图 4–25 岩屑及气测取样口图

在泡沫录井过程中，由于岩屑对挡板持续不断的切削作用，往往造成挡板高度降低或消失，使挡板的遮挡作用减弱，流入取样口岩屑量减少。在 W352 井泡沫录井前，由于使用的是上口井 D16 井的岩屑取样短节，而该井岩屑取样效果较好，所以没有对挡板进行检查。开钻后，捞取的岩样较少且较细，在中途提钻对挡板进行检查发现，挡板高度仅剩 2cm，后重新焊接挡板后，岩屑取样正常。

（2）岩屑取样器。

泡沫钻井岩屑的收集，采用中国石油西部钻探克拉玛依录井工程公司研制的岩屑和脱气取样器，采集箱底部漏斗形采砂盘制作成抽屉状，便于将收集的岩屑取出。在成抽屉状采砂盘上方开口，便于泡沫流出。泡沫流出口加装可调节大小的门，控制泡沫流出量。在采集箱上部加装 2 ~ 3 层筛网，用于破碎上逸气泡，脱出泡沫地层气，用于色谱分析（图 4-26 至图 4-28）。

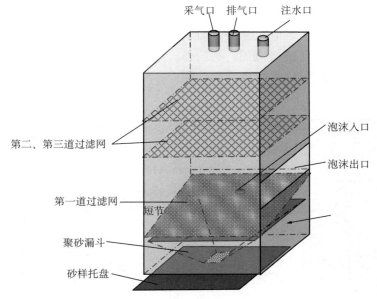

采气口　排气口　注水口

第二、第三道过滤网

泡沫入口

泡沫出口

第一道过滤网　短节

聚砂漏斗

砂样托盘

图 4-26　泡沫钻井岩屑录井设备透视图

图 4-27　泡沫钻井岩屑录井设备　　　　图 4-28　采集箱泡沫出口

在泡沫钻井液对岩屑无污染，捞取的岩屑保持地层的原始颜色的情况下，只需用清水稍加冲洗即可（图4-29）。

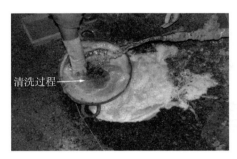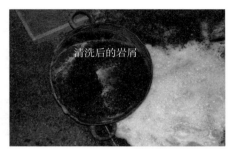

图4-29　泡沫钻井岩屑录井设备

3）气测录井

（1）自然脱气捞砂装置。

气测样品气被泡沫稀释和滑脱作用抑制给气测录井带来极大的困难，常规的电动脱气不能用，现场采用多种方法进行了实验，如油桶自然脱气、采集箱筛网脱气等方法但该装置捞砂效果较好，但脱气效果不好。在W352井对采集箱的脱气效率进行了实验：第一次实验将浓度为0.7520%的标准甲烷通过气管线直接通至采集箱，录井仪监测的气测全烃为0.1370%，C_1为0.777%，计算有效值为18.22%，第二次实验在排砂管线处进浓度为0.7500%标准甲烷气，录井仪监测的气测全烃为0.0687%，C_1为0.0525%，计算有效值为9.16%。两次实验证明泡沫降低了采集箱的脱气效果，大量泡沫未经脱气就流出，导致地层气的溢散。现场在D16井和W352井的气测录井证明，自然脱气捞砂装置脱气效果差，气测值低的缺点。

D16井石炭系二开段气测全烃基值为0.0500%～0.1900%（图4-30），而三开使用泡沫钻井后，基值在0.0010%～0.0060%，整体上偏低；但在相应的快钻时段（2082.00～2088.00m、2214.00～2220.00m）和含炭屑段（1824.00～1830.00m）均有幅度不等的气测异常。在泡沫中进0.7490%标准样，检测全烃值为0.1296%，组分比例正常。

W352井泡沫钻井井段2058.00～2322.98m的气测全烃基值为0.0004%～0.0020%（图4-31），组分出至C_1；取消泡沫钻井，恢复常规钻井后（密度为1.24g/cm³，处于过平衡状态），气测全烃基值平均为0.200%。通过泡沫钻井和常规钻井两种不同钻井工艺下测量的气测基值对比可以看出，前者气测基值明显低于后者，二者比值为1/20。

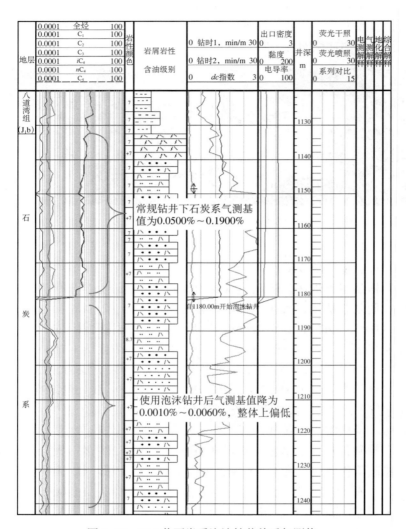

图 4-30　D16 井石炭系泡沫钻井前后气测值

（2）旋转离心脱气装置。

实验说明，现场采用捞砂和脱气分开采集效果较好，这样捞砂装置可简化，体积可减小一半，搬运更方便。取气样接口装置见图4-25，在排砂管线的上方割一可放2分短节的圆孔，接考克（旋塞阀），接管线至悬转离心脱气装置。

旋转离心脱气装置如图4-32所示，通过防爆电动机旋转带动脱气桶转动脱气。

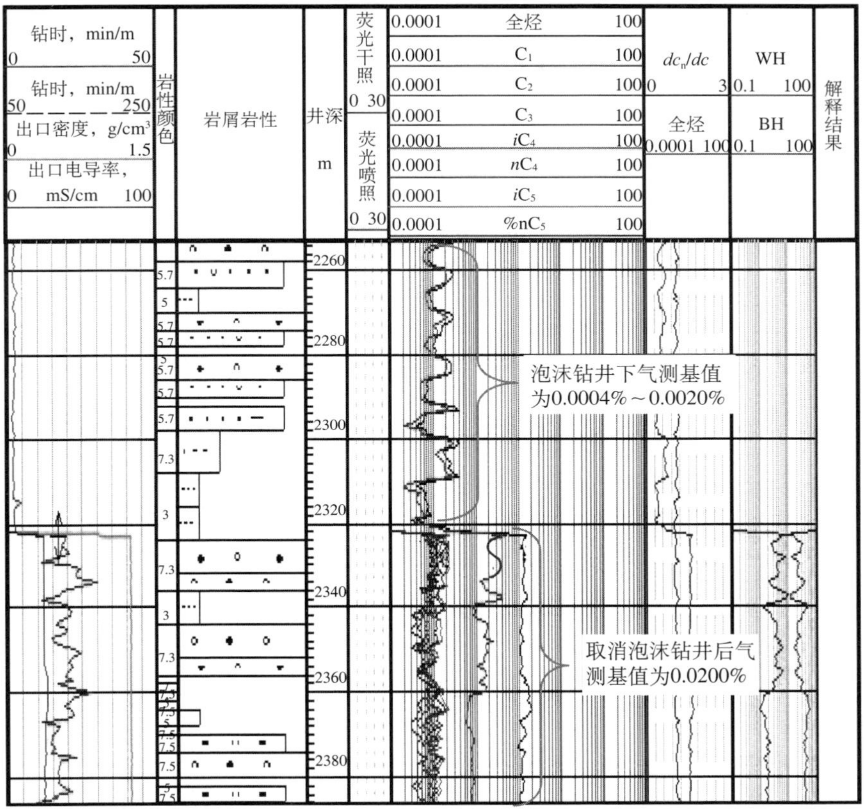

钻时，min/m 0〜50 钻时，min/m 50〜250 出口密度，g/cm³ 0〜1.5 出口电导率， 0　mS/cm　100	岩性颜色	岩屑岩性	井深 m	荧光干照 0〜30 荧光喷照 0〜30	0.0001　全烃　100 0.0001　C₁　100 0.0001　C₂　100 0.0001　C₃　100 0.0001　iC₄　100 0.0001　nC₄　100 0.0001　iC₅　100 0.0001　%nC₅　100	dc_n/dc 0〜3 全烃 0.0001 100	WH 0.1 100 BH 0.1 100	解释结果

泡沫钻井下气测基值
为0.0004%〜0.0020%

取消泡沫钻井后气
测基值为0.0200%

图4-31　W352井泡沫钻井前后气测值变化图

在W353井和F19井实验离心脱气装置，经现场从采气管线进样，标准样总烃7547μL/L，色谱分析结果为3397μL/L，组分C₁1000μL/L，用球胆进样检测结果为332μL/L，脱气效率为30%〜45%。

F19井气测录井，在井段4007.00〜4010.00m气测全烃由185μL/L升至699μL/L，组分出至nC₅，气测出现明显异常，但与常规钻井相比气测数值明显降低。

图4-32　旋转离心脱气装置

133

三、典型案例分析

案例：HB021 井空气钻条件下钻头老化预报：HB021 井钻至井深 1842.60m 时，钻压保持正常的 100 ～ 120kN，扭矩由正常时的 7.2 ～ 17.8 kN·m 上升至 11.8 ～ 24.3kN·m（图 4-33），波动幅度有所增大。当钻至井深 1843.00m 时，瞬时钻时则由正常钻井时的 7 ～ 10min 上升至 13 ～ 20min，而此时钻头纯钻时间也达 90.6h，操作员根据各参数变化判断为钻头老化，建议井队提钻换外头。钻至井深 1843.15m，井队采纳建议，洗井提钻。钻头经提出后检查，牙齿中度磨损，并有近 1/4 的断齿。

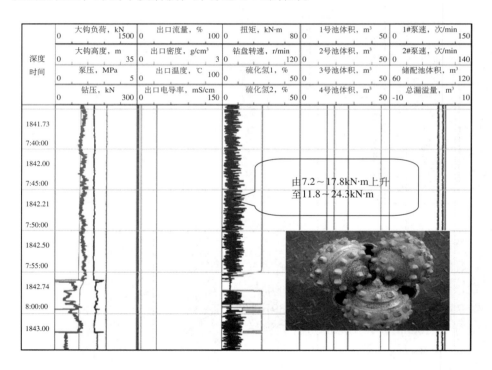

由 7.2 ～ 17.8kN·m 上升至 11.8 ～ 24.3kN·m

图 4-33　HB021 井钻头老化预报

案例：HB021 井空气钻条件下，钻具刺漏预报。0:52HB021 井钻至井深 2507.35m 时，操作员发现立管压力由 6.5MPa 下降至 5.8MPa，且呈锯齿状波动，根据立压参数异常变化情况，立即向当班司钻报告，提醒注意。司钻采纳，停钻循环观察，循环过程中，发现自 1:07 后，立管压力更呈明显持续下降的趋势（图 4-34），经地面检查管线正常，井队即决定提钻检查钻具。钻具提出后，发现第 55 号钻杆中部有一个 1cm×3cm 小洞，及时的预报避免了事故的发生。

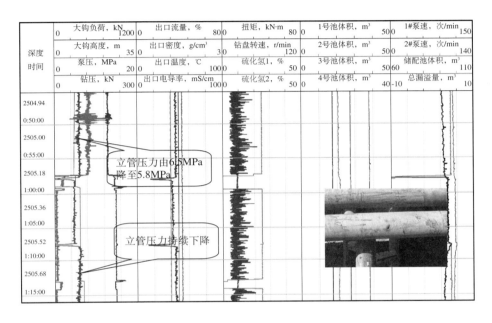

图 4-34　HB021 井钻具刺漏预报

　　案例：DZ1 井水龙带爆裂预报。DZ1 井三开后，因泡沫钻井要求，原安装在钻井液罐区的许多录井探头无法取得检测参数，仅剩钻台工程和地面气测的监测，这就进一步对录井实时监测预报提出了更高的要求，6 月 3 日实施欠平衡泡沫钻井工艺前期，用空气替换井内的钻井液后，8:43 用泡沫循环准备钻进时，立管压力由 0MPa 迅速上升至 9MPa（图 4-35），值班操作员感到事态很严重（按照欠平衡设计要求，立压达 10MPa 是最高限度），立即向钻台司钻及钻研院值班员通报，提示注意异常情况，并建议马上检查并做好防范。至 8:45 立管压力升至 16.13MPa 后水龙带爆裂（图 4-36），巨大的声音使得距井场 100m 开外的驻地人员受到惊动后跑出。虽然事故出现的突然，由于录井操作员预报及时，使得施工人员及时防范，避免了人身伤亡事故的发生。

井深	3333.08	平均钻时	43.04	钻压	-92.29	扭矩	10.50	硫化氢1	000	总池体积	115.58
钻头深度	3315.14	总烃	000	转盘钻速	0.00	出口密度	0.00	硫化氢3	000	钻头进尺	0.00
迟到井深	3333.00	C1	000	泵压	-0.04	出口温度	21.20	硫化氢4	000	纯钻时间	0.00
瞬时钻时	32.92	大钩负荷	1379.38	总泵冲速	0.00	出口电导	0.03	入口流量	0.00	迟到时间	0.00

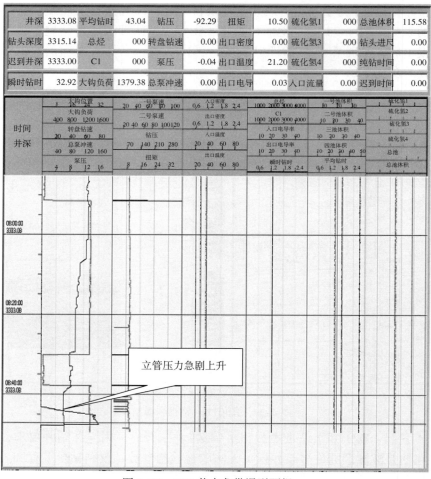

图 4-35　DZ1 井水龙带爆裂预报

案例：DZ1 井硫化氢异常。2008 年 6 月 4 日钻至井深 3398.07m，准备短提后测单点，提钻过程中，录井旋转脱气机一直开启，随时监测井下异常，15∶13 值班录井操作员首次发现室内 H_2S 浓度由 0 上升至 16.3μL/L（图 4-37）气测全烃由 0% 上升至 0.1528%，组分出至 C_3，立即向井队司钻通知，井队使用便携式 H_2S 检测仪检测 H_2S 浓度为 2μL/L，H_2S 的出现引起了现场施工各单位人员的高度警惕。6 月 5 日钻至井深 3442.35m，在提钻过程中，H_2S 随着环空压力的变化又间断出现 3 次，每次 H_2S 出现的第一时间，录井人员都及时将情况向现场施工人员通报，23∶57 值班录井操作员发现 H_2S 浓度快速上

图 4-36　DZ1 井水龙带爆裂照片

升至 65μL/L，超出二级报警门限（图 4-38）气测全烃由 0% 上升至 0.2315%，操作员立即向司钻通知，现场录井地质和录井工程师紧急启动 H_2S 应急程序，急令操作员立即拉响 H_2S 声光报警器，迅速带领现场全体录井人员戴上正压式呼吸器，辨别风向后向井场大门口上风口集合点撤离。由于录井操作员及时发现 H_2S 异常、及时报警通知井队，为井队实施关井、施工人员安全撤离赢得了宝贵时间，也为下步的工程决策提供了真实可靠的依据。

井深	3398.07	平均钻时	7.93	钻压	0.00	扭矩	0.84	硫化氢1	000	总池体积	115.01
钻头深度	3306.77	总烃	439	转盘钻速	0.00	出口密度	0.00	硫化氢3	000	钻头进尺	64.91
迟到井深	3398.00	C_1	584	泵压	-0.06	出口温度	32.50	硫化氢4	003	纯钻时间	11.75
瞬时钻时	5.72	大钩负荷	64.25	总泵冲速	55.26	出口电导	0.09	入口流量	965.97	迟到时间	0.00

图 4-37　DZ1 井 3398.07m H_2S 预报图

井深	3442.35	平均钻时	24.06	钻压	25.05	扭矩	1.65	硫化氢1	000	总池体积	114.19
钻头深度	3427.41	总烃	497	转盘钻速	0.00	出口密度	0.00	硫化氢3	000	钻头进尺	110.23
迟到井深	3441.20	C1	322	泵压	6.28	出口温度	38.58	硫化氢4	000	纯钻时间	19.22
瞬时钻时	0.37	大钩负荷	1337.83	总泵冲速	75.02	出口电导	0.15	入口流量	1311.32	迟到时间	127.76

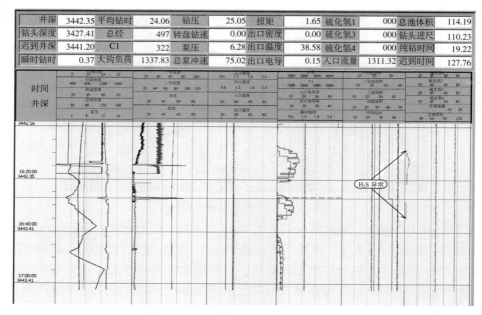

图 4-38　DZ1 井 3342.35m H₂S 预报图

案例：DZ1 欠平衡泡沫钻井时地层出水：2008 年 6 月 4 日钻至井深 3398.07m，钻进时气测基值 0.0281%，组分出至 C_2，短提后下钻至 3382m 遇阻，循环短提下钻及遇阻循环过程中，气测全烃最高达 9.3219%，C_1 为 7.1707%，C_2 为 0.1369%，C_3 为 0.0048%，iC_4 为 0.0003%，nC_4 为 0.0004%，排砂管口点火不燃。同时发现捞砂装置出口泡沫流速加快，泡沫状态由密集状变为大小不均分散状，取样后，泡沫半衰期较短，破裂较快，含水量明显增多（图 4-39）；排砂管口反映泡沫柱呈冲击状，射程较正常时要远，泡

图 4-39　DZ1 井 3398.07m 出水时捞砂出口对比

沫颜色相应变深（图4-40）；水样氯离子对比分析，入口泡沫基液氯离子710mg/L，出口水样氯离子4260mg/L。通过上述现象判断地层出水，录井及时将情况向施工各相关方通报，为施工决策提供了可参考的资料。

正常时排砂管线出口状况

出水时排砂管线出口状况

图4-40　DZ1井排砂管线出口状况对比

案例：W352井泡沫钻井壁垮塌预报。本井于2008年8月5日7：00自井深1913.50m使用泡沫钻井方式三开，钻进至井深2114.16m时，上提钻具大钩负荷由正常的1378.5kN上升至1516.5kN，上提超拉138kN，立管压力持续由5.2MPa升到9.4MPa，扭矩由20kN·m上升至42kN·m，并呈锯齿状波动，返出岩屑见掉块，直径2～3cm，划眼时返出的掉块直径一般为

平均钻时 0 100	转盘转速 0 150	一号泵速 0 150	入口密度 0 25	入口电导率 50 150	出口H₂S 0 100	一号池体积 20 80	总烃 1 1000000	iC₄ 1 1000000
大钩位置 0 40 时间	扭矩 0 30	二号泵速 0 150	出口密度 0 3	出口电导率 50 150	钻台H₂S 0 100	二号池体积 0 60	C₁ 1 1000000	nC₄ 1 1000000
钻压(60kN) 300 300 井深，m	总池体积 0 200	三号泵速 0 150	入口温度 0 100	入口流量 0 6000	室内H₂S 0 100	三号池体积 0 50	C₂ 1 1000000	iC₅ 1 1000000
大钩负荷 0 1500	总池溢/漏 -10 10	泵压 0 3	出口温度 0 100	出口流量 0 100	CO₂含量 0 100	四号池体积 0 60	C₃ 1 1000000	nC₅ 1 1000000

大钩负荷由正常的1378.5kN上升至1516.5kN，上提超拉138kN

图4-41　W352井井壁垮塌预报图

6～7cm，最大15cm×9cm×4cm，主要为褐色、深灰色泥岩及黑色煤块（图4-41），现场分析认为井下垮塌，地层出水，现场欠平衡项目组开会决定取消欠平衡作业，恢复常规液相钻井。

案例：F19井卡钻的预报。2008年3月31日 1:32，F19井采用泡沫欠平衡钻井工艺钻至井深4246.01m，扭矩由10.82kN·m升至13.47kN·m，操作员及时预报挂卡，后恢复正常。钻至井深4248.50m上提钻具至井深4246.00m时，大钩负荷由1612.83kN上升至1819.28kN，最大超拉206.45kN。提钻至井深4245.37m时，大钩负荷由1612.83kN增至2296.4kN，最大超拉683.57kN，开转盘转速至20～22r/min时，立管压力由6.6MPa升至13MPa后

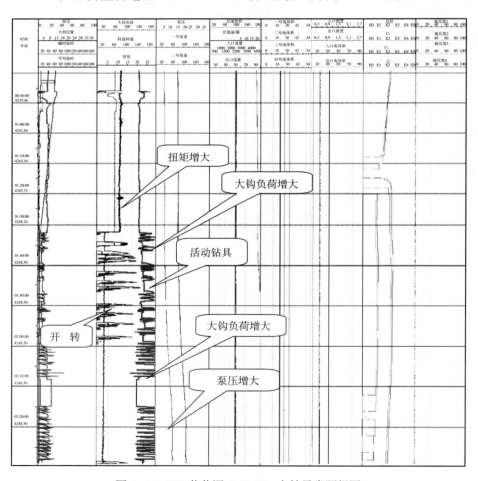

图4-42　F19井井深4248.50m卡钻异常预报图

稳定在 13MPa（图 4-42），活动钻具无效，出口失返，钻具卡死，10:00 泵入钻井液 10.5m³（密度 1.08g/cm³），憋压 20MPa，间断活动钻具仍无效。判断为卡钻。

16:30 井队采取倒扣泄压后上提钻具（落鱼 67.67m，鱼顶 4180.83m）卸掉单流阀（4 月 1 日 13:00），下钻具向井筒内注入密度为 1.08g/cm³ 的钻井液循环探鱼顶，实施对扣作业，循环洗井（密度为 1.08g/cm³）至 4 月 2 日 4:30，到 10:00 为静止观察；至 4 月 3 日 7:30 提下钻具；循环洗井（密度为 1.20g/cm³，漏斗黏度 48s）（22:00），提下钻具（下套铣工具至 4 月 5 日 2:00），套铣作业至井深 4181.50m（12:00）后提下钻具（换套铣鞋至 4 月 6 日 15:00），套铣作业至井深 4187.52m（4 月 7 日 1:30）后提下钻具（换套铣鞋），至 4 月 11 日 11:00 注水泥 13t，替钻井液 30m³，钻井液密度 1.20g/cm³，水泥浆密度 1.95g/cm³，水泥预返 4000.00m。

第五章　地层因素导致的钻井事故和井下复杂特征分析与预报

　　在所有的工程隐患与事故中，还有一类的发生与地层特性有很大关系，主要因受到地层岩性、孔隙压力、地质构造及孔隙流体性质等因素的影响而发生，包括钻具阻卡、井涌、井漏及有毒有害气体侵入等。此类隐患与事故对钻井施工进度、成本及人身安全等影响重大，在监测过程中必须认真分析对待。

第一节　阻卡类复杂与事故

　　阻卡类事故与复杂在钻井过程中较为常见，常见的有井壁垮塌、缩径、阻卡等，钻井施工过程中较大的工程事故多与此有关。严重时，便全发生卡钻。所谓卡钻就是指钻具在井下失去了活动的自由，既不能转动又不能上下活动，这是钻井过程中常见的井下事故。卡钻可以由各种原因造成，如黏吸卡钻、坍塌卡钻、砂桥卡钻、缩径卡钻、键槽卡钻、泥包卡钻、干钻卡钻、落物卡钻、水泥固结卡钻等。其中坍塌卡钻是由井壁失稳造成的，是卡钻事故中性质最为恶劣的一种事故。因为处理这种事故的工序最复杂，耗费时间最多，风险性最大，甚至有全井或部分井眼报废的可能，所以在钻井过程中应尽力避免这种事故的发生。而本类事故的发生过程不是用简单的参数变化就能直接判断和预报，要具有综合的理论知识，还必须积累较多的实战经验，有时坍塌原因较单一，可以及时发现，采取适当针对性措施就可避免进一步复杂，有时较复杂，一旦发生就会带来严重后果。

一、井下复杂与事故原因

造成钻具阻卡的原因通常是因为井壁垮塌，造成井壁垮塌的原因较为复杂，既有地质方面的原因，也有物理化学及钻井施工工艺方面的原因，就某一地区或某一口井来说，可能是其中的某一项原因为主，但对大多数井来说是由综合原因造成的。

1. 地质因素

（1）原始地应力的存在。地壳是在不断运动之中，在不同的部位形成不同的构造应力（挤压、拉伸、剪切），这些应力超过岩石强度时便产生断裂而释放能量。这些应力的聚集不足以使岩石破裂时，以潜能的形式储存在岩石之中，当遇到适当的条件时就会表现出来。当井眼被钻穿后，钻井液液柱压力代替了被钻掉的岩石所提供的原始压力，井眼周围的应力被重新分配，被分解为周向应力、径向应力和轴向应力，当某一方向的应力超过岩石强度极限时，就会引起地层破裂，尤其是有些地层本来就是破碎性地层或节理发育地层。虽然井筒中有钻井液液柱压力，但不足以平衡地层的侧向压力，所以，地层总是向井眼剥落或坍塌。

（2）地层的构造状态。水平位置的地产稳定性较好，多数地层受构造的影响有一定的倾角，随着倾角增大，地层稳定性变差，研究表明，60°左右的倾角，地层稳定性最差。

（3）岩石本身的性质。沉积岩中最常见的是砂岩、砾岩、泥页岩、石灰岩等，还有凝灰岩、玄武岩等。由于沉积环境、矿物组分、埋藏时间、胶结程度、压实程度不同而各具特性。以下岩层比较容易坍塌：未胶结或胶结不好的砂岩、砾岩、砂砾岩；破碎的凝灰岩、玄武岩，因岩浆侵入地层后，冷却过程中，温度下降，体积收缩，形成大量裂纹，有些被方解石充填，大部分未被充填；节理发育的泥页岩，泥页岩在沉积过程中，横向的连续性很好，成岩之后，受构造应力拉伸、剪切作用，形成许多纵向裂纹，失去它的完整性；断层破碎带及未成岩的地层。

泥页岩中一般含有 20%～30% 的黏土矿物，若黏土的主要成分是蒙皂石则易吸水膨胀；若主要成分是高岭石、伊利石则易脆裂。盐岩层、膏岩层、膏泥岩、软泥岩等特殊岩层，当用淡水钻井液或不饱和盐水钻井液钻进时，岩层溶解，井径扩大，相邻的夹层失去支撑而垮塌。钻遇石膏或膏泥岩地层时，钻井液液柱压力不能平衡地层坍塌压力，或钻井液中抗盐抗钙处理剂加量不足，使石膏吸水膨胀、分散，也会造成垮塌、掉块。

（4）泥页岩孔隙压力异常。泥页岩是有空隙的，在成岩过程中，由于温度、压力的影响，黏土表面的结合水脱离成为自由水，如果处于封闭的环境内，多余的水排不出去，就在空隙内形成高压。钻井时，如果钻井液液柱压力小于空隙压力，空隙压力就要释放。如果泥页岩空隙很小，渗透率很低，当压差超过泥岩强度时，会把泥岩推向井内。

（5）高压储层的影响。泥页岩一般是砂岩油气水层的盖层和底层，如果这些砂岩油气水层是高压的，在井眼钻穿后，在压差作用下，地层的能量就沿着阻力最小的砂岩与泥页岩的层面而释放出来，使交界面处的泥页岩坍塌入井。

2. 物理化学因素

石油天然气钻井多是在沉积岩中进行的，而沉积岩中多是泥页岩，泥页岩都是亲水物质，不同的泥页岩其水化程度及吸水后的表现有很大不同。泥页岩中黏土含量越高、含盐量越高、含水量越少则越易吸水水化。蒙皂石含量高的泥页岩易吸水膨胀，绿泥石含量高的泥页岩易吸水裂解、剥落。钻井液滤液的侵入，黏土内部又发生新的变化，产生新的应力（孔隙压力、膨胀压力等），会削弱黏土的结构，泥页岩吸水后，强度直线下降，会造成坍塌。泥页岩吸水后要经过一段时间，膨胀压力才会显著上升。所以加快钻井速度，争取在泥页岩大规模坍塌之前把井完成是最经济、最有效的办法。

3. 钻井施工工艺因素

地层的性质及地应力的存在是客观存在、不可改变的，所以我们只能从工艺方面采取措施防止地层坍塌，如果对坍塌的性质认识不清，工艺方面采取的措施不当，也会导致坍塌的发生。

（1）钻井液液柱压力不能平衡地层压力。基于压力平衡理论，首先必须选择适当的钻井液密度，形成适当的液柱压力，这是应对薄弱地层、破碎地层及应力相对集中地层的有效措施。但增加钻井液密度也有两重性：一方面有利于增加对井壁的支撑力；另一方面又会导致钻井液滤液进入地层，增大黏土的水化面积和水化作用，降低泥页岩层的稳定性。在这种情况下，断层或裂缝将释放剪切力而发生横向位移，使井眼形状发生变化，也可使碎裂的地层滑移入井。

（2）钻井液体系和流变性与地层特性不相适应。钻井液排量大、返速高，呈紊流状态，利于携砂，但容易冲蚀井壁岩石，引起坍塌。但如果钻井液排量小、返速低，呈层流状态，某些松软地层又极易缩径。

（3）井斜与方位的影响。在同一地层条件下，直井比斜井稳定，而斜井的稳定性又和方位角有关，位于最小水平主应力方向的井眼稳定，位于最大水平主应力方向的井眼最不稳定。

（4）钻井液液面下降。起钻时不灌钻井液或少灌钻井液；下钻具或下套管时下部装有回压阀，但未及时向管内灌钻井液，以致回压阀被挤毁，环空钻井液迅速倒流；井漏。这些情况会使环空钻井液液柱压力下降，使某些地层失去支撑力而发生坍塌。

（5）钻具组合的影响。为保持井眼垂直或稳斜钻进，下部钻具往往采用刚性组合，但如钻铤直径太大、扶正器过多，环空间隙太小，起下钻容易产生压力激动，导致井壁不稳。

恶性程度：发现不及时或处理不当，往往引起恶性卡钻事故，处理这种事故的工序最复杂，耗费时间最多，风险最大，甚至有全井或部分井眼报废的可能。同时井壁不稳定对钻井、地质录井及测井等方面将会造成极大的困难，在人力、物力及时间上可造成极大的损失：

（1）在正常钻进过程中大大增加钻井液输送岩屑的负担，其结果必然需要提高钻井液黏度和切力等，增加处理剂费用，而且会增加钻井液流动阻力，多耗功能，降低钻井效率，甚至不能顺利进行正常钻井。

（2）在正常钻进中大大增加环空钻井液中的岩屑浓度，当其浓度达到相当数量后（一般不得超过5%），一方面会大大增加钻井液当量循环密度和对地层的压力，从而降低钻速；另一方面还易发生井下复杂情况，如起钻不畅通，摩阻增大，接单根困难，甚至堵塞环空间隙，造成卡钻事故等。

（3）井塌发生后，一般会形成"大肚子"井眼，这会导致许多恶劣后果。

①在"大肚子"井段，钻井液上返速度降低，塌屑几何尺寸又较大，故大量岩屑堆积在此处，一旦停止循环，就会下落而造成卡钻具，起钻遇卡。

②固井注水泥时，在"大肚子"井段的钻井液不易被水泥浆顶替干净，导致固井质量不合格。

③井塌严重时，大量岩屑堆积在井眼内，形成砂桥或填埋井底，其结果是下钻遇阻，下不到底，常常需长时间划眼，甚至造成卡钻事故。

④由于大量塌屑与所钻地层岩屑混杂，所取砂样不能真实反映所钻地层

岩性，致使地质砂样录井失真，影响层位判断的可靠性。

⑤由于井塌井径不规则，常常遇到完井测井提前遇阻，必须通井采取必要的处理措施，延迟完井时间；在完井测井时，仪器中途轻微受阻，电缆拉长，解阻后测井仪器跳过某层段，就会漏测某个小层位，使测井效果欠佳，进行密度测井时，因井径大，仪器不能紧贴井壁，故测不出真实结果，可能由此漏掉油气层。

⑥钻遇水敏特性特强的软泥岩时会引起缩径、起下钻遇阻卡，常须划眼，或大量泥岩水化分散于钻井液中，致使钻井液密度升高，黏切变化大，性能恶化，须进行多次处理，多耗药剂，增加钻井液成本。

二、监测方法

该类的异常监测较复杂，需要具备的知识相对较多，经验的积累亦是相当重要，因为它涉及更多的地质知识甚至钻井液知识。实钻过程中，不仅要监测相关参数的变化，同时还应对区域构造与地层特性、异常形成原因及其他一些信息如钻井液性能、出口岩屑变化等有所关注与认识：

（1）钻进过程中发生坍塌。如果是轻微的坍塌，会使钻井液性能不稳定，密度、黏度、切力、含砂要升高，返出的岩屑增多，可以发现许多棱角分明的片状岩屑，如果坍塌层是正钻地层，表现为钻进困难，立管压力升高，扭矩增大，钻头提起后立管压力下降至正常值，但钻头放不到井底。如果坍塌层在正钻层以上，则表现为立管压力升高，钻头提离井底后，立管压力不降，且上提下放都会阻卡。

（2）起钻时发生井塌。起钻时不会发生井塌，但在发生井漏后，或在起钻过程中未灌满钻井液或少灌钻井液，则随时有发生井塌的危险。井塌发生后，上提遇卡，下放遇阻，而且阻力越来越大，但阻力不稳定，忽大忽小。钻具也可以转动，但扭矩增加。开泵时立管压力上升，停泵时有回压，起钻时钻杆内反喷钻井液。

（3）下钻前发生井塌。在钻头进入塌层以前，开泵立管压力正常，当钻头进入塌层后，则立管压力升高，悬重下降，井口返出量减少或不返，但当钻头一提离塌层，则一切恢复正常。向下划眼时，阻力不大，扭矩也不大，但立管压力忽大忽小，有时会突然升高，悬重也随之下降，井口返出量也呈现忽大忽小的状态，有时甚至断流。从返出的岩屑中可以发现新塌落的带棱角的岩块和经长期研磨而失去棱角的岩屑。

（4）划眼情况不同。如果是缩径造成的遇阻（岩层蠕动除外），经一次划眼即恢复正常，如果是坍塌造成的遇阻，划眼时经常憋泵、蹩钻，钻头提起后放不到原来位置，越划越浅，比正常钻进要困难得多。搞不好还会划出一个新井眼，丢失了老井眼，使井下情况更加复杂。

井塌的发生常常可以从地面上出现的一些现象加以判断，归纳起来，大致有以下几种情况：

（1）在振动筛上可以见到比正常情况下多得多的岩屑，尤其是在中深井段钻速相对比较慢的情况下，更容易觉察出来。过多的岩屑肯定是从不稳定岩层段塌落井内的，说明已发生了井塌。

（2）钻进中循环立管压力突然增大或比正常时高得多，这是岩屑不断塌落致使循环压耗逐渐增加或造成突发性憋泵的结果。当然并不只有井塌才引起立管压力升高，尚有其他许多因素可使立管压力增加，例如，钻井液洗井效果差，钻具泥包，钻井液受污染黏切大幅度上升等，故须进行综合分析判断，才能得出正确结论。

（3）从钻进时取得的岩样进行分析，若发现砂样混杂，已钻过地层在砂样中所占比例很大，而正钻地层岩样较少，且岩屑块较大，形状不规则。

（4）每次起下钻时，井底大段沉砂，必须经长时间、长井段划眼方能到底，尤其是当起钻前经较长时间循环钻井液充分洗井或者调整钻井液性能，提高黏切、增加携砂能力后仍不能消除。这表明大量坍塌物沉积井底，或者由于井塌已造成较大井径，泵排量又相对不足，钻屑、塌屑堆积于此，一旦起钻停泵，即下落至井底。

（5）停泵上提钻具遇卡，开泵循环钻井液则无阻卡现象或阻卡现象较轻，下钻时却相对比较容易。这有两种可能，一是井塌已形成"大肚子"井段，且塌块较大，循环钻井液对钻具上行影响不大，而停泵则落下堆积卡钻具，另一种可能是钻井液携砂能力欠佳，不能把钻屑全部带出井眼。

（6）转盘扭矩增大，井下摩阻升高。

（7）最准确、最可靠判断井塌的定量方法是直接测量实际井径，实测井径扩大或缩小到某个程度可以确定已发生过井塌。

从以上分析可见，井壁垮塌与卡钻类井下复杂发生前及发生过程中大钩负荷、扭矩、转盘转速、泵冲及立管压力等相关参数均有较明显的变化，主要表现为在泵冲不变的情况下，立管压力出现一定幅度的波动，而扭矩则有较大幅度的波动，多呈锯齿状，且时有时无，转盘有一定程度的变化。对这类工程隐患的判断，还有一项重要的参数或现象在现场通常没有引起我们的

足够重视，那就是井口返出岩屑成分与返出量的变化：在事故发生之前的一段时间里，井口返出的岩屑量与正常钻井时相比会有一定程度的增加，并可见到大量的上部地层的掉块。在今后录井过程中，这一现象应当引起现场技术人员足够的重视。

三、典型案例分析

1. 提下钻过程中的井壁坍塌

发生原因：主要是钻进过程中，由于地应力、钻井液性能及地层岩性等因素共同作用，造成井壁失稳、坍塌。

异常表现形式：判断的参数主要有扭矩、悬重、立管压力和泵速及出口岩屑等项参数，其主要表现特征是扭矩、悬重在钻进过程中大幅不规则波动，立管压力亦有一定的波动，而泵速无明显变化，同时出口可见大量上部地层的岩屑掉块。

案例：X88 井挂卡。2009 年 3 月 15 日 18：47，井深 1787.45m，短提下钻划眼到 1619.41m 时，当班操作员发现立管压力由 13.62MPa 上升至15.38MPa，而大钩负荷则由 1099.25kN 下降至 901.13kN，同时钻压也由正常的 10.13kN 上升至 187.09kN，此时扭矩也由正常的 22.5 ~ 26.7kN·m 突然憋至 63.4kN·m，并呈锯齿状大幅波动，同时出口有大量掉块返出（图 5–1）。

操作员及时通知井队，预报井壁坍塌。井队及时活动钻具，反复提下划眼，划眼井段 1612.00 ~ 1619.00m。同时将钻井液密度由 1.35g/cm³ 提至1.39g/cm³，并加磺化沥青 2t，乳化沥青 0.3t，以调整钻井液性能，经处理后井下恢复正常。

2. 钻进过程中的挂卡

发生原因：主要是由于钻进过程中，地层垮塌造成井筒不干净所致。

异常表现形式：判断的参数主要有扭矩、悬重、立管压力和泵速及出口钻屑等项参数，其主要表现特征是扭矩、悬重在钻进过程中大幅不规则波动，立管压力亦有一定的波动，而泵速无明显变化，同时出口可见大量上部地层的岩屑掉块。

案例：A001 井钻进中挂卡。A001 井 2005 年 8 月 28 日 20：32 钻至996.66m 进行循环洗井时，上下活动钻具过程中发现立管压力出现异常。在泵冲速不变（143 冲 /min）的情况下，立管压力由 14.5MPa 升至 15.6MPa，同

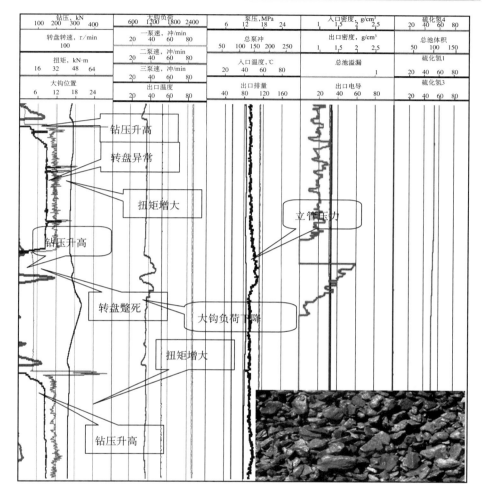

图 5-1　X88 井井壁垮塌、钻具阻卡参数异常变化曲线图

时大钩负荷也有较大幅度的波动，而在此之前，钻至井深 866.05m 后短提至井深 815.00m 过程中，开始出现挂卡。大钩负荷由 868kN 增至 1357kN。扭矩也出现锯齿状大幅度的波动，幅度达 30% 以上（图 5-2），井段 815.00 ～ 681.70m（2:13—3:15）短程提下活动钻具时，多次出现挂卡。并且出口有大量掉块返出。现场录井技术人员综合分析判断为井壁垮塌，操作员及时向井队进行了通报。井队收到预报后及时调整钻井液性能，并反复提下，活动钻具，后再钻至井深 1053.88m 后短提至 1033.00m 开始出现挂卡。大钩负荷由 971kN 增至 1368kN。在井段 1033.00 ～ 994.00m（00:02—00:23）

多次出现挂卡。由于短提困难，从1033.00m倒划眼提钻至730.00m。钻至井深1187.21m，短提至井深1165.25m开始出现挂卡。大钩负荷由870kN增至1328kN。在井段1165.25～915.00m（14:03—19:30）多次出现挂卡。从井深1165.25m开始倒划眼提钻至井深915.00m。通过反复活动钻具，并调整钻井液性能，使井下逐渐恢复正常。由于预报、处理及时，避免了一次大的工程事故。

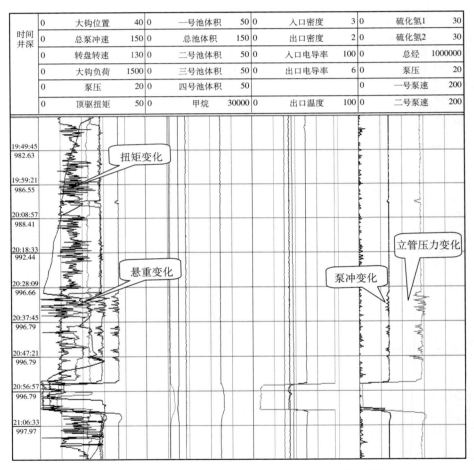

时间 井深	0	大钩位置	40	0	一号池体积	50	0	入口密度	3	0	硫化氢1	30
	0	总泵冲速	150	0	总池体积	150	0	出口密度	2	0	硫化氢2	30
	0	转盘转速	130	0	二号池体积	50	0	入口电导率	100	0	总烃	1000000
	0	大钩负荷	1500	0	三号池体积	50	0	出口电导率	6	0	泵压	20
	0	泵压	20	0	四号池体积	50				0	一号泵速	200
	0	顶驱扭矩	50	0	甲烷	30000	0	出口温度	100	0	二号泵速	200

图5-2　A001井井壁垮塌、钻具阻卡参数异常变化曲线图

A001井与前期已钻的H10井同属准噶尔盆地南缘霍尔果斯地区，通过对两口井钻井情况的综合分析可以发现，A001井在钻井过程中，自井深

500 ~ 2000m，挂卡频繁，而该井段岩性为巨厚灰褐色泥岩夹薄层泥质粉砂岩，出现挂卡的原因可能是由于井下井壁失稳造成井壁垮塌。而从扭矩参数变化情况来看，其变化幅度达到30% ~ 40%甚至更高，曲线形态多呈锯齿状。霍10井对应井段亦有基本相同的情况。在该地区今后录井过程中，在钻遇本段泥岩时，要重点关注扭矩、立管压力等的变化情况及变化幅度，并及时复查出口岩屑返出数量及成分的变化，以正确判断井下工况。

3. 硬脆性地层及构造双重影响造成井壁垮塌、阻卡

发生原因：钻遇火成岩及变质岩、石灰岩等硬脆性地层，受岩性及构造双重影响，造成井壁垮塌。

异常表现形式：判断的参数主要有扭矩、悬重、转盘转速、立管压力和泵速及地层岩性等项参数，其主要表现特征是扭矩、悬重在钻进过程中大幅不规则波动，转盘转速亦有一定的波动，立管压力也有一定的波动，但泵速无明显变化，同时出口可见大量上部地层的掉块。

案例：TC1井阻卡。以石炭系为主要目的层，在该井的钻井过程中，频繁发生地层垮塌，给钻井施工造成了很大困难，通过对全井工程事故情况的分析统计，自进入石炭系后，岩性多为安山岩、玄武岩、凝灰岩、碳质泥岩、火山角砾岩，岩性较脆硬，且石炭系内部断层及裂缝发育，造成钻井过程中易垮塌。录井过程中捞取的岩屑中含有大量的掉块（图5-3）。以2009年5月6日的一次挂卡为例，当日钻至井深1125.17m时，转盘整停由57r/min降为0，扭矩由正常的6.3 ~ 10.9kN·m突增至25.3kN·m，活动钻具继续钻进，钻压出现蹩跳由240 ~ 280kN增至20 ~ 550kN，转盘频繁整停，出口始终有大量岩屑返出（图5-4）。划眼至7：15恢复正常。

4. 区域构造、地层等多重因素造成的井下阻卡

发生原因：主要是由于泥岩地层塑性及山前地应力的存在，造成井下地层缩径、垮塌。

异常表现形式：判断的参数主要有悬重、扭矩、立管压力和泵速及岩性等参数，其主要表现特征是钻进过程中，悬重、扭矩不规则地大幅波动，严重时立管压力亦有一定的波动，而泵速无明显变化或略升，通常钻遇地层多为泥岩，在出口可见大量上部地层掉块。

案例：准噶尔盆地南缘H10井区工程事故及隐患分析

在准噶尔盆地南缘山前钻井过程中，处理复杂及事故的成本在整个钻井成本中占较大的比重，这些复杂与事故不仅造成了大量钻井的成本损失，还

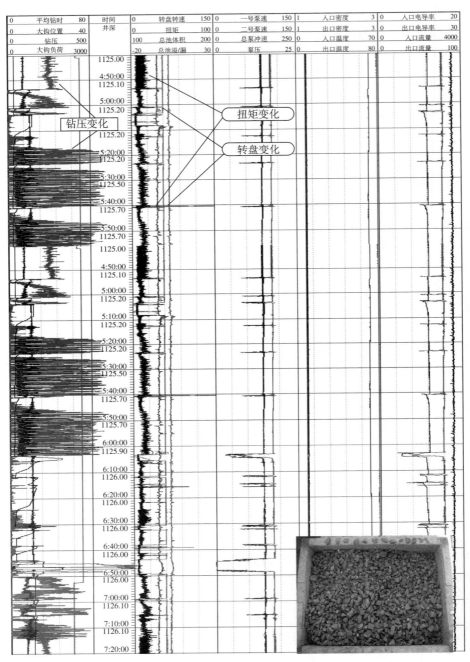

图 5-3　TC1 井井壁垮塌、钻具阻卡参数异常变化曲线图

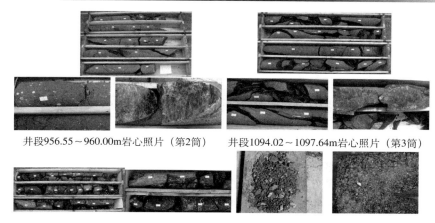

井段956.55～960.00m岩心照片（第2筒）　　井段1094.02～1097.64m岩心照片（第3筒）

井段1581.72～1584.35m岩心照片（第6筒）　　TC1井岩屑实物照片

图 5-4　TC1 井岩性实物照片

严重制约了钻井速度的提高。通过对该地区已钻井的事故统计、分类与分析可以看出，阻卡类事故在所有工程事故中几乎占到了 50%（图 5-5），而它也是对钻井施工进度、成本影响最大的一类。那么造成这些事故的因素主要是什么呢？通过对该区典型井 H10 井的钻井过程及事故隐患进行深入分析发现，事故的发生与该井所处构造位置及地层岩性等因素紧密相关。H10 井位于准噶尔盆地北天山山前坳陷霍尔果斯背斜上。该背斜位于南缘地表第二排构造带中段，由于第一排构造带在喜马拉雅期急剧隆升，使山前大断裂至第二排背斜带断层上盘地层抬升，导致安集海河组以上沿该组塑性泥岩层产生重力滑脱，形成了上部薄皮冲断构造。其下盘古近—新近系塔西河组 – 白垩

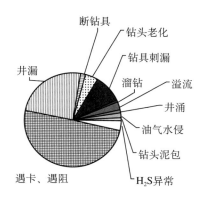

图 5-5　南缘工程事故异常分类统计图

系为两翼较陡且基本对称的完整长轴背斜，侏罗系以下发育"Y"字形或花状断裂。

从实际钻探及测井资料来看，H10 井 N_1t 倾角随深度增大而增大，倾角 60°～81°，倾向南倾 170°～180°；N_1s 变化不大，倾角 72°～75°，倾向 180°～225°；$E_{2-3}a$（1820.00～2628.00m）倾角、倾向杂乱，倾角 78°，倾向 150°；在 $E_{1-2}z$（2892.40～2899.34m）岩心资料同样显示波状层理及斜层理发育，岩心倾角 8°～15°。由此可以说明，本井在背斜所钻遇的主要圈闭层位 $E_{2-3}a$、$E_{1-2}z$ 是在构造高部位。

分析过程中，将该井的施工进度图与录井剖面图、井下复杂统计及构造、断层进行叠置（图 5-6），可以更清楚地看到，这些阻卡类事故集中在了断层带，是造成工程施工进度滞后的重要因素。分析本井的地质特征，可以知道，本段岩性上部为深灰色、灰色、浅灰色泥岩、灰白色含钙泥岩及泥质粉砂岩和粗砂岩薄层，中部以绿灰色泥岩、粉砂质泥岩为主，偶夹灰色泥质粉砂岩及绿灰色含石膏泥岩；下部以褐色、褐灰色泥岩、粉砂质泥岩为主，上部夹少量绿灰色泥岩，中下部夹灰色、褐灰色、褐色泥质粉砂岩、粉砂岩薄层；在岩屑录井过程中，井段 2380.00～2550.00m 泥岩岩屑中可见划痕，在 2448.36～2451.86m 取心，岩心破碎严重，普遍见划痕，分析为断层产物，由此分析破碎带厚度较大，约 200.00m；在钻井过程中，一直伴随着大量的掉块，个别非常巨大（图 5-7）。

通过分析该井的钻井过程可知，由于井下复杂，该井共发生重大卡钻 9 次（其中侧钻 1 次），以 2002 年 10 月 22 日的卡钻为例，当日 16：13 钻进至井深 1991.39m，上提钻具至井深 1968.66m，在向下划眼过程中，扭矩由正常的 27.94kN·m 上升至 39.92kN·m，并呈锯齿状大幅波动，幅度达 30% 以上；总泵冲由 110 冲 /min 下降至 68 冲 /min，而立管压力由 18.66MPa 上升至 19.61MPa，停泵后，立管压力下降缓慢；而且在上提下放钻具过程中挂卡，大钩负荷上提最大达 1955.56kN，下放时最小为 655.36kN，正常悬重为 1360kN（图 5-8）。录井现场预测为井壁垮塌、卡钻，建议井队反复上下活动钻具。实际情况卡钻，后经过爆炸、松扣等措施，于 10 月 31 日提出落鱼，事故处理完毕。自 10 月 22 日 16：25 卡钻至 10 月 31 日 5：10 事故解除，处理事故共耗时 204 小时 45 分钟。

在完成了单井分析后，该井的这些工程事故隐患是否具有区域性呢？将该背斜构造上所钻的 3 口井进行剖面连接（图 5-9），进行横向对比发现，该井区工程事故及异常与地层及构造的相关性以及颁布的规律性更为明显。严

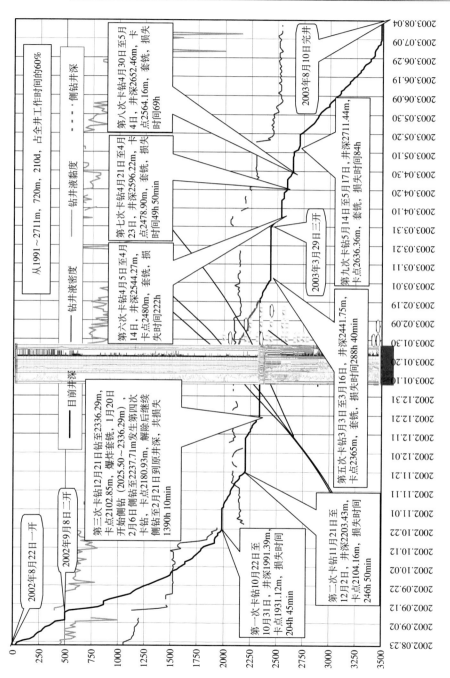

图 5-6　H10 井工程进度与地层剖面、构造叠置图

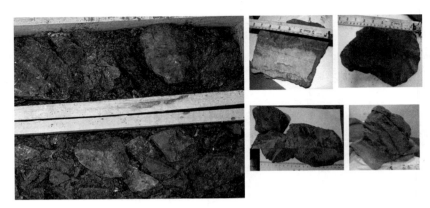

图 5-7　H10 井岩心及地层掉块照片

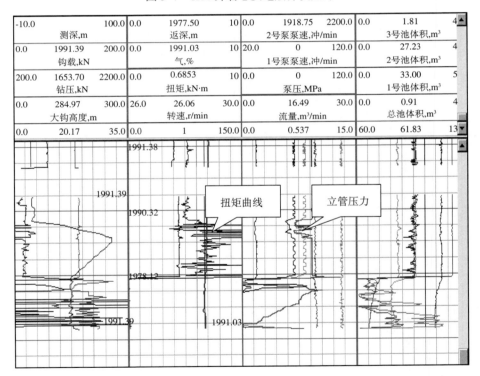

-10.0	测深,m	100.0	0.0	1977.50 返深,m	10	0.0	1918.75 2号泵泵速,冲/min	2200.0	0.0	1.81 3号池体积,m³	4
0.0	1991.39 钩载,kN	200.0	0.0	1991.03 气,%	10	20.0	0 1号泵泵速,冲/min	120.0	0.0	27.23 2号池体积,m³	4
200.0	1653.70 钻压,kN	2200.0	0.0	0.6853 扭矩,kN·m	10	0.0	0 泵压,MPa	120.0	0.0	33.00 1号池体积,m³	5
0.0	284.97 大钩高度,m	300.0	26.0	26.06 转速,r/min	30.0	0.0	16.49 流量,m³/min	30.0	0.0	0.91 总池体积,m³	4
0.0	20.17	35.0	0.0	1	150.0	0.0	0.537	15.0	60.0	61.83	13

扭矩曲线　　立管压力

1991.38

1991.39

1990.32

1978.12

1991.39

1991.03

图 5-8　H10 井突发性井壁垮塌、钻具阻卡参数异常变化曲线图

重的挂卡、卡钻及井壁垮塌均发生在安集海间组内的主断层内，而井漏多发生在下部的紫泥泉子组。这说明，在南缘钻井过程中，工程隐患与地层岩性、压力等具有一定的相关性，需要今后在进行钻井设计与施工时给予足够的重

视。井壁垮塌与卡钻类事故多发生在钻遇大段泥岩（如安集海河组）的过程中，且事故发生与发展具有一定的规律：在恶性事故发生之前的一段时间里，扭矩、立管压力、悬重及井口返出岩屑数量与成分等项参数具有较明显的变化，只要在此过程中重视分析这些参数的历史变化情况，就可以更多地避免事故的发生；受地层与构造的双重影响，南缘地层普遍具有钻井液密度窗口小的特点，在录井过程中一方面要加强地层压力监测与评价，为井队提供准确的地层压力评价，另一方面，要密切关注池体积等项参数的变化，及早发现井漏，避免增加损失。

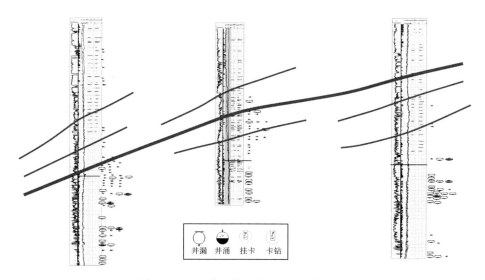

图 5-9　H10 井区构造与工程异常剖面图

5. 突发性挂卡

发生原因：在井壁垮塌与挂卡类事故中，还有一类偶然性较大的事故，就是突发性的挂卡及卡钻事故，其发生具有很大的偶然性，通过录井实时监测可以及时发现，但却很难进行提前预测。

异常表现形式：判断的参数主要有立管压力、泵速和悬重三项参数，其主要表现特征是立管压力、悬重突然上升，而泵速无明显变化或略升。

案例：A001 井，2005 年 9 月 19 日 3:31 钻完水泥塞，划眼至 2534.51m 时，在转盘转速和泵冲保持不变的情况下，扭矩由 8～9kN·m 增至 13kN·m，立管压力由 12.0MPa 增至 14.7MPa，上提钻具大钩负荷由 1060kN

增至 1305kN（图 5-10）。操作员及时通知了井队，预报为挂卡蹩泵，3:30—7:10 井段 2534.51 ~ 2537.46m 多次挂卡蹩泵。后再划眼至井深 2544.15m，活动钻具提至井深 2531.06m，泵冲不变，立管压力由 12.30MPa 升至 16.57MPa，泵冲由 45r/min 降至 0r/min，立管压力由 14.50MPa 降至 9.00MPa，大钩负荷由 1225.10kN 上升至 1575.50kN。7:10—9:08 井段 2537.46 ~ 2544.15m 多次挂卡蹩泵，经事后分析，是由于套管内水泥掉块造成钻具挂卡、蹩泵。

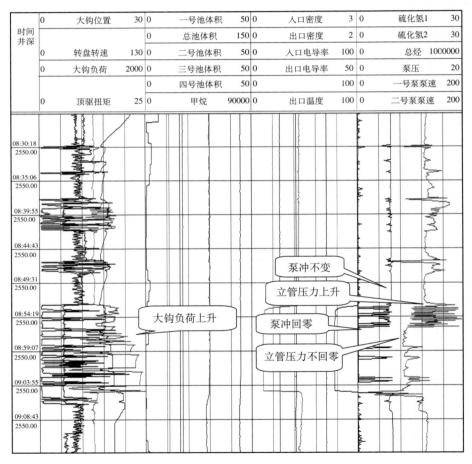

图 5-10　突发性井壁垮塌、钻具阻卡参数异常变化曲线图

第二节　井漏类复杂与事故

井漏是指在油气钻井工程作业中钻井液漏入地层的一种井下复杂情况。在钻井过程中，一方面岩层孔隙流体存在地层压力，另一方面井眼中钻井液也会产生液柱压力，正常情况下，用液柱压力来平衡地层压力，为保持钻进、起下钻状态的压力平衡，还需要再附加压力 0.05 ～ 0.15g/cm³。当这种平衡被破坏后就会发生井漏、油气水侵、溢流、井涌等。在渗透性好的地层中，当钻井液液柱压力大于地层孔隙压力时会发生漏失。井漏可能是天然的漏失，如天然裂缝、溶洞性地层漏失，粗颗粒胶结差或未胶结的渗透性漏失；也可能是人为引起的，如施工措施不当，破坏了压力平衡，引起漏失。

一、井下复杂与事故原因

井漏是钻井过程中最普遍、最常见的井下复杂情况之一，油气勘探、开发和钻井作业造成的危害极大，及时发现与处理井漏，恢复正常钻进是非常重要的工作。

凡是发生钻井液漏失的地层，必须具备下列条件：

（1）地层中有孔隙、裂缝或溶洞，使钻井液有通行的条件；地层孔隙中的流体压力小于钻井液液柱压力，在正压差的作用下，才能发生漏失。

（2）地层破裂压力小于钻井液液柱压力和环空压耗或激动压力之和，把地层压裂，产生漏失。形成这些漏失的原因，有些是天然的，即在沉积过程中或地下水溶蚀过程中，或构造活动过程中形成的，同一构造的相同层位在横向分布上具有相近的性质。

1. 渗透性漏失

如图 5-11（a）所示，这种漏失多发生在粗颗粒未胶结或胶结很差的岩层中，如粗砂岩、砾岩、含砾砂岩等，只要它的渗透率超过 14D，或者它的平均粒径大于钻井液中数量最多的大颗粒粒径的 3 倍时，在钻井液液柱压力大于地层孔隙压力时，就会发生漏失。

2. 天然裂缝、溶洞性漏失

如图 5-11（c）和图 5-11（d）所示，如石灰岩、白云岩的裂缝、溶洞、不整合面、断层、地应力破碎带、火成岩侵入体等都有大量的裂缝和孔洞，在钻井液液柱压力大于地层压力时会发生漏失，而且漏失量大，漏失速度快。

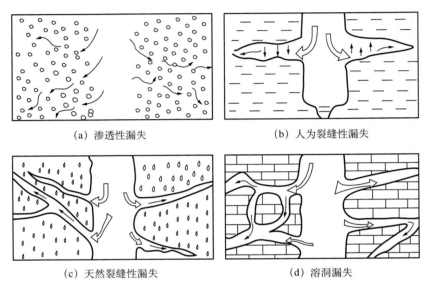

(a) 渗透性漏失　　　　　　　　(b) 人为裂缝性漏失

(c) 天然裂缝性漏失　　　　　　(d) 溶洞漏失

图 5-11　漏失的原因及类型

3. 孔隙—裂缝性漏失

即前两者因素都具备的综合性漏失。

4. 人为因素造成的井漏

井漏也可以是由人为因素造成的［图 5-11（b）］，这些人为因素包括以下几种：

（1）油田注水开发之后，地层孔隙压力的分布与原始状态完全不同，出现了纵向上压力系统的紊乱，上下相邻两个油层的孔隙压力可能相差很大，而且是高压、常压、欠压层相间存在，出现了多压力层系。造成这些地层压力高低变化的原因如下：

①有的层只采不注或采多注少，能量补充不上，形成低压。

②断层遮挡或是地层尖灭，注水井和采油井连通不起来，注入区形成高压，生产区形成低压。

③不同层位的渗透性差别很大，在注水过程中，渗透性好的地层吸水量大，渗透性差的地层吸水量少，形成了不同的地层压力。

④有的层注多采少，或只注不采，形成高压，而常压层则相对成为低压层。

⑤由于固井质量不好，管外窜通，或封隔器不严，管内窜通，或者油层套管发生了问题，如断裂、破裂、漏失，不可能按人们的愿望达到分层配注的目的，该多注的注少了，该少注的注多了，该注的层位没有注进水，不该注的层位却注进了不少的水，于是人为地制造了不少的高压层。在此种区块钻调整井，为了防止井喷，不能不用高密度钻井液钻井，于是那些本来是常压的地层，也相对地变成低压层了，漏失的可能性增加了，而且这些井的漏失往往是多点的长井段的漏失，还可能是喷、漏交替发生。

（2）由于注水开发，地层破裂压力也发生了变化，从上而下各层的最低破裂压力梯度不同，其大小与埋藏深度无关，高低压相间存在。在同一层位，上中下各部位破裂压力不同。在平面分布上，同一层位在平面上的不同位置破裂压力梯度也不同。造成地层破裂压力梯度下降的原因如下：

①压裂、酸化等增产措施使地层裂缝增加。

②注水清洗的结果使地层胶结程度变差、孔隙度变大，不合理的注水又诱发了微细裂缝的产生。

③由于生产油气，地层孔隙压力下降。

④由于各区块、各层位的注采程度并不均衡，导致地应力的发生、聚集与释放，产生了许多垂直裂纹。

（3）施工措施不当，造成了漏失。漏失与不漏失是相对而言的，有些地层有一定的承压能力，在正常情况下可能不漏，但因施工措施不当，使井底压力与地层压力的差值超过地层的抗张强度和井筒周围的挤压应力时，地层就会被压出裂缝，发生漏失。造成这种现象的原因有以下几种。

①在加重钻井液时，控制不好，使密度过高，压漏了裸眼井段中抗压强度最薄弱的地层。经验证明，最易压漏的地层是技术套管鞋以下的第一个砂层。

②下钻或接单根时，下放速度过快，造成过高的激动压力，压漏钻头以下的地层。

③钻井液黏度、切力太高，开泵过猛，造成开泵时过高的激动压力，压漏钻头附近的地层。

④快速钻进时，排量跟不上，岩屑浓度太大，钻铤外环空有大量岩屑沉

淀，开泵过猛，压力过高，将钻头附近地层压漏。

⑤钻头或扶正器泥包，不能及时清除，以致立管压力升高，憋漏地层。

⑥因各种原因，井内钻井液静止时间过长，触变性很大，下钻时又不分段循环，破坏钻井液的结构力，而是一通到底，开泵时憋漏地层。

⑦井中有砂桥，下钻时钻头进入砂桥，由于环空循环不畅，即使用小排量开泵，也会压漏地层，漏失层就在钻头所在位置。

⑧井壁坍塌，堵塞环空，憋漏地层。

恶性程度：井漏对油气勘探、开发和钻井作业造成的危害极大，归纳起来主要有如下几个方面：

（1）损失大量的钻井液，甚至使钻井作业无法进行，井漏的严重程度不同，损失的钻井液量也不一样，少则十几立方米，多则几千甚至上万立方米。

（2）消耗大量的堵漏材料，堵漏是处理井漏的主要手段，往往一次很难见效，需要进行多次，会消耗大量的堵漏材料。

（3）损失大量的钻井时间，井漏到了一定程度，无法继续钻进，必须停钻处理，少则几十小时，多则十几天甚至数月之久。

（4）影响地质工作的正常进行，井漏发生后，尤其是失返井漏，钻屑返不到地面，取不到随钻砂样，对地层无法鉴别，若钻遇的正好是油气层，就会影响对油气层资料的分析。

（5）可能造成井塌、卡钻、井喷等其他井下复杂情况或事故，井漏后，井内液面下降，液柱压力降低，使得井内液柱压力不能平衡地层压力，造成较高地层压力中的油气进入井筒，发生溢流或井喷。由于液柱压力降低，不能抗衡井壁应力，导致井塌甚至卡钻。如果处理失当，还会导致部分井段或全井段报废。

（6）造成储层的严重伤害，如果漏层就是储层，大量钻井液的漏入及大量堵漏材料的进入，肯定会对储层造成严重的伤害。

二、监测方法

井漏是录井过程中较容易发现的一类复杂，判断井漏的录井参数有钻井液出口排量、钻井液池体积、立管压力及泵排量等参数。其最直观表现就是地面钻井液罐液面的下降，或井口钻井液返出量小于注入量，严重时井口甚至无钻井液返出。凡是因液柱压力不平衡而造成的井漏，往往是立管压力下降，钻井液进多出少，或只进不返，甚至环空液面下降。凡是因操作不当而造成的井漏，往往表现为立管压力上升，钻井液进多出少，或只进不返，但环空液面不下降，停泵后钻柱内有回压，但活动钻具时除正常摩阻力外，没有额外的阻力。凡是因井塌或砂桥堵塞环空而造成的井漏，则立管压力上升，钻井液进多出少，或只进不返，停泵时有回压，活动钻具时有阻力而且阻力随着漏失量的增大而增加。

三、典型案例分析

案例：JL041 井钻进井漏。2008 年 11 月 23 日 14:20 钻进至井深 3356.33m，钻井液密度 1.33g/cm³，漏斗黏度 66s，泵冲（197 冲/min）和立管压力（21.6MPa）不变，总池体积由 14:14 的 79.13m³ 下降至 78.59m³，漏失钻井液 0.54m³，漏速为 5.4m³/h，其他相关录井参数无异常（图 5-12）。当班操作员发现异常后，经检查传感器及信号采集无误后，确定为井漏，并及时向井队预报，井队继续钻进至井深 3357.00m，共漏失钻井液 7.90m³，平均漏速 6.32m³/h。核实后开始处理钻井液，钻进中补充胶液，将钻井液密度逐渐降至 1.32g/cm³ 后未出现井漏，井下作业恢复正常。

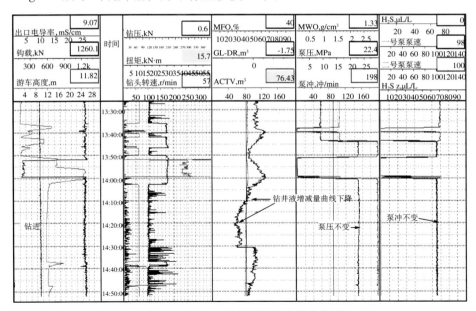

图 5-12　JL041 井井漏异常曲线变化图

案例：提钻井漏。A001 井，2005 年 11 月 22 日 21:00—21:25 提钻

至 2431.15m 注加重钻井液时漏失钻井液 12.8m³，漏速 30.7m³/h，漏失钻井液密度为 2.34g/cm³，黏度 81s，11 月 23 日 2:10 提钻完。4:05—4:35 下钻至 1126.61m 注钻井液（2.35/110s）时漏失钻井液 6.0m³，漏速 12.0m³/h（图 5-13），漏失钻井液密度 2.45g/cm³，漏斗黏度 150s。井漏地层 $E_{1-2}z$，上部井段 3380.00 ~ 3450.00m 砂岩井漏。准备下钻堵漏。09:05—11:15 循环钻井液、测后效中井漏，漏失钻井液 4.5m³，漏速 2.0m³/h，漏失钻井液密度为 2.45g/cm³，漏斗黏度 119s。12:07—12:25 循环中井漏，漏失钻井液 0.9m³，漏速 2.7m³/h，漏失钻井液密度为 2.45g/cm³，漏斗黏度 119s。12:25—13:00 注堵漏钻井液 30.4m³，堵漏钻井液浓度 10%，漏失钻井液 2.2m³，漏速 3.8m³/h，漏失钻井液密度为 2.35g/cm³，漏斗黏度 110s。23:40—00:55 提钻至井深 2694.56m 注加重钻井液 111.4m³，漏失钻井液 10.6m³，漏速 8.5m³/h，加重钻井液密度 2.45g/cm³，漏斗黏度 140s。

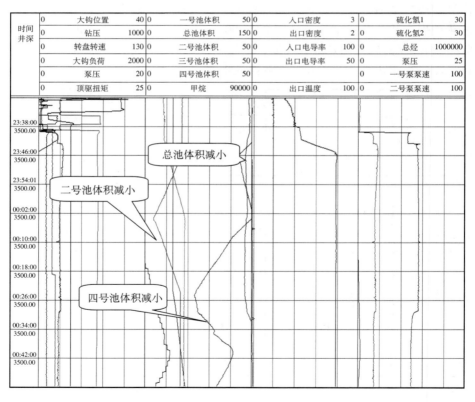

图 5-13　A001 井提钻井漏异常曲线变化图

案例：下钻井漏。2008 年 11 月 19 日 15：50，JL041 井下钻至井深 2108.23m，总池体积未增加，一起保持 76.48m³，井口不返钻井液，当班操作员在对录井参数及传感器进行检查无误后，判断为井漏（图 5-14），并及时通知井队。至 17：14 下钻至钻头位置 2432.18m，总池体积为 62.99m³，其间间断向井筒内灌钻井液 13.49m³。17：10 起，井队提钻至井深 1974.00m，地面配堵漏钻井液 100m³（加综合堵漏剂 6t，重晶石粉 4t）。下钻分段开泵循环观察无漏失（分段下钻点为 2118.00m、2262.00m 和 2550.00m），筛堵漏剂，循环中钻井液密度不均匀（1.29 ~ 1.33g/cm³），黏度为滴流，流动困难，开单泵低排量循环，20 日 14：00—18：00 加入重晶石粉 10.00t，至 19：00 钻井液密度为 1.33g/cm³。21 日 11：00—19：00 下钻，下钻中在井段 2672.00 ~ 3096.00m 多处出现遇阻，经反复上提下压后恢复下钻，上提顺畅，最大下压 400kN，井段 2690.00 ~ 2710.00m 上提出现拔活塞现象，出口返钻井液 1.50m³（钻井液密度 1.33g/cm³，漏斗黏度 67s）。

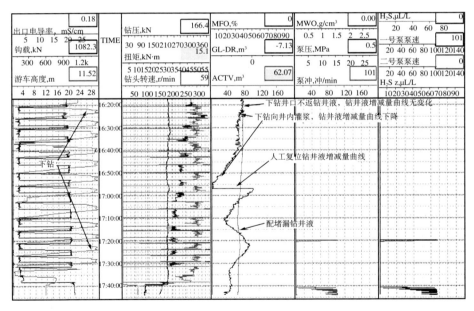

图 5-14　JL041 井下钻井漏异常曲线变化图

案例：JL041 井循环井漏。2008 年 11 月 09 日 04：56 下钻划眼至井深 2932.23m，钻井液密度 1.32g/cm³，漏斗黏度 70s，在泵冲（195 冲 /min）和立管压力（20.6MPa）不变的情况下，总池体积由 04：50 的 82.26m³ 下降至

81.70m³，漏失钻井液 0.56m³，漏速为 5.6m³/h。继续观察循环划眼至 05：33，总池体积下降为 77.65m³，漏失钻井液 4.05m³，漏速为 6.57m³/h，其他相关录井参数无异常（图 5-15）。循环观察，加堵漏材料 5t，11：00—12：00 加重晶石粉 2t，密度由 1.32g/cm³ 升至 1.33g/cm³，黏度无明显变化。14：20—15：20 加乳化沥青 10t，17：00—18：00 加防卡滤失剂 0.3t。后循环观察未出现井漏。

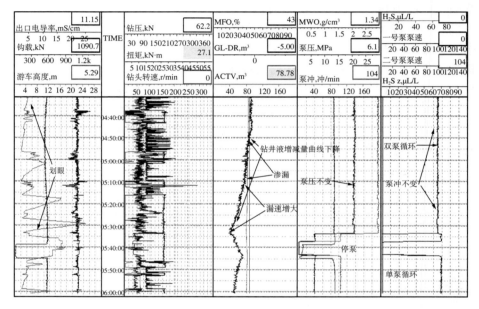

图 5-15　JL041 井循环井漏异常曲线变化图

第三节　井涌、井喷类复杂与事故

　　对渗透性或裂缝性地层，当井内有效压力小于地层压力（负压差）时，在负压差作用下，地层流体会侵入井眼。即在井眼环空裸眼中任一位置，如果环空流体压力低于该处地层压力时，地层流体均可进入井眼。大量地层流体进入井眼后，就有可能产生井涌、井喷，甚至着火等，酿成重大事故。因此，在钻井过程中，及时发现与预报异常，采取有效措施进行油气井压力控制是钻井安全的一个极其重要的环节。

一、井下复杂与事故原因

在钻井过程中，一方面岩层孔隙流体存在地层压力，另一方面井眼中钻井液也会产生液柱压力，正常情况下，用液柱压力来平衡地层压力，为保持钻进、起下钻过程中井筒内的压力平衡，还需要再附加压力 0.05 ~ 0.15g/cm³。当这种平衡被破坏后就会发生井漏、油气水侵、溢流、井涌等。在渗透性好的地层中，当地层孔隙压力大于静液柱压力时，地层流体会侵入井内，发生油气水侵或溢流，甚至井涌、井喷。

造成井涌及至井喷必须具备 3 个基本条件：（1）要有连通性好的地层；（2）要有流体（油、气、水）存在；（3）要有一定的能量，也就是说，要有一定的地层压力。

地层压力是指作用在岩石孔隙内流体上的压力，故称作地层孔隙压力。在地层沉积中，正常地层压力等于从地表到地下该地层深处的静液柱压力，其值大小取决于孔隙内流体的密度，如为淡水，则正常地层压力梯度为 0.01，当量密度为 1.00；如为盐水，则正常地层压力梯度为 0.0107，当量密度为 1.07。但是由于各种原因，地层压力并不总是遵守这个规律，有的高于正常压力，有的低于正常压力。高于正常压力的称为异常高压，低于正常压力的称为异常低压。

在钻井过程中，一方面岩层孔隙中的流体存在压力 p_p，称为地层压力，另一方面井眼中的钻井液也会产生液柱压力 p_m，称为井底压力，在正常情况下，用井底压力 p_m 来平衡地层压力 p_p，因此，为了保持地层和井眼系统的压力平衡，应该提供一个附加压力 p_e，并建立和维持下列平衡关系：

$$p_m = p_p + p_e$$

若 $p_m = p_p$，则 $p_e = 0$，在这种情况下，虽可维持钻进，但起钻时可能导致井喷。因为起钻时有个抽汲压力，根据实验结果，抽汲压力相当于减少钻井液密度 0.03 ~ 0.13g/cm³。

若 $p_m > p_p$，则 p_e 正值，在这种情况下，可以维持正常钻进，在起钻时只要抽汲压力不大于 p_e，就不会引起井喷。

若 $p_m < p_p$，则 p_e 负值，则井下处于不稳定状态。若 p_e 的绝对值不大于循环钻井液时的环空压耗，可以勉强维持钻进，但不能停泵，一旦停泵就会产生溢流。若 p_e 绝对值大于循环钻井液时的环空压耗，则在钻进时即可产生

溢流。

由此可以得出结论，只要在渗透性好的地层中有流体存在，不论其压力高低，只要它的压力高于钻井液液柱压力就能产生溢流。由于溢流，环空液柱压力越来越低，势必导致井涌甚至井喷。

井底压力为什么会小于地层压力呢？究其原因有以下几种：

（1）地层压力掌握不准，设计的钻井液密度过低。没有准确的地层压力资料，也没有进行及时的地层压力检测，设计的钻井液密度低于地层压力的当量密度，这是在新探区经常碰到的事。即使已经开发的老油田，由于注水开发，地下的压力系统已不是原来的压力系统，有的开发层地层压力已经降到静水柱压力以下，但有的地层或个别区域由于注入水能量集中，形成了异常高压。这些情况用现有的压力检测方法是不能解决问题的，所以在钻井时往往要打遭遇战。

（2）钻井液液柱高度降低。这是因为：①起钻时没有灌入钻井液，或灌入量不足，使液面降低；②钻遇溶洞、裂缝性地层，发生大量漏失，使液面降低；③钻井液液柱压力超过某些地层的破裂压力，发生漏失，使液面降低。液面降低之后，液柱压力也就自然降低了。

（3）钻井液密度降低。这是因为：①钻开油、气、水层后，地层内流体侵入井内，导致钻井液密度下降，如果循环至地面未能及时清除，被污染的钻井液又被注入井内，将加剧油气侵，使密度进一步降低；②地面水的混入，如处理钻井液时加水过多，下雨时不加防护，搞卫生时把大量清水冲入钻井液循环系统，都足以使钻井液密度下降；③钻具或套管带有回压阀时，在下钻的过程中，不向管内灌钻井液，或灌入量很少，在循环钻井液时把大量空气混入，造成人为的气侵，也降低了钻井液密度。

（4）起钻时的抽汲压力。在起钻过程中，钻具在井内的向上运动将引起井内液压降低，所降低的压力称为抽汲压力。抽汲压力和钻井液性能、环空大小、钻具结构、起钻速度有直接关系，许多井喷发生在起钻过程，就是抽汲压力起了促喷作用。

（5）停泵时环空压耗消失。循环钻井液时，立管压力主要消耗在两个方面：一方面是钻井液循环系统的摩阻损耗，通常称为压耗；另一方面是作用在钻头水眼上的压降，它转变为水力功能用于破碎地层和携带岩屑。压耗的绝大部分损失在钻柱内的流动摩阻，只有一小部分损失在环空流动摩阻，在近平衡压力钻进时，正是这一部分压耗对地层压力起着平衡作用，一旦停止循环，便失去了这部分环空压耗，导致井底压力小于地层压力。

包括种类：地层岩性、流体（油、气、水、H_2S）、溢流、井涌、油气水侵、井漏等。

恶性程度：一般性的复杂，严重的也可造成井塌、卡钻、井喷等井下复杂和事故。

二、监测方法

凡是油层、油气同层或水层由溢流而发展为井喷总有一个渐变的过程，只要安装有井控装置，完全有时间做好井控工作。但是气层则不然，从溢流到井喷是一个短暂的过程，有时只有几分钟的时间。

气体遵守以下规律：

$$p_1V_1/T_1=p_2V_2/T_2$$

假定 p_1、V_1 和 T_1 分别为天然气在井底时的压力、体积和温度，p_2、V_2 和 T_2 分别为天然气运移到井口时的压力、体积和温度。可以看出，天然气在向上运移的过程中，随着温度的下降，体积要有些许收缩，但随着压力的下降，体积要大量地膨胀。井底的天然气到井口时体积要膨胀数百倍甚至上千倍，其速度之快、能量之大，可想而知，所以及时发现溢流是搞好井控工作的前提。

根据地层压实原理，凡是高压地层一般都是欠压实的，所以在接近高压层或钻开高压层时，钻速要加快，某些裂缝发育的地层，还会发生跳钻或蹩钻现象。所以遇到钻速加快或有蹩钻、跳钻现象时，要注意观察是否会发生溢流，只要有地层流体侵入井内，必然有以下现象发生：

（1）钻井液返出量增大。返出量与注入量之差值就是地层流体的侵入量。

（2）钻井液池液面上升。液面上升越快，说明侵入量越多。

（3）循环系统压力上升或下降。若地层压力高于井底压力，打开高压层时，立管压力会上升。但由于油、气、水的侵入，环空液柱压力下降，又可使循环系统立管压力下降。

（4）钻进时悬重增加或减少。当钻开高压层时，井底压力增加，悬重要下降。钻井液油气侵后，密度降低，悬重又会增加。若钻遇高压盐水层，盐水密度大于井浆密度时，则悬重下降，盐水密度小于井浆密度时则悬重增加。

（5）出口钻井液参数因地层流体性质不同而变化。发生油气侵时，出口钻井液密度降低，黏度上升，出口电导率下降；而发生水侵时，则表现为出口钻井液密度降低，黏度下降。

（6）返出的钻井液中有油花气泡出现，这是进入油气层的直接标志。

（7）若地层中有硫化氢逸出，钻井液会变成暗色，同时可嗅到臭鸡蛋味。

（8）若钻遇盐水层，则钻井液中氯离子含量增加；若钻遇油气层，则气测录井的烃类含量急剧增加。

（9）起钻时灌不进钻井液，或灌入量小于起出的钻具体积。

（10）停止循环时，井口钻井液不间断地外溢。

（11）下钻时返出的钻井液量多于下入钻具应排出的体积，井口外溢间隔时间缩短或不间断地外溢。

（12）钻进时放空，或钻入低压层，会发生井漏，当液面下降到一定程度时，同层或其他层的井底压力小于地层压力时，就漏转为喷。

发现上述情况时，应立即停钻，循环观察，看看是否真正发生了溢流，要防止产生错误的判断。如立管压力下降，可能是钻具刺漏；立管压力上升，可能是钻头水眼堵塞；悬重下降，可能是钻具折断；钻井液中有气泡，可能是钻井液处理剂所致；井口外溢，可能是钻井液加重不匀所致；钻速加快，不一定是进入高压层，有时可能是进入低压层。总之，要根据各种情况，综合分析，去粗取精，去伪存真，既要尽早地发现溢流，又不要被假象所蒙蔽。

三、典型案例分析

案例：H10 井，2003 年 6 月 4 日 7:19 钻进至井深 2992.85m 时，气测全烃值由正常钻进时的 112036μL/L 突然上升至 377563μL/L，并持续增大，钻至井深 2993m 时，气测全烃值已达到 615426μL/L，出口密度由 2.49g/cm³ 下降至 2.42g/cm³，出口电导率由 21.15mS/cm 下降至 16.89mS/cm，钻井液池体积开始缓慢上升（图 5-16）现场操作员发现后，及时向井队发出预警，发生油气侵（涌高约 1m），预报溢流。7:20 井队停泵关井后，立管压力不降，最大为 8.38MPa，后经液气分离器循环排气，在放喷口点火可燃，橘黄色火焰，焰高 2～3m，持续约 15min；7:49 开井循环，钻进至 2993.35m 再次气侵，总烃升至 615425μL/L，8:19 关井，经液气分离器循环排气，在放喷口点火可燃，橘黄色火焰，焰高 3～4m，持续约 20min。至 8:51 开井循环，总烃达 90 多万微升每升，钻井液密度最低为 2.32g/cm³，漏斗黏度 105s，槽面鱼子状及针孔状气泡约占 50% 左右，可见少量油花；8:21—9:30 关井，经液气分离器循环排气，在放喷口点火可燃，橘黄色火焰，焰高 3～4m，持续约 25min；短提 5 柱后，下钻循环排气，在放喷口点火可燃，橘黄色火焰，喷口为淡蓝色，火焰射程约 10m，持续约 40min。短提 10 柱后，下钻循环排气，在放喷口点火可燃，橘黄色火焰，喷口为淡蓝色，火焰射程约 12 ~ 15m，持续约 92min。至 5 日 12:00，井下恢复正常。

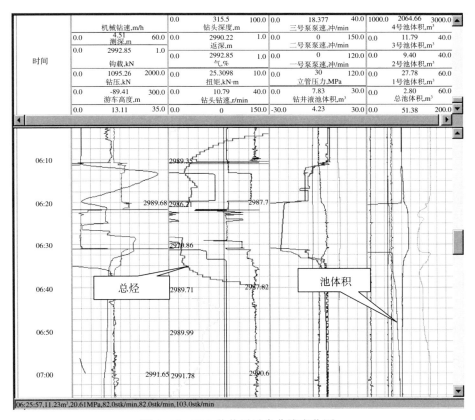

图 5-16 H10 井井涌异常曲线变化图

案例：B26 井循环过程中井涌。2009 年 9 月 17 日，钻至井深 3370.71m 地质循环时，岩性为深灰色荧光凝灰质砂砾岩、凝灰质细砂岩，气测全烃由 0.8685% 升至 6.1762%，组分 nC_5，总池体积增加 0.78m³。出口钻井液电导率由 27.51mS/cm 上升至 29.67mS/cm，出口钻井液密度由 1.12g/cm³ 下降至 1.09g/cm³，发生溢流，溢出物为水。处理后，钻到 3413.05m 提下钻测后效过程中发生水侵（图 5-17）。

2009 年 9 月 22 日后效井涌（图 5-18），井深 3413.05m，钻头位置 3278.60m，静止时间 42.07h，迟到时间 67min，提钻前密度为 1.17g/cm³，漏

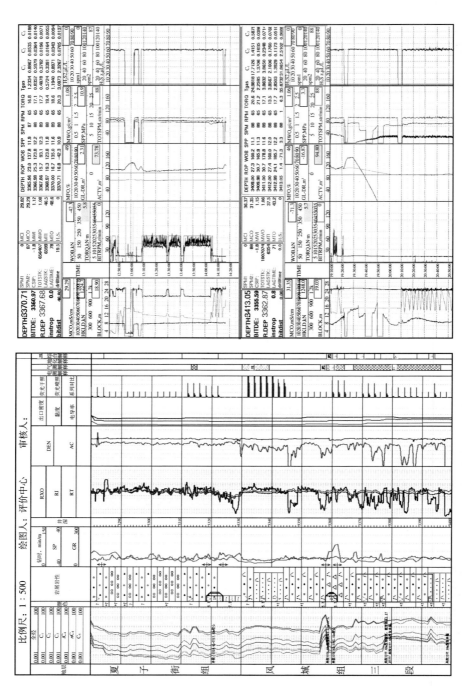

图 5-17　B26 井录井剖面及井涌异常曲线变化图

斗黏度 50s，开泵时间 17:24，钻井液密度由 1.13g/cm³ 下降至 1.01g/cm³，漏斗黏度由 44s 下降至 29s，电导率由 34.99mS/cm 上升至 67.13mS/cm，气测全烃由 2.1159% 上升至 40.6366%，出至 nC_5。槽面上涨 5cm，鱼子状气泡占槽面 35%，斑点状油花占槽面 30%，取样点火可燃，橘黄色火焰，焰高 8cm，持续 8s。17:54—17:57 倒泵，17:57—18:03 开泵，18:03 停泵下钻至井深 3355.00m，19:02 开泵循环测后效，19:20 钻井液溢出槽面，溢出物为钻井液，水混合物，并含有气泡、原油，钻井液槽处油气味较浓，出口钻井液密度由 1.10g/cm³ 逐渐降至 1.01g/cm³，开锥形罐放浆，经液气分离器分离后 19:21 在放喷管线处点火，橘黄色火焰，焰高 3 ~ 4m，伴有少量黑烟，19:43 火焰熄灭，取样点火可燃，橘黄色火焰，焰高 15cm，持续 10s，19:57 结束放浆，共放污染钻井液（钻井液、水混合物，含有气泡、原油）50m³。

B26井后效图					
	0.0001	全烃	100		
	0.0001	C_1	100	1　出口密度　2	
	0.0001	C_2	100		
	0.0001	C_3	100	0　出口黏度　150	
时间	0.0001	iC_4	100		
	0.0001	nC_4	100	电导率　50	
	0.0001	C_5	100		

图 5-18　B26 井 3413.05m 后效参数变化及照片

案例：准噶尔盆地南缘 GQ1 井钻进至 4983.71m，地层 $E_{2-3}a$，钻井液密度 1.49g/cm³，岩性为绿灰色泥岩，*dc* 指数降低，*dc* 指数偏离正常趋势线，且继续偏大的趋势明显，回归地层压力梯度为 1.55MPa/100m，继续增大的趋势明显（图 5-19）。该段测后效，气测总烃由 16047μL/L 上升至 400382μL/L，钻井液密度由 1.50g/cm³ 下降至 1.41g/cm³ 后再上升至 1.47g/cm³，漏斗黏度由 280s 上升至 312s 后下降至 293s；电导率由 35.04mS/cm 下降至 32.60mS/

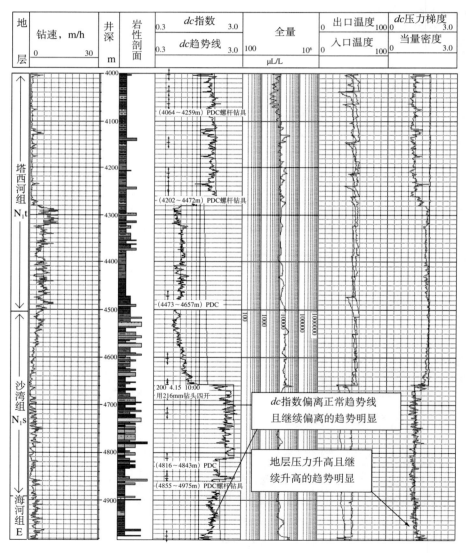

图 5-19　GQ1 井地层压力录井图

cm 后上升至 37.05mS/cm。槽面见鱼子状气泡占槽面面积 50%，斑块状油花占槽面面积 25%，槽面上涨 2cm。所有录井显示都表明，当前使用明显偏低，建议提高钻井液密度。井队及时采纳，开始逐渐调整钻井液密度至 1.56 ~ 1.65g/cm³，仍频繁发生挂卡到顶驱憋停，憋泵（21MPa），停泵后立管压力不下降，上提挂卡，下放遇阻，最大活动范围为 270 ~ 80t，钻具被卡死。鉴于再次出现阻卡现象，将钻井液密度上限调到 1.68g/cm³，并反复活动钻具，井下恢复正常。

第四节　有毒有害气体类复杂与事故

在油气井钻探过程中，经常会钻遇含硫化氢（H_2S）、二氧化碳（CO_2）等有毒有害气体的地层，若发现不及时，处理措施不到位，极易造成人员、设备的损失。因而在实钻过程中，及时发现和预报硫化氢、二氧化碳等有毒有害气体，是确保现场安全的一项重要工作，也是预防有害气体对现场施工人员的伤害、保护现场施工人员身心健康的一项重要措施，需要在录井监测过程中予以重点关注。

一、硫化氢特性与异常预报

1. 硫化氢特性

在石油天然气中，硫主要以化合物形态存在，分有机硫和无机硫两类。而其中的硫化氢气体是仅次于氰化物的剧毒、易致人死亡的有毒气体。一旦硫化氢气井发生井喷失控，将导致灾难性的后果。硫化氢气体不仅严重威胁着人们的生命安全，造成环境恶性污染，同时，它对金属设备、工具及用具也造成严重的腐蚀破坏。

硫化氢气体分子由两个氢原子和一个硫原子组成，是一种剧毒、无色（透明），比空气略重的气体。它的相对分子质量为 34.1。低含量硫化氢具有一种类似臭鸡蛋的气味。含量稍高的硫化氢有令人恶心的气味。高含量时，由于人的嗅觉神经已经很快地被麻痹而失去了知觉，无法感知，难以被发觉。因此绝对不能凭闻气味来检测硫化氢的存在与否。

全世界每年都有人因硫化氢中毒而死亡，在我国，硫化氢中毒死亡仅次于一氧化碳，占到第二位，硫化氢中毒已成为职业中毒杀手。东方网 2003 年 6 月报道，2001 年 1 月至 2003 年 5 月，仅上海市已发生急性职业硫化氢中毒事故 11 起，42 人中毒，13 人死亡，死亡人数占全部职业中毒事故死亡人数的 61.9%。2003 年 12 月 23 日重庆开县罗家 16H 井井喷事故直接造成 243 人硫化氢中毒死亡。人们如果了解了这种气体的性质，也许可以防止此类事故的发生，至少可以把损失降到最低。

为了准确检测与发现硫化氢，首先就要了解这种气体的物理化学性质，只有了解了硫化氢的性质，才能避免因直接与这种气体接触而受到伤害。

所有的气体通常是从颜色、气味、密度、燃爆极限、燃点、溶解度（在水中）及沸点和熔点 7 个方面来描述的，硫化氢也不例外。

（1）颜色：硫化氢是无色、剧毒的酸性气体，人的肉眼看不见。这就意味着你用眼睛无法判断其是否存在。因此，这种气体就变得更加危险。

（2）气味：硫化氢有一种特殊的令人讨厌的臭鸡蛋味，即使是低浓度的硫化氢，也可以损伤人的嗅觉。因此，用鼻嗅作为检测手段是非常危险的。

（3）密度：硫化氢是一种比空气重的气体，其相对密度为 1.176。因此它易聚集于地势低的地方，如地坑、地下室、大容器里。如果发现自己处在被告知有硫化氢存在的地方，那么就应立刻采取自我保护措施。只要有可能，都要在上风向、地势较高的地方工作。

（4）爆炸极限：硫化氢气体以适当的比例（4.3% ~ 46%）与空气或氧气混合就会爆炸，造成另一种令人恐惧的危险。

（5）可燃性：硫化氢气体稳定性很高，在 1973K 时才能分解。完全干燥的硫化氢气体在室温下不与空气中的氧气发生反应，但点火时能在空气中燃烧，燃烧时产生蓝色火焰并产生有毒的二氧化硫气体，二氧化硫气体会损伤人的眼睛和肺。在空气充足时，硫化氢燃烧生成二氧化硫和水，其反应方程式为：

$$2H_2S+3O_2 === 2SO_2+2H_2O$$

若空气不足或温度较低时，则生成游离态的硫和水，其反应方程式为：

$$2H_2S+O_2 === 2S+2H_2O$$

（6）可溶性：硫化氢气体能溶于水、乙醇及甘油中，但化学性质不稳定，在 293K 时，1 体积水能溶解 2.6 体积的硫化氢，生成的水溶液称为氢硫酸，浓度为 0.1mol/L。氢硫酸比硫化氢气体具有更强的还原性，易被空气氧化而析出硫，使溶液变混浊，在酸性溶液中，硫化氢能使 Fe^{3+} 还原为 Fe^{2+}，Br_2

还原为 Br⁻，I₂ 还原为 I⁻，MnO_4^- 还原为 Mn^{2+}，Cr^{6+} 还原为 Cr^{3+}，HNO_3 还原为 NO_2，而它本身通常被氧化为单质硫，当氧化剂过量很多时，H_2S 还能被氧化为 SO_4^{2-}，有微量水存在时 H_2S 能使 SO_2 还原为 S，反应方程式为：

$$2H_2S+SO_2 \rule[0.5ex]{1em}{0.4pt} 3S+2H_2O$$

硫化氢能在液体中溶解，这就意味着它能存在于某些存放液体（包括水、油、乳液和污水）的容器中。硫化氢的溶解度与温度、气压有关。只要条件适当，轻轻地振动含有硫化氢的液体，就可使硫化氢气体挥发到大气中。

（7）沸点、熔点：液态硫化氢的沸点较高，因此人们通常看到的是气态的硫化氢，其沸点为 –60.3℃，熔点为 –82.9℃。

通过分析硫化氢的物理化学性质，使人们对这种气体有个大致的了解。根据以上的知识，可以知道硫化氢气体的性质，避免硫化氢气体中毒。我们应熟记硫化氢的下列特性：

（1）致命性，剧毒气体。

（2）无色。

（3）比空气重，通常聚积于低洼地带。

（4）容易被风或气流驱散。

（5）燃烧时呈蓝色火焰，生成的二氧化硫也是一种有毒气体。

（6）臭鸡蛋味仅在极低含量时能闻到，并且会很快杀伤人的嗅觉，千万别靠嗅觉来检测硫化氢气体是否存在。

（7）对金属有高腐蚀作用。

（8）比一氧化碳更致命，其毒性几乎与氰化氢（HCN）气体相同。

通常，油气井中硫化氢的来源可归结为以下几个方面：

（1）热作用于油层时，石油中的有机硫化物分解，产生出硫化氢。一般地讲，硫化氢含量随地层埋深的增加而增大。如井深 2600m，硫化氢含量为 0.1% ~ 0.5%，若井深超过 2600m 或更深，则硫化氢含量将超过 2% ~ 23%，地层温度超过 200 ~ 250℃，热化学作用将加剧而产生大量的硫化氢。

（2）石油中的烃类和有机质通过储层水中硫酸盐的高温还原作用而产生硫化氢。

（3）通过裂缝等通道，下部地层中硫酸盐层的硫化氢上窜而来。

（4）某些钻井液处理剂在高温热分解作用下，产生硫化氢。

恶性程度：硫化氢的毒性几乎与氰化氢同样剧毒，比一氧化碳的毒性大 5 ~ 6 倍。一个人对硫化氢的敏感性随其与硫化氢接触次数的增加而减弱，第二次接触就比第一次危险，依此类推。硫化氢被吸入人体后，首先刺激呼吸道，使嗅觉钝化，咳嗽，严重时将其灼伤。其次，刺激神经系统，导致头晕，丧失平衡，呼吸困难，心跳加速，严重时心脏缺氧而死亡。硫化氢进入人体，将与血液中的溶解氧发生化学反应。当硫化氢浓度极低时，将被氧化，对人体威胁不大，而浓度较高时，将夺去血液中的氧，使人体器官缺氧而中毒，甚至死亡（表5-1）。如果吸入高浓度（美国工业卫生专家公会确定 300μL/L 或更高的硫化氢浓度为立即危及生命和健康的暴露值）时，中毒者会迅速倒地，失去知觉，伴随剧烈抽搐，瞬间呼吸停止，继而心跳停止，被称为"闪电型"死亡。此外，硫化氢中毒还可引起流泪、畏光、结膜充血、水肿、咳嗽等症状。中毒者也可表现为支气管炎或肺炎，严重者可出现肺水肿、喉头水肿、急性呼吸综合征，少数患者可有心肌及肝脏损害。吸入低浓度硫化氢也会导致以下症状：疲劳、眼痛、头痛、头晕、兴奋、恶心以及肠胃反应、咳嗽、昏睡。

表 5-1　硫化氢气体对人体的影响

浓度，μL/L	对人体的影响
1	有明显难闻的气味（0.19mg/m³ 时可闻到臭味的最小量）
15	暴露工作 8 小时尚安全
30	暴露工作的最高限度（安全临界浓度）
150	2～5min 内丧失嗅觉，咽喉肿痛、头痛、恶心
300	很快失去知觉，眼痛、咽喉痛
450	立即危及生命和健康的暴露值
750	失去理智和平衡能力，呼吸困难，必须做人工呼吸
1050	立刻神志不清，大、小便失控，如不立即抢救就会导致死亡
1500	知觉立刻丧失，如不立即抢救就会导致死亡或造成大脑永久性损伤

2. 硫化氢异常监测方法

在可能有硫化氢地区的钻井设计中，应尽可能收集邻井资料，指明含硫化氢地层的深度和层位，并估计硫化氢的可能含量，以提醒作业人员注意，预先采取必要的措施。

在录井过程中若发现硫化氢显示，录井人员必须立刻向当班司钻、钻井监督及录井工程师等相关人员报告，并根据预案做好相应防护准备。

3. 硫化氢异常典型案例分析

及时发现和预报有毒有害气体，是确保现场安全的一项重要工作。及时的预报，是预防有害气体对现场施工人员的伤害、保护现场施工人员身心健康的一项重要措施。

案例：2003 年 6 月 18 日，准噶尔盆地南缘 K10 井钻井过程中钻至井深 3862.28m 发生硫化氢气侵。10:19 硫化氢由 0L 至 3.22μL/L，录井人员开始进行严密监测，10:20 硫化氢由 4.35μL/L 升至 21.72μL/L；操作员拉响硫化氢报警喇叭，并让副操作戴防毒面具通知井队司钻疏散人员至上风口安全地点，配备硫化氢防毒面具后进行作业。现场人员听到报警后迅速撤离到安全地点，同时积极采取防护措施。10:21 硫化氢由 21.72μL/L 升至 31.2μL/L；10:22 硫化氢由 31.20μL/L 降至 27.22μL/L，上提钻具至 3861.51m，继续观察；至 10:27 硫化氢为 0（图 5-20）。10:34 开泵循环，循环过程中未发现硫化氢气侵；11:32 恢复钻进。由于录井人员的精心监测和准确及时预报，避免了 K10 井硫化氢气体对人员的伤害，为钻井安全作出了重要贡献。

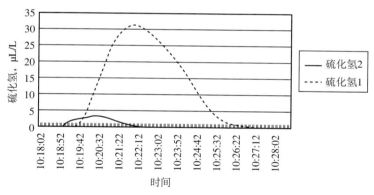

图 5-20　K10 井 3862.28m 硫化氢异常曲线图

案例：2005 年 7 月 6 日 12:40，DX21 井钻至井深 2719m，仪器房硫化氢浓度由 2μL/L 升至 6μL/L，录井操作员与录井工程师继续监测，13:10 钻至井深 1722.96m，仪器房硫化氢浓度上升至 8μL/L（图 5-21），发出低报警，通知司钻，井队启动硫化氢应急措施，所有人员撤离至上风口，井队人员戴正压式强制呼吸器继续监测，13:40 当测得井场硫化氢浓度小于 2μL/L 后，操作员与工程师回仪器房观察，仪器房硫化氢浓度已降为 1μL/L（在此期间，仪器房硫化氢浓度最大值为 10μL/L），解除警报，恢复生产。

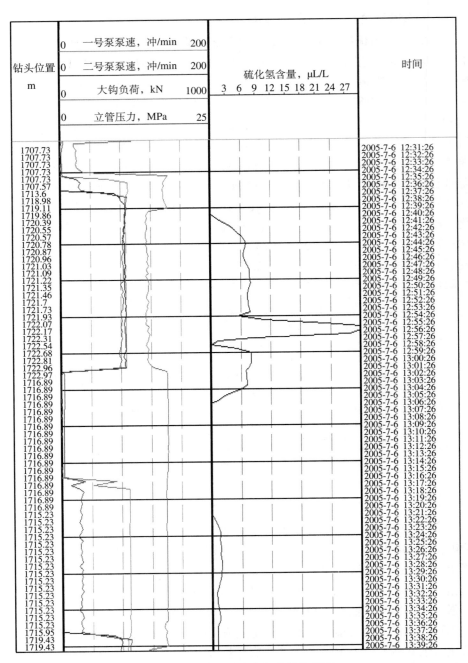

图 5-21　DX21 井硫化氢异常曲线图

14:00 钻至井深 1727.25m，仪器房硫化氢浓度又升至 9.6μL/L，再次通知司钻发出低限报警，14:40 仪器房硫化氢浓度降为 1μL/L，警报解除。

15:20 钻至井深 1729.55m，仪器房硫化氢浓度又升至 7μL/L，再次发出低限报警，操作员继续监测，15:36 钻至井深 1731.27m，仪器房硫化氢浓度上升至 9.5μL/L，井队启动硫化氢应急措施，所有人员撤离至上风口，关井 25min，其间井队人员戴正压式强制呼吸器继续监测，16:00 仪器房硫化氢浓度降为 1μL/L，警报解除。

18:20，井深 1748.15m，仪器房硫化氢浓度又升至 8.56μL/L，发出低限报警，操作员继续监测，仪器房内检测硫化氢浓度一直在 6 ~ 11μL/L 之间变化，最大值为 11.5μL/L。

10:22 硫化氢检测浓度升至 31μL/L 后开始下降，10:28 室内探头硫化氢检测浓度降至 0；10:34 开泵循环，硫化氢再无异常显示。11:36 工程恢复钻进。

二、二氧化碳特性与异常预报

二氧化碳（CO_2）是自然界广泛分布的化合物，目前在先进国家其用量与日俱增，迄今国际上二氧化碳综合利用开发的技术项目很多，我国也已出现前景极好的市场需求和开发前景。近几年随着吉林探区深层天然气勘探的深入，相继发现了一批高产二氧化碳气井，并且在钻遇二氧化碳气层时不同程度地发生了井涌、井喷事故，给钻井安全造成了威胁。为了减少井喷事故的发生，中国石油大庆钻探地质录井二公司的技术人员从地质录井认识的角度对二氧化碳气层井涌井喷原因、对钻井的影响及录井响应特征等方面进行了大量研究，取得了一定的认识，对现场及早发现二氧化碳气层、预防二氧化碳井喷起到了较好的作用，具有很好的借鉴意义。

1. 二氧化碳成因

自然界中二氧化碳的成因类型很多，但地壳表层沉积圈流体和天然气中二氧化碳的来源主要有以下两种：

（1）无机源，包括地幔脱气作用形成的幔源二氧化碳，同时还有地壳岩石化学反应、碳酸盐岩受热分解等成因的二氧化碳。

（2）有机源，沉积有机质在沉积成岩演化的所有过程中均有二氧化碳的生成。有机物遭受生物化学降解可以形成大量二氧化碳，干酪根演化过程中

也可以形成一定的二氧化碳。此外，原油和烃类气体的氧化作用也可生成二氧化碳。这类二氧化碳主要伴生于烃类天然气中，其二氧化碳含量小于10%。

近年来的研究发现，全球已发现的高含二氧化碳气藏主要是幔源成因的。但并非所有的火山作用、岩浆作用都可形成二氧化碳气藏，只有未脱气的地幔岩浆才能成为二氧化碳气藏的有效气源。中国东部裂谷盆地系中的二氧化碳气田均属未脱气地幔岩浆脱气作用贡献的二氧化碳生成的气田。这类二氧化碳气田的二氧化碳含量大于60%。

2. 二氧化碳气层发现及分层难的原因分析

1）超临界二氧化碳的特性是诱发井喷的主要原因

自然界中的物质都存在气相、液相和固相3种相态。三相呈平衡态共存的点称为三相点，液气两相呈平衡状态的点称为临界点。超临界流体（Supercritical Fluid，SCF）是指温度、压力均处于临界点以上的液体（图5-22）。超临界流体有很多特殊的性质，其密度及溶解能力接近液体并且对温度、压力变化敏感，温度和（或）压力的微小改变可以导致密度和溶解能力几个数量级的差异；超临界流体的扩散系数接近气体，因而具有较好的传质性能。

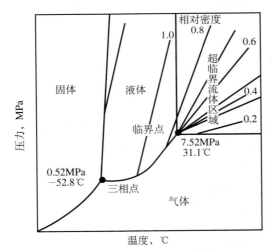

图 5-22　二氧化碳的温度—压力曲线图

超临界流体不同于气体和液体，气液界面张力为零，自扩散系数、黏度接近于气体，具有近似于气体的流动行为，而密度却和液体接近（表5-2），同时具有很强的溶解能力。

表 5-2　超临界流体与气体、液体物性的区别

物质状态	密度，g/cm³	黏度，mPa·s	扩散系数，cm²/s
气体	$(0.6 \sim 2) \times 10^{-3}$	$0.01 \sim 0.03$	$0.1 \sim 0.4$
液体	$0.6 \sim 1.6$	$0.2 \sim 3.0$	$(0.2 \sim 2) \times 10^{-5}$
超临界流体	$0.2 \sim 0.9$	$0.01 \sim 0.09$	$(0.2 \sim 0.7) \times 10^{-3}$

研究表明，地球深部的超临界二氧化碳流体对油气的运移和聚集起到

了很大的作用。在地球深部，二氧化碳的温度、压力均已超过了其临界温度31.06℃，临界压力7.39MPa，即二氧化碳在地球深部为超临界流体。这种超临界状态的二氧化碳，对有机物的溶解作用强，因而对分散的油气组分具有明显的富集作用。在其向上运移过程中，由于压力、温度的降低，油气溶解度减小，从而有机质从流体中分离出来并被有效构造圈闭而成藏，同时产生高纯度的二氧化碳气藏。已发现的大量高纯度二氧化碳气藏与油气藏伴生就是这个原因。

分析、研究表明，二氧化碳气井井涌、井喷大多是由于超临界二氧化碳气柱在上升过程中形成的假井涌、井喷，要预防和消除井涌、井喷的发生，必须经过循环释放井筒中形成的超临界二氧化碳流体后，才能有效控制井涌，如果盲目使用重钻井液压井，必然会导致井漏的发生，使井下情况更趋复杂化，以致造成更大的损失。

在钻井、开采过程中，处于超临界状态的二氧化碳（流体）从气层到井口的上升过程中，随着井筒温度、压力的降低，二氧化碳会发生连续的相态变化，由气相转变为饱和蒸气相，吸热后再转变为过热蒸气相（不饱和蒸气相），其密度发生较大变化。处于超临界态二氧化碳转变为气态时，密度和体积都发生显著变化。

结合图5-23和图5-24分析，可以得出超临界二氧化碳流体引发井喷的原因。当地层中所处的二氧化碳的温度及分压达到其临界温度、临界压力时，二氧化碳处于超临界流体状态。在钻进过程中，一旦地层中二氧化碳进入井筒，将随钻井液到达井口，在到达井口的沿途中，其体积会随着上部液柱压力减小而增大。处于超临界态的二氧化碳流体，在临界点附近密度随压力变化很大。压力略微降低，其体积就会急剧膨胀，膨胀速度很快。同时由于二氧化碳在地层中处于压缩状态，在临界点附近压缩系数随压力的变化很大。如果未对进入井筒的地层气体进行控制（关井），地层气体将连续进入井筒，在井口首先表现为溢流，当压力失控时，井筒压力骤降，使得二氧化碳由超临界流体转化为气体状态过程中，体积急剧膨胀，气体沿井眼向上移动，随着压力的进一步降低，气体体积继续膨胀，封闭压力下降，流速相应增加。井内的钻井液很快被气体顶出，液柱压力减小，使更多地层气体进入井筒，导致井喷。并非是由于钻井液液柱压力低于地层压力造成井喷。两井在处理井涌、井喷时，由于认识不足，误以为是地层高压造成的，盲目使用重钻井液压井，但效果并不明显，仍不能有效控制井涌，后来在循环时导致了井漏。

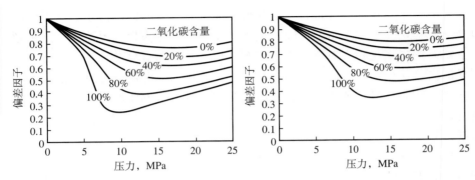

图 5-23　304.19K 时不同组成混合气体
压力—偏差因子图

图 5-24　320K 时不同组成混合气体
压力—偏差因子图

2）二氧化碳气层的高扩散性造成录井分层困难

超临界流体不同于气体和液体，气液界面张力为零，自扩散系数、黏度接近于气体，具有近似于气体的流动性，而密度却和液体接近，同时具有很强的溶解能力。深部地层中超临界 CO_2 的低黏度和高扩散性的特点，导致录井分层和异常层发现困难，不能及时预报，容易诱发井喷。

二氧化碳的高扩散性也可以从录井后效图中反映出来。如从图 5-25 中就能看出，对于同一层烃气和二氧化碳的混合层，后效图中甲烷的后效显示集中在很短的时间内，而二氧化碳的后效显示却表现为缓慢的、低幅度的变化，后效气变化也说明钻井液中二氧化碳气扩散速度明显高于烃气扩散速度，

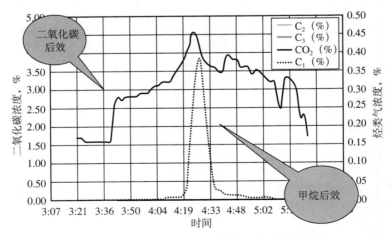

图 5-25　CS104 井 3863m 井涌、井喷曲线图

烃气显示后效时间明显低于二氧化碳显示的后效时间。烃气显示明显而集中，二氧化碳显示却表现为低幅度弥漫性扩散的特点，表明在钻井液中甲烷气不易扩散，而二氧化碳气却具有很强的扩散性。

深层二氧化碳的高扩散性导致录井分层及异常层发现困难，从而可能造成录井过程中不能及时发现与预报二氧化碳气层，以致钻井队在施工过程中不能引起足够重视，从而可能诱发井喷等工程事故的发生。

3）二氧化碳在水中的高溶解度及其弱酸性导致发现难

二氧化碳在水中有极高的溶解度，溶于水后呈弱酸性（pH 值为 4）。对于地层能量较低的二氧化碳气层，溶于水中的弱酸性的二氧化碳与偏碱性钻井液发生中和反应，降低了二氧化碳在钻井液中的浓度，从而造成录井二氧化碳无值或低值，不能及时预报可能发生的井喷。

（1）高溶解度的影响。

二氧化碳在钻井液中的高扩散性与其在水中高的溶解度也是密切相关的（表 5-3），二氧化碳在 1atm 条件下，0℃时 1 体积蒸馏水能溶解 1.713 体积的二氧化碳，是甲烷气溶解体积数的 29.4 倍，而到了 50℃时，则为 19.9 倍。

表 5-3　在 1atm 条件下天然气在蒸馏水中的溶解度（体积数）

气体	溶解度				
	0℃	10℃	20℃	50℃	100℃
CO_2	1.713	1.194	0.878	0.423	
CH_4	0.0588	0.0418	0.0331	0.0213	0.0177
C_2H_6	0.0987	0.065	0.0472	0.0246	0.018

二氧化碳气在水中的溶解能力主要受温度、压力的影响（图 5-26、图 5-27），二氧化碳气在深部地层中的溶解度是相当大的（20～30 倍的体积数），二氧化碳的高溶解度是其高扩散性的主要原因，从而造成录井分层与评价的困难。

（2）碱性钻井液中和作用的影响。

钻井过程中，不保持性能的稳定，通常钻井液必须维持在一个偏碱性的状态，pH 值在 9 左右。钻遇二氧化碳气层时，由于二氧化碳的弱酸性（pH 值为 4），就必须不断往钻井液中加入碱性添加剂来中和。碱性添加剂破坏了二氧化碳水饱和程度，不断消耗井筒中二氧化碳含量，造成二氧化碳低异常或无异常。

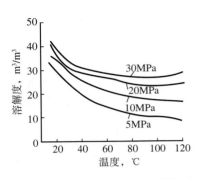

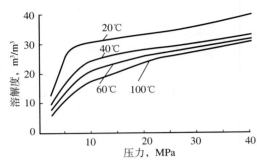

图 5-26　二氧化碳气在水中溶解度
　　　　　与温度变化的关系

图 5-27　二氧化碳气在水中溶解度
　　　　　与压力变化的关系

　　吉林探区深层钻井使用的钻井液一般为复合聚合物钻井液体系和水包油钻井液体系。这两种钻井液中均含有大量的水。由于钻井时，为维护钻井液性能的稳定，钻井液酸碱度必须维持在一个偏碱性的状态，pH 值通常保持在 8.5 ~ 9（图 5-28）。为了维持偏碱性的状态，钻井时，特别是在外遇二氧化碳气层时，由于二氧化碳溶于水后产生弱酸，为了维持钻井液性能稳定在一个偏碱性的状态，就必须不断往钻井液中加入碱性添加剂（主要是 $NaHCO_3$）。由于二氧化碳在水中的高溶解度及酸碱的中和作用，或者由于加入碱的不均匀性，就可能造成二氧化碳录井出现低值或均值的现象。为了证实钻井液中加入碱对二氧化碳录井值的影响，吉林探区录井的技术人员还进行了钻井液体中加入碱后进行全脱分析实验。

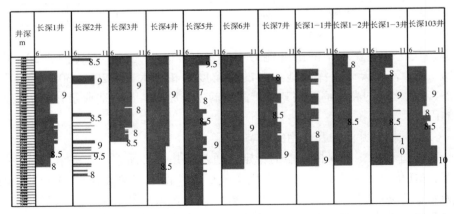

图 5-28　深层气井钻井液酸碱度（pH 值）统计情况

　　首先，在常温、常压下，用 1L 纯净水制作二氧化碳饱和溶液，再用其做全脱分析，测得二氧化碳全脱值为2.5%，然后依次加碱（NaHCO₃）0.5g、1g和2g，分别测得全脱分析值为1.2%，0.55%和0（图5-29至图5-32），说明加碱确实对二氧化碳录井有很大影响。

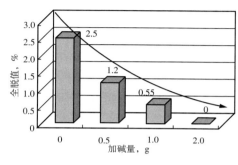

图5-29　二氧化碳饱和清水溶液加碱
全脱分析变化图

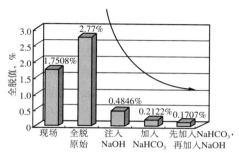

图5-30　钻井液中加碱试验
（CS104井3997m）

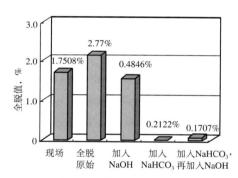

图5-31　钻井液中加碱试验
（CS105井4049m）

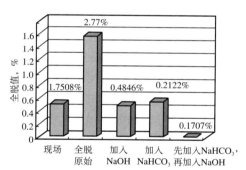

图5-32　钻井液中加碱试验
（CS9井3842m）

其次，分别取不同井、不同类型含二氧化碳钻井液进行加碱试验。分别是CS104井水包油钻井液及CS105井和CS9井水基钻井液，进行了加碱试验，得出了基本相同的结论：钻井液中加碱确实对二氧化碳录井有很大影响，能造成二氧化碳录井低值甚至无值的现象发生。如CS2井和CS6部分试气井段，由于二氧化碳在水中的高溶解度、高扩散性、弱酸性等特性，二氧化碳录井监测和发现变得复杂，给预防二氧化碳井喷带来了一定的困难。

恶性程度：二氧化碳井喷后，由于二氧化碳的膨胀吸热，流温逐渐降低，可能形成低温异常区，就会快速形成固体干冰颗粒。这种独特的物性带来几个特殊问题：①使地面修井复杂化，工作受到高速气流的威胁，干冰经常形成豌豆及石子大小颗粒以高的速度喷出，对人造成伤害；②形成的水合物聚集在封井器、井口及其他地面设备里；③冷二氧化碳使大气水分冷凝在井口周围形成白雾，影响视线；④井口排出的游离油和冷凝的混合相聚集地面，造成火灾隐患；⑤固体干冰小颗粒堵塞管线，形成冰堵。

3. 二氧化碳异常监测方法

首先，钻前应加强区域及邻井已钻井资料分析，在可能有二氧化碳地区的钻井设计中，尽可能通过邻井资料收集、分析，指明含二氧化碳地层的深度和层位，并估计二氧化碳的可能含量，以提醒作业人员注意，预先制定相应的应对方案。

其次，由于二氧化碳的特殊的理化性质及其在临界点附近体积的急剧变化，导致其易发井涌、井喷，在实钻过程中，在钻井液录井中若发现二氧化碳显示，录井人员应及时向钻井监督报告。对于录井来说，预防井涌、井喷发生的关键是要及早发现二氧化碳气层，为井队在钻井过程中及早采取措施提供依据，从而达到预防井喷的目的。虽然二氧化碳气层录井的发现受很多因素影响，大庆钻探第二录井公司技术人员通过对已完钻的深层探井进行了认真总结和研究，还是发现了一定的规律：

（1）借助二氧化碳气层与甲烷伴生的特性。

①以二氧化碳为主的气层，录井二氧化碳值大于烃气测值。

通过分析已完钻的试气出二氧化碳层，可以看到，录井二氧化碳值和甲烷值与试气成果的气体分析成分比例有很好的对应关系。

②录井甲烷值大于二氧化碳值时，试气成果为以烃气为主的气层。

（2）利用烃类气测的敏感性。

以二氧化碳为主的气层，尽管烃类气体含量很低，气测也能产生较明显的异常。用烃类异常的有无寻找判断二氧化碳气层。通过统计分析中浅层和深层试气出二氧化碳层成果，结合录井资料，发现凡是试气出二氧化碳的气层，有些层试气成果二氧化碳含量达到近98%，但录井仍有一定的甲烷气相伴生。

（3）多测后效及时发现二氧化碳苗头。

（4）多参数综合评价。

全面考虑钻时、全烃、甲烷、后效、钻井液等因素，综合分析识别二氧化碳气层。

（5）根据临界点预报井喷发生的时间。

由于二氧化碳的高扩散性，钻开二氧化碳气层后，钻井液静止时间不能太长，避免形成超临界二氧化碳流体柱。因此，根据后效数据推算二氧化碳上窜速度就显得尤为重要。

根据二氧化碳临界点压力、温度值（7.52MPa、31.1℃），结合钻井液密度值，推算出二氧化碳临界点井深，从而预报可能发生井喷的大致时间。

（6）及时监控钻井液性能及 pH 值变化，有助于发现二氧化碳气层

当钻遇二氧化碳气层时，钻井液密度、pH 值会降低，黏度会上升。当钻井液 pH 值降低后，录井人员应该及时了解工程施工情况，是否是处理钻井液造成的 pH 值降低。如果工程在正常钻进，也没有处理钻井液，而 pH 值降低，就有可能说明已钻遇了二氧化碳气层。再根据钻进过程中调整钻井液时的加碱量和加碱持续时间，就能大致判断二氧化碳气体进入井眼的情况。

4. 二氧化碳异常典型案例分析

案例：CS6 井 3863m 井涌、井喷。该井钻至 3863m 进行中途测试，产二氧化碳气 47000m³（二氧化碳含量 97.7%），关井后短起循环 28min，录井监测二氧化碳含量上升至 13%，26min 后二氧化碳含量再升到 17.4%，过 2min 后二氧化碳含量突然增至 98.3%（图 5-33），随即发生井喷，喷高 5 ~ 10m，5min 后关井成功。20min 后再次井喷，及时控制，后打开节流阀放喷，节流阀被崩开，二氧化碳气体在井场蔓延，迅速关闭平板阀，加重钻井液压井，注入密度为 1.4g/cm³ 的重钻井液 40m³，后循环压井过程中发生井漏，漏失钻井液 70m³。

案例：CS7 井 3536.03m 井涌、井喷。该井钻至 3535.06m 时，录井监测二氧化碳浓度升高 5.5% ~ 15%，最高至 64.9%；循环后降至 30.8%，至 3535.28m 此情况依然存在，向井队提出气测异常情况预报（图 5-34），望做好防范井喷准备，至 3536.03m 停钻循环观察。循环过程中一直有气侵现象，后发生井涌、井喷。间歇喷 3 ~ 4 次，喷高 1.2m 左右。此后边处理边钻进，钻井液密度从 1.26g/cm³ 逐步加重到 1.3 ~ 1.4g/cm³ 仍不能控制气侵井涌，最大加到 1.5 ~ 1.55g/cm³ 时出现井漏。

要科学预防二氧化碳气井井喷事故的发生，应必须认识到二氧化碳的特殊性和录井检测的复杂性，深入了解二氧化碳气层发生井喷与其他气井或油井井喷发生的机理差异，采取有针对性的措施，就一定能发现异常，减少井喷事故的发生。

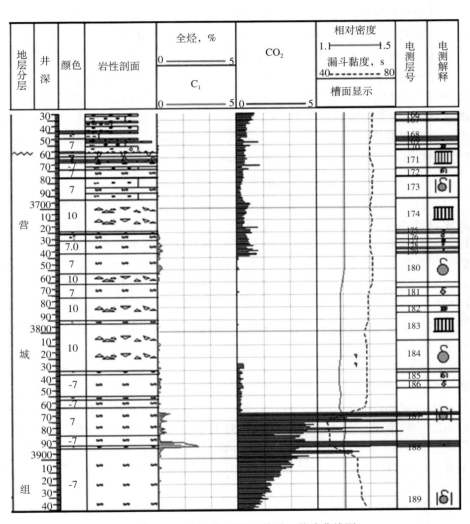

图 5-33　CS6 井 3863m 井涌、井喷曲线图

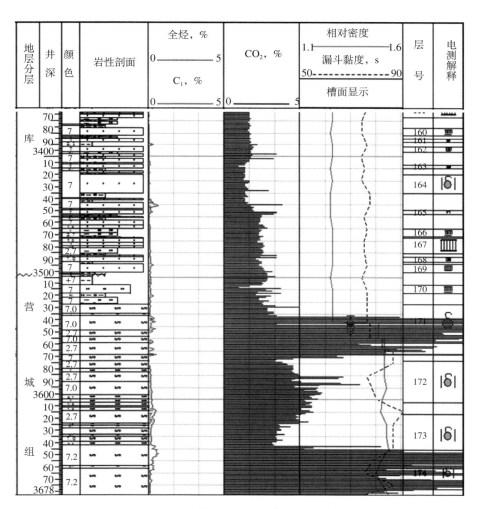

图 5-34　CS7 井 3536.03m 井涌、井喷曲线图

第六章 录井技术在井控中的作用

井喷是损失巨大的灾难性事故，不仅可能造成机毁人亡，同时还会造成恶劣的社会影响，这一点必须铭刻在心。井喷失控的危害是多方面的，如损坏设备、死伤人员、浪费油气资源、污染环境、污染油气层、报废井、造成大量资金损失、打乱正常的生产秩序。尤其在注重社会效益、经济效益与环境效益的今天，无论是地质家还是钻井工程师，都应把防止井喷作为自己的主要职责。大量的实例告诉我们，井喷失控是钻井工程中性质严重、损失巨大的灾难性事故，其危害可概括为以下6个方面：

（1）打乱全面的正常工作秩序，影响全局生产。

（2）使钻井事故复杂化。

（3）井喷失控极易引起火灾和地层塌陷，影响周围千家万户的生命安全，造成环境污染，影响农田、水利、渔场、牧场、林场建设。

（4）伤害油气层，破坏地下油气资源。

（5）造成机毁人亡和油气井报废，带来巨大的经济损失。

（6）涉及面广，在国际、国内造成不良的社会影响。

鉴于井喷失控的严重危害，在钻井施工过程中，就应采取积极的措施和手段，对可能发生井喷的因素（主要是地层孔隙压力，即油气井的压力）进行预防与控制，即井控。在施工过程中，采取"积极井控"理念，通过维持足够的井筒压力以平衡或控制地层压力，保证钻井顺利进行。目前，井控技术已从单纯的防喷发展成为保护油气层、防止破坏资源、防止环境污染，已成为高速低成本钻井技术的重要组成部分和实施近平衡压力钻井的重要保证。

要做好井控工作，就应在钻井施工过程中，大力加强地层压力检测和钻井施工作业安全监测，以及时发现隐患。工程录井作为安全钻井的参谋，可通过钻前强化对地层的地质认识，钻中密切关注相关地质、钻井工程及钻井液参数等的变化，做好地层压力监测与预报，配合钻井施工人员及时采取有效技术措施预防溢流现象发生，将极大有助于井控管理工作，确保钻井安全施工作业。

第一节　钻前分析与准备

钻井的工程地质条件是指与钻井工程有关的地质因素的综合。地质因素包括岩石、土壤类型及其工程力学性质、地质结构、地层中流体情况及地层情况等。钻井是以不断破碎井底岩石而逐渐钻进的。了解岩石的工程力学性质正是为选用合适的钻头和确定最优的钻进参数提供依据。井眼的形成使地层裸露于井壁上，这又涉及井眼与地层之间的压力平衡问题，对此问题处理不当则会发生井涌、井喷或压裂地层等复杂情况或事故，使钻进难以进行，甚至使井眼报废。所以，在一个地区钻井之前，充分认识和了解该地区的工程地质资料，包括岩石的工程力学性质、地层压力特性等，是进行钻井设计的重要基础。地层岩性、流体性质及压力的变化一直是钻井工程施工过程中密切关注的，一般从岩屑、岩心都能直观看出。地层流体（油、气、水等）及地层压力等更是地质和工程等各方面共同关注的重点。准确地判断分析出地层流体性质、地层压力既是钻探的首要目的，也是制定工程措施的主要依据。

工程录井技术在钻井施工作业过程中提供全方位的信息采集、处理与传输，已成为作业现场的"信息中心"，通过对钻井前的地质预告和随钻地层对比、钻井过程中地层压力检测、工程及钻井液参数异常预报将为实施井控作业提供强有力的技术支持。其所提供的丰富的信息资源将有助于钻井工程技术人员采取积极措施来实施井控作业，保障钻井施工安全。

一、地质设计中有关井控的要求

井控设计是钻井地质设计中的重要组成部分。根据井控细则要求，在地质设计书中应明确，所提供井位必须符合以下条件：

井口距离高压线及其他永久性设施不小于75m；距民宅不小于100m；距

铁路、高速公路不小于 200m；距学校、医院、油库、河流、水库（井深大于 800m 的井，距水库堤坝应不小于 1200m）、人口密集及高危场所等不小于 500m。若安全距离不能满足上述要求，由油田公司工程技术处组织勘探公司或开发公司进行安全与环境评估，经油田公司主管领导批准后，按评估意见处置。

勘探、开发井位确定时，应对探井周围 3km，新区开发井周围 2km，老区探井、开发井、浅层稠油井周围 1km 的居民住宅、学校、厂矿（包括开采地下资源的矿业单位）、国防设施、高压电线、公路（国道、省道）、铁路、水资源情况和风向变化等进行勘察和调查，对距井口 60m 以内的地下管网（油管线、水管线、气管线及电缆线等）、通信线等进行勘查，并在地质设计中标注说明，特别需标注清楚诸如煤矿等采掘矿井坑道的分布、走向、长度和距地表深度，江河、干渠周围钻井应标明河道、干渠的位置和走向等。

地质设计中应根据物探资料及本构造邻近井和相邻构造的钻探情况，提供本井全井段地层孔隙压力和地层破裂压力剖面（新区第一口预探井可以不提供本井地层破裂压力数据，裂缝性碳酸盐岩地层可不作地层破裂压力曲线，但应提供邻近已钻井地层承压检验资料）、浅气层资料、油气水显示和复杂情况。区域探井和重点探井设计时应安排地震测井（VSP）。

在开发调整区钻井，地质设计中应提供（方案设计部门提供）注水、注气（汽）井分布及注水、注气（汽）情况，提供分层动态压力数据。开钻前由建设方地质监督对相应的停注、泄压和停抽等措施进行检查落实，直到相应层位套管固井候凝完为止。

在可能含硫化氢等有毒有害气体的地区钻井，地质设计应对其层位、埋藏深度及含量进行预测，在钻井工程设计书中明确应采取的相应安全和技术措施。

钻井液密度以各裸眼井段中的最高地层孔隙压力当量钻井液密度值为基准，另加一个安全附加值：

（1）油井、水井为 0.05 ~ 0.10g/cm³，或增加井底压差 1.5 ~ 3.5MPa。

（2）气井为 0.07 ~ 0.15g/cm³，或增加井底压差 3.0 ~ 5.0MPa。

（3）对于已有钻井资料的高压低渗透油气井，其钻井液密度的选择，也可以参考已钻邻井的实际钻井液密度值。

具体选择安全附加值时，应考虑地层孔隙压力预测精度、油气水层的埋藏深度及预测油气水层的产能、地层油气中硫化氢含量、地应力和地层破裂压力、井控装备配套等因素。含硫化氢等有害气体的油气层钻井液密度设计，其安全附加值或安全附加压力值应取最大值。

二、上钻前井控难点分析与录井方案制定

在接到录井任务后，录井技术人员应根据设计提示，重点从压力分布、中完井深确定、重点监测井段分析本井的主要技术难点，并制定相应的技术对策，确定不同施工阶段的主要监测内容与监测重点。

（1）了解地质设计概况，明确目的层与钻探目的，分析录井技术难点、重点。

在接到录井任务后，录井技术人员首先应通过本井的地质设计任务书，收集相关资料，重点了解区域地质概况，明确钻探目的与主要目的层。同时，应通过设计提供的邻井压力资料及本井的压力预测剖面，了解本井纵向上地层压力的大致分布情况，根据对设计的掌握，明确本井的主要钻井难点、重点，并据此制定相应的录井技术措施。

（2）制定相应技术措施。

录井技术人员在前期分析的基础上，重点从压力分布、中完井深确定、重点监测井段等几方面分析本井主要技术难点，制定相应技术对策，确定不同施工阶段的主要监测内容与监测重点。

三、制定录井井控应急预案

周详的应急预案是现场人员人身和财产安全的重要保障。因此，录井技术人员在上井施工前，应根据自身的特点与需求，制定周全的井控应急预案。录井井控应急预案应包括以下几方面内容。

1. 适用范围

井喷失控是油气勘探开发过程中的灾难性事故，应急预案是为确保现场录井工作人员人身和财产安全，最大限度减少和避免人员伤亡、财产损失、环境污染而制定的。

2. 应急救援组织机构和职责

录井公司应根据自身实际情况建立应急救援组织机构。应急救援组织机构的主要井控职责是：

（1）发生井喷或井喷失控等重大事故立即启动预案并组织与实施。

（2）负责抢险和救援资源的储备和动态管理，组织调用公司内部的各类抢险救援资源。

（3）负责向上级领导和有关部门汇报事故的情况，必要时请求援助。

（4）负责组织事故后有关事宜的处理及恢复正常生产。现场录井队建立井控应急小组，录井地质师任组长，成员包括录井队全体人员。

其主要职责是：

（1）在发现井控等险情后启动应急程序，向作业现场相关方报告，向公司应急小组及有关部门报告。

（2）根据实际果断决策，安排组织抢险工作，在保证人员安全的前提下，尽可能控制危险因素和事态的发展，防止事故恶化。

（3）在井喷失控可能造成人员伤亡的情况下，或出现硫化氢等有毒有害气体浓度超标情况时，组织所有人员撤离到安全地方。

（4）事故解除后组织恢复生产，并写出事故报告。

3. 应急状态及应急预案的启动

在施工过程中，发生井喷、井喷失控、硫化氢等有毒有害气体外逸，以及由此引发的人员伤亡、环境严重污染等情况，现场录井队应急组织立即进入应急状态并启动应急预案。

4. 应急预案的内容

1）重点地质风险提示及施工安全技术要点

单井或区块施工井的应急预案中列出该井或区块地质构造、地层压力预测情况，硫化氢等有毒有害气体的预告，施工风险提示及安全施工技术要点。

2）环境状况描述

对施工井周围环境状况、明显的标识物、交通线路、通信状况、应急救援机构、医疗机构等进行描述，画出环境状况简图，标出相对位置关系，同时还要有井场设备布置及安全撤离逃生路线等图示。

3）应急联络方法、要求及报告程序

（1）上级井控应急组织及有关单位人员和联系电话。

（2）现场施工相关方井控应急组织及有关单位人员名单和联系电话。

（3）外部救助力量（施工现场较近的专业消防部门、公安部门、医院等急救部门）的名称、救助能力、地理位置和联系电话。

（4）施工前，录井队应认真学习钻井和服务公司的"应急预案"，以保证在紧急情况下的响应协调。

（5）在施工期间，必须保持通信畅通。

（6）报告程序。发生井喷事故后，要在最短时间内按规定向公司应急领导小组或相关方汇报现场人员、设备、资料及其他相关情况。

4）录井现场应急资源的配备

各录井队应根据各自施工的特点，配置相应的警示标志、救护与防护物品、报警装置、应急专用工具、逃生装置等，以满足现场应急处理的要求。

5）现场培训和模拟演练

应与钻井等现场施工方一起制订有关逃生、急救、防硫演习、防喷演习等模拟演练计划，共同进行演练。

6）应急处理程序

（1）录井作业现场井控应急程序。

①摆在井场的录井仪器、地质房、材料房无论在任何时候都必须在底座上挂好应急钢丝绳，以保证在发生意外或突发事故时，在条件允许的情况下将以上设备拖离事故现场。

②在钻进过程中，对钻井工程参数、钻井液参数、地层压力进行实时监测，按下面要求进行报警及时启动井控应急预案。

a. 钻进时出现钻时突然加快、进尺不能超过 1m 就应及时通知司钻，停钻观察判断是否是出现溢流。

b. 钻进时其他钻井参数或录井参数发生变化，包括立管压力、悬重、钻井液性能、气测值、dc 指数等，也要及时通知司钻，协助井队判断是否发生溢流。

③起下钻时注意核对灌液量与返出量，发现灌液量（返出量）不正确、井口外溢、罐内钻井液总量增加等情况，操作员应及时向司钻报告。

④施工过程中对井口、罐内钻井液面进行实时监测，发现井口外溢、罐内钻井液面升高，操作员应及时向司钻报告。

⑤井喷发生后。

a. 录井操作员、地质工各就各位，密切注意各项录井参数变化。

b. 录井工程师、录井地质师应先检查逃生门、防毒面具、应急钢丝绳等防护设施是否正常，判断风向，并及时向工程人员通报录井参数的变化情况。

c. 用移动数据存储设备每隔一定时间存储一次录井数据库，在执行疏散行动程序时交给第一个撤离危险区的员工携带至安全位置。

d. 井队进行放喷或压井时，由录井地质师与井队联系，配合和协调应急行动，必要时切断一切电源，执行疏散行动程序。

⑥井喷失控或井喷失控并且着火，立即拉闸断电，由录井地质师组织人员执行疏散行动程序，撤离顺序依次为：地质工、录井操作员，最后是录井工程师、地质师。

⑦安全的优先原则是：工作人员→录井资料→录井设备，该原则要贯穿于事故的全过程。

（2）录井作业现场 H_2S 应急程序。

①在新构造上钻预探井时或含硫油田要去录井仪增加 H_2S 监测仪探头分别装在钻井液出口处、井架底座圆井处等井场位置以及录井仪房内气测脱气管线上。

②监测仪报警浓度的设置：第一级报警值设置在硫化氢含量 $15mg/m^3$；第二级报警值设置在硫化氢含量 $30mg/m^3$；第二级报警值设置在硫化氢含量 $150mg/m^3$。

③一旦 H_2S 监测仪检测到钻井液中含有 H_2S 气体，录井操作员就要严格监视，并派人通知井控 HSE 监理、钻井监督、司钻、录井工程师得知，录井工程师密切注意 H_2S 浓度变化情况，检查并准备好防毒面具，增压防爆型录井仪应确认正压式通风系统的采风口处于上风方向。录井地质师及时向相关方通报 H_2S 浓度变化情况，及时备份录井数据交给地质工保管。

④当 H_2S 浓度达到第一级报警值时，录井操作员密切监视 H_2S 浓度变化，增压防爆型录井仪启动正压式通风系统，录井工程师向司钻、HSE 监理、钻井监督汇报情况，录井地质师观察风向、风速、切断危险区的不防爆电器的电源，向公司应急及安全部门报告，让非作业人员撤入安全区。

⑤当 H_2S 浓度达到第二级报警值时，录井工程师立即拉响 H_2S 警报喇叭向钻台报警，再由司钻向全井场报警，现场所有作业人员立即戴好防毒面具，录井地质师切断作业现场可能的着火源，组织非应急人员撤离现场，向公司应急及安全部门报告。

⑥若发生井喷失控，井场 H_2S 浓度达到第三级报警值时，录井工程师关闭仪器，切断电源，录井地质师迅速带领所有人员向上风口方向撤离至警戒线以外的安全位置，及时向公司应急及安全部门汇报。

⑦将 H_2S 中毒人员立即转移到安全地带，采取急救措施。情况严重的要向附近医院求救。

⑧失控井得到控制，作业现场采取了相应的消除措施，权威性检测确定可以返回井场后，录井地质师带领所有作业人员采取有效防范措施，返回井场。先检测现场 H_2S 浓度，再清理、冲洗污物，清理干净、确认安全后方可

恢复工作。

（3）录井作业现场撤离疏散行动程序。

①现场作业人员要准确知道钻井队所设立的紧急集合点（或根据季节风向设立的临时安全区）。当接到撤离指令后，所有人员立即按逃生路线迅速、有序地疏散到紧急集合点或临时安全区。

②逃生路线的选择应依据现场具体情况，首先观察风向标，确认风向，保证在上风方向绕开危险点，到达紧急集合点线，同时注意避开低洼、通风不畅的区域。若井喷失控，井口着火火势大且朝向仪器房正门，房内人员应从逃生门撤出。

③疏散到紧急集合地点后，由录井地质师清点人数。

④如有人员未到齐，应在做好防范措施的情况下寻找失踪人员。

⑤疏散到紧急集合地点的人不得参与抢险、围观，只有应急状态解除后，非抢救人员方可进入施工现场。

5. 应急预案更新

在施工过程中，由于施工环境、人员、技术、设施以及其他方面的变更，可能影响应急预案的正常实施。因此需要定期或不定期修订和更新应急预案，不断提高和完善应急预案水平。应急预案更新改造的内容包括：对变更及其实施可能导致的风险、后果做出记录和进行评审；对由主管部门批准实施的变更要形成文件；制定减少变更影响的具体实施程序等。

四、MS1 井钻前录井难点分析与方案制定

1. 录井技术难点、重点分析

MS1 井设计井深 7380m，该井具有钻探深度大、可能钻遇的地层多、地层压力跨度大等困难，而且本区侏罗系以下地层岩性、地层压力、地温梯度资料较少，甚至乌尔禾组及其以下地层无实钻资料。通过对邻井、邻区的钻井录井资料充分的收集、消化、认识，MS1 井钻井施工过程中可能主要存在和发生如下技术问题：

（1）中完井深的确定。

根据 MS1 井地质设计要求，第一层 ϕ339.70mm 技术套管下至三工河组 J_1s_2 砂层与 J_1s_3 高压层之间，井深在 4500m 左右，要求钻穿 J_1s_2 砂层进入 J_1s_3 段泥岩 5 ~ 10m 中完；第二层 ϕ250.8mm+ϕ244.5mm 技术套管下至 P_2w，井

深在 6500m 左右，要求钻穿 P_3w 进入 P_2w 稳定地层中完。为确保 MS1 井施工作业顺利进行，准确地卡准两次中完井深是录井工作的重点。

（2）地层的压力监测及合理的钻井液密度使用建议。

在地层压力分析方面，三叠系以上地层可参考邻井及莫索湾地区已钻探井的测压资料；三叠系亦可参考相邻的 XX 井钻井液使用资料及地层压力监测资料；但三叠系以下地层的压力监测及合理密度的钻井液使用建议成为 MS1 井录井工作的难点和重点。

（3）复杂情况分析及工程监测服务。

邻井钻井过程中多发生断钻具事故、卡钻事故，对于 4500m 以下地层，本区仅 3 口井钻至了八道湾组和白碱滩组，因而对下部地层的复杂情况分析及工程监测服务将是本井录井工作的又一难点和重点。

2. 制定相应技术措施

针对 MS1 井录井技术难点、重点工作，制定以下措施，以确保各项工作的顺利进行。

1）MS1 井中完井深卡取技术措施

根据 MS 1 井地质设计要求，第一层 ϕ 339.70mm 技术套管下至三工河组 J_1s_2 砂层与 J_1s_3 高压层之间，井深在 4500m 左右，要求钻穿 J_1s_2 砂层进入 J_1s_3 段泥岩 5 ~ 10m 中完；第二层 ϕ 250.8mm+ϕ 244.5mm 技术套管下至 P_2w，井深在 6500m 左右，要求钻穿 P_3w 进入 P_2w 稳定地层中完。针对技术套管下深要求，特别制定如下技术措施，以保证中间完井地层准确无误。

从 MS1 井最近的邻井 PC2 井、M4 井、M13 井等井看，钻穿三工河组 S_2 砂层后，在钻揭 S_3^1 砂层高压异常段前，在 S_2—S_3 砂层之间有 12.0 ~ 15.0m 的泥岩过渡带，Z1 井和 Z2 井 S_2—S_3 砂层之间的泥岩也有 13.0m，但往 P5 井、P6 井方向变厚，S_2—S_3 砂层之间的泥岩有 21.0 ~ 26.0m。PC2 井和 M13 井在钻揭 S_3 顶部泥岩后即进入异常高压层，过渡带很短，海拔深度为 −4100 ~ −4150m；P5 井进入异常高压层海拔深度为 −3970m，P4 井进入异常高压层海拔深度为 −4119m，Z2 井进入异常高压带海拔深度为 −4205m。从以上资料可以看出，PC2 井、M13 井、P5 井、P4 井和 Z2 井三工河组 S_3 砂层均存在异常高压，且 S_2^2 砂层与 S_3 砂层之间的泥岩（地层压力过渡带）在本井区沉积较为稳定，预计本井钻揭厚度 12.0 ~ 15.0m。

从各井 S_2^2 砂层厚度分布来看，S_2^2 砂层分布非常稳定，S_2^2 砂层厚度为 36 ~ 92m，无论是岩性剖面、钻时曲线还是电性资料，各井之间的对比性较好，因此利用邻井的地层剖面图和钻时曲线对比便可以准确地卡准 MS1 井三工河组 S_2^2 砂层的底界深度，确定中完井深，但钻揭 S_3^1 顶部泥岩厚度以 5～8m 为宜，不得超过10m。因此卡取第一次中完层位在技术上是成熟的，要点是要把握好钻揭 S_3^1 顶部泥岩厚度。但为了确保第一次中完的顺利进行，有必要在钻揭 S_2^2 砂层15m进行中间标斜，通过与邻井对比确定明确的地层，以指导下步工作。另外，在钻穿三工河组 S_1 段后使用三牙轮钻头钻进。

第二次技术套管要求钻穿上乌尔禾组（P_3w）后进入下乌尔禾组稳定地层中完。通过 MS1 井地层与岩性的识别可知，上、下乌尔禾组无论在岩性颜色上还是岩性上，其区别也是比较明显的，上、下乌尔禾组岩屑颜色虽然都以棕色、棕褐色为主，但上乌尔禾组的颜色较杂，泥岩中常带绿色色斑，而下乌尔禾组的颜色较纯，颜色单一，而且颜色上也比上乌尔禾组的鲜艳。在岩性上，上乌尔禾组多为泥砂岩互层，而下乌尔禾组多为砂砾岩。另外，在下乌尔禾组的砂砾岩或砾岩中可见到少量沸石。因此上、下乌尔禾组的区别首先表现在颜色上，当颜色发生变化，由暗棕色、暗棕褐色转变为鲜艳的棕色、棕褐色，同时在岩性上由砂泥岩互层转变为砂岩、砂砾岩互层时，便可以确认已钻穿上乌尔禾组，进入了下乌尔禾组的稳定地层。另外，在必要时可以进行中间对比测井，以确定中完层位。虽然在准噶尔盆地腹部还没有探井钻达下乌尔禾组，但以地质录井公司在准噶尔盆地西北缘已有众多探井的地质知识和丰富的现场经验，判别上、下乌尔禾组的界面是有把握的。

2）地层压力监测

根据区域地质资料，该区 J_1s_3 及以下地层存在异常高压地层，为做异常地层压力预测、随钻压力监测工作，使用合理密度的钻井液实现近平衡钻进，确保油气显示的发现、安全钻进。

（1）邻井资料分析与压力预测。

从 MS1 井邻井已钻井的测压资料及钻井液密度使用情况看（图3–11），三工河组 S_2 段以上属正常压力系统，压力系数为 1.0～1.2。三工河组 S_3 段以下为异常高压地层。M4 井 4371～4375m（S_2^1）压力系数为1.09，PC2 井 4385～4422m（J_2t）压力系数为1.05，4430～4434m（J_1b）压力系数为1.31，5122～5142m（J_1b）压力系数为2.11。根据地震层速度及邻井压力检测预测超压带顶界深度在4400m左右，随井深增加地层压力系数增加，最高压力系数在三叠系，压力系数2.1以上，自下乌尔禾组开始地层压力梯度有降低的趋势。

（2）钻井过程中做好随钻压力监测工作。

利用录井软件系统中所带地层压力监测软件实时计算 dc 指数和 Sigma 指数，要求钻时保留一位小数计算 dc 指数和 Sigma 指数（或用钻速计算），录井分析评价必须跟上钻头，在下部钻遇高压地层可加密录井。地层压力计算的准确与否重点在于趋势线的回归，具体要求如下：

①要求 4400m 以上地层每 100m 进行一次回归计算，4400m 以下加密回归计算。

②钻时加快时，要求每米回归计算地层压力，并循环观察井下压力变化情况，记录其他录井参数的变化情况，如气显示、钻井液温度、密度、电导率等的变化、岩屑的数量形状和大小等综合判别井下压力的平衡情况，并修正趋势线，以保证较准确地计算地层压力。

③钻遇地层不整合面，由于钻头尺寸、类型等的变化以及钻井参数的变化等引起 dc 指数较大的变化要重新进行回归。

④参考邻井 XX 井地层压力资料，进行地层压力监测。

XX 井是该区钻遇地层最多、井深最深的探井，运用该井地层压力资料指导本井地层压力监测是非常有现实意义的（表 3-9、图 3-12）。

3）工程监测服务

本井的钻井工程难点主要为上部白垩系大段泥岩易水化膨胀发生缩径和垮塌，以及下部高压层的缩径和垮塌，高压油气水侵、井涌、井喷、井漏等。为确保安全钻井，工程预报率及符合率 100%，特制定以下措施：

（1）开钻前，充分理解和吃透邻井及区域资料，为做好 MS1 井的工程监测打下良好基础。

（2）提供性能优良的工程参数监测设备，做到所测参数准确无误。

（3）严格按照 MS1 井地质设计及 MS1 井项目领导小组的有关要求做好工程录井监测。对于扭矩、泵冲、立管压力、转盘转速、液位等工程实测参数要求进行实时连续测量，能够按井深、时间回放曲线图。

（4）根据录井现场的实际情况及录井参数的不同特点，设置适合现场需要的报警门限，根据项目领导小组、钻井及录井自身对资料的不同需求，选择合理的资料打印间距、打印周期，选择合理的工程参数显示组合和图形界面，为工程技术人员提供技术服务。

（5）最大限度地利用工程录井现有检测设备和技术，为钻井和地质提供各种早期预报，比如应用扭矩、转盘、立管压力、钻时等参数来综合判断井下钻具及钻头的使用情况，应用钻井液液位、出入口温度、密度、电导、出口排量、立管压力、钻时、岩屑等变化来综合判断井筒内可能出现的各种复杂。

（6）根据实际需要，可选择性地提供以下钻井工程辅助作业业务（包括钻井液流变性分析、水力学设计与计算、钻速模式参数确定、钻进参数优选、套管柱选配等）。

（7）使用钻台监视器，为安全钻井提供良好的监控环境。在钻台安装一台钻台显示器，实时显示各项参数的变化，供司钻随钻监控。司钻通过该装置，可以实时了解到井下钻具和地面钻井设备运行状况；发现异常，及时、快速地作出决策，采取防范措施。

（8）使用井场电话通信系统，确保井场信息畅通无阻。

（9）提供多台实时监控用工控机，以图形、数据方式实时显示各种参数变化情况，录井操作员 24h 监控。为现场钻井监督提供一台远传监视器，工程技术人员可以利用它对工程状况进行 24h 监控。

（10）操作员严密监测各项参数的变化，及时发现异常通知工程人员，与工程技术人员一同分析可能的工程事故隐患，以防发生重大工程事故，确保安全钻进。

（11）充分利用工程录井检测设备和技术，为钻井工程和地质提供各种早期预报。利用岩性与中间对比电测，找出岩电特征标准层，做好地层划分和对比工作，卡准各组地层，校正设计误差，根据地层压力录井监测地层压力变化，确保各层技术套管下深符合地层设计要求。

该井通过钻前收集、分析邻井测、录井的相关资料，确定了 MS1 井区上覆岩层压力、地层压力剖面、dc 指数和 Sigma 指数正常趋势线、随钻监测模型参数、与钻井相关的地层参数等，为实时工程、压力监测及钻头磨损等工程辅助计算提供基础。钻井过程中开展了实时监测与工程评价，在录井过程中连续监测各项工程参数，及时准确地预报工程参数异常情况，为安全快速钻进提供了有力保障。同时通过及时准确的地层压力预测与评价及实时水力学分析、ECD 实时监测等项目的工程录井服务，确保了该井顺利安全施工与地下油气发现。全井工程参数异常预报 67 次（卡钻 1 次，断钻具 1 次，溢流 10 次，井漏 22 次，挂卡 15 次，泵刺 5 次、钻头老化 3 次、钻头泥包 1 次、溜钻 1 次、水眼堵 1 次、地层缩径 3 次、泵上水不好 1 次、钻头牙轮卡 1 次、H_2S 异常 1 次、跑钻井液 1 次），成功卡准 2 次中完井深，为该井的安全、顺利施工提供了有力保障。

第二节　钻井施工过程中的安全监控与预报

工程录井作为安全钻井的参谋，应通过对所收集的邻井资料信息认真分析，加强地质交底、随钻地层分析对比、地层压力监测、井下复杂预报等工作，为实施井控作业提供准确及时的预报与报告，为主动井控提供技术依据。

一、钻前地质预告

开钻前由地质技术人员根据收集和掌握的区域地质资料，与钻井工程技术人员进行地质设计交底，内容主要包括本井钻遇地层情况、主要目的层层位、油气层井段预告，邻井地层压力情况、注水井注水情况预告，断层位置、防喷、防漏井段预告，区域主要井下复杂类型及本井可能出现的层位，明确井控重点井段，做好井控预防。

二、钻进过程中的压力监测与异常预报

通过加强随钻地层对比分析，及时发现地层流体、岩性及压力异常，掌握地层动态变化情况，修正地质认识；同时通过准确的实时监测，及时发现井下复杂，为指导下步施工作业、制定相应井控措施提供可靠依据。

1. 地层压力监测的技术方法与手段

钻井过程中，压力有效控制的目的是使井眼压力处于近平衡状态，结合采取有效的技术措施，确保不发生井喷，保证井眼稳定，又不压破地层，保护油气层。因此，实时监测地层孔隙流体压力变化是井控的技术基础。

目前钻井现场一般应用 dc 指数（校正 d 指数）法和 Sigma 指数法来进行随钻分析和预测地层压力，并用钻井参数、迟到钻井液参数、钻屑参数和气测参数的变化来验证。

2. 随钻压力监测、检测、估算和评价

随钻压力监测、估算和评价工作是一项现场实时性很强的工作，需要在现场收集所有与压力评估有关的数据，定量的数据参与经验公式运算，定性

地参与对运算结果进行修正。

随钻压力监测、检测、估算和评价步骤如下：

（1）尽可能收集所有钻井工程地质及压力资料，做出初步分析，确定异常压力可能存在层位。

（2）确定上覆地层密度源，计算上覆地层压力梯度。

通常有两种方法：用岩屑随钻做地层泥页岩密度和参考邻井地层密度测井曲线；利用公式随钻计算。

（3）正确观察、收集工程参数、录井参数，正确计算 dc 指数，确定 dc_n。

首先计算出 dc 指数，再结合本井钻井实际对其进行必要的平移，参考邻井趋势线，在本井沉积稳定的大段泥页岩段找出 dc 指数增大趋势，即代表压实地层，最终确定本井 dc 指数正常压实趋势线 dc_n。

（4）计算地层压力及验证。

利用公式计算出地层压力，对比预测结果，如与邻井相差较大，或与本井钻井实际数据（如钻井液使用密度、气测显示、后效显示、溢流、井涌、岩屑、槽面以及其他反映异常压力的井筒信息流表征参数）不符，则检查 dc_n 及 dc 指数、上覆地层压力梯度。如果存在较大偏差，则必须作特殊修正。

（5）计算地层破裂压力及验证。

根据压力预测得出工区内岩石泊松比，用 Eaton 法计算出地层破裂压力梯度。如果本井有 LOT 数据，则反算或验证本井的泊松比或其他参数，用以更准确地计算。

（6）计算井涌控制容限。

（7）计算地层坍塌压力。

（8）预测下部地层坍塌压力、孔隙压力和破裂压力情况，主要是地层孔隙压力。

（9）找出适用的钻井液密度。

钻井过程中，为了防止发生井喷、井漏和井坍，井眼钻井液液柱压力 p_m 应满足：

$$\begin{cases} p_m > p_{f\,max} \\ p_m > p_{c\,max} \\ p_m < p_{F\,min} \end{cases}$$

（10）填写压力监测日报和绘制随钻压力实时监测图。

3. 实钻过程中应收集、分析信息

通过收集钻井液密度、黏度等变化情况及钻井液槽面显示情况，及时报告、密切关注，一旦发生异常及时实施井控措施。

（1）钻井液密度下降、黏度上升，则预示地层流体进入井内，可能发生溢流。

（2）观察、收集钻井液槽面显示，如发现槽面见油花气泡，槽面有上涨现象，有无油气芳香味或硫化氢味等，则直接证明地层流体进入了井内钻井液，这时应立即向驻井监督及井队相关人员报告，马上采取相应的井控措施。

（3）观察、记录钻井液出口变化情况。钻井液流出是不是时快时慢、忽大忽小，有无外涌现象，如有这些现象，应及时通知钻井工程人员注意加强观察与预警，加强防范与处理措施。

（4）在非目的层发现油气显示，不论油气显示强弱，都要立即向驻井监督及井队相关人员报告，采取相应的井控措施。

在钻进过程中进行实时压力检测与异常预报对于实施井控作业具有指导意义。

4. 气测异常预报

气测录井是应用专门仪器直接测定钻井液中可燃气体总含量和组分的一种录井方法，是在发现油气显示、判断地层流体性质、估算油气产能的一种有效技术手段。因此，气测录井过程中气测异常的发现与预报对于实施井控工作非常重要。

气测录井过程中，一旦发现气测异常，则表明已钻遇好的储层；如气测异常明显，则证明储层能量较大。气测异常往往第一时间预示井内溢流的发生。发生气测异常时，通过与工程人员联系，了解钻井液处理动态，与地质人员落实地层岩性，正确判断产生气测异常的原因，及时向驻井监督及井队相关人员报告采取必要井控措施。

起下钻油气上窜速度计算。油气上窜速度直接反映油气层的能量大小，根据油气上窜速度的大小，应及时采取相应的井控措施保障安全。

1）下钻、测后效过程中发生井涌——MS1 井

后效：井深 5545.57m，钻头位置 5545.10m，测量日期为 2007 年 4 月 5 日，静止时间 20h，迟到时间 129min。提钻前钻井液密度为 1.93g/cm³，漏斗黏度为 80s。开泵时间 11:52，后效起止时间为 13:26—13:45。高峰时间为

13:35，钻井液密度由 1.96g/cm³ 下降至 1.72g/cm³ 后上升至 1.95g/cm³，漏斗黏度由 96s 升至 182s 后下降至 79s，电导率由 174.47mS/cm 下降至 114.49mS/cm 后上升至 176.98mS/cm，气测全烃由 7.3737% 上升至 40.9774%，C_1 由 5.5018% 上升至 25.3581%，组分出到 C_5（图 6-1），高峰时槽面上涨 20cm，

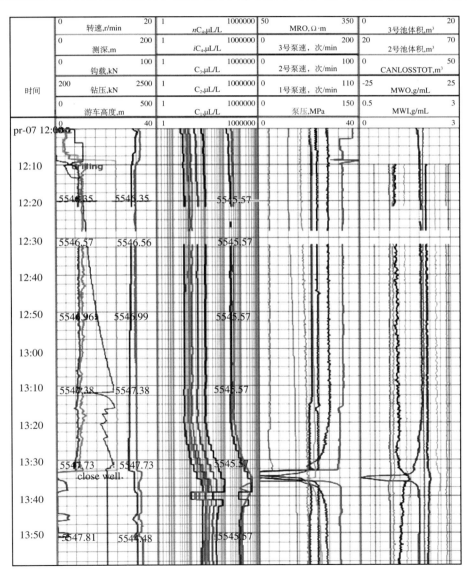

图 6-1　MS1 井井深 5545.57m 后效井涌

见针孔状气泡占槽面 30%，取样点火可燃，橘黄色火焰，焰高 2 ~ 5cm，持续 3s。

注：因后效显示强烈，13:34 后效高峰关井，13:35 从液气分离气循环，防喷口点火，橘黄色火焰，焰长 2 ~ 5m，持续至 14:15 火焰自灭。

2）地质循环、钻进过程中井涌预报

MS1 井，5582.00 ~ 5586.00m，岩性为灰色粉砂质泥岩、深灰色泥岩、灰色荧光泥质粉砂岩。钻井液性能：密度 1.80 ~ 1.99g/cm³，漏斗黏度 74 ~ 95s，滤饼 0.5mm，含砂 0.1%，失水 3.3mL，切力 9.5/20.0，氯离子含量 38000mg/L，pH 值 10。气测异常：5582.00 ~ 5586.00m，全烃由 8.8711% 上升至 26.4701%，C_1 由 7.1263% 上升至 23.4856%，组分出到 nC_5；电导率由 197.88mS/cm 下降至 177.66mS/cm，钻井液密度由 1.80g/cm³ 下降至 1.76g/cm³，漏斗黏度由 90s 上升至 98s，气测解释气层。钻至井深 5587.04m，录井操作员在监测过程中发现钻井液总池量增加，13:35 由 295.22m³ 增加至 296.26m³，增加 1.02m³，气测略有增加，电导率略有下降，通知井队。至 14:03，气测全烃由 8.5145% 升至 15.6951%，电导率 198.46mS/cm 下降至 178.24mS/cm，总池体积升至 297.65m³。发生溢流，13:46 钻井液总池体积开始由正常时的 295.22m³ 逐渐上升，13:52 增加至 296.24m³，共增长 1.02m³，溢流速度为 10.2m³/h。14:38 钻井液密度由 1.80g/cm³ 下降至 1.76g/cm³，14:45 立管压力由 33.22MPa 下降至 30.91MPa。14:46 关井走液气分离器。14:50 点火，橘黄色火焰，焰高 10 ~ 15m。立管压力为 1.19 ~ 30.67MPa，套压 0.39MPa。15:30 套压上升至 2.25MPa，立压下降至 6.36MPa，钻井液总池体积上涨了 55 m³（图 6–2）。用 2.10g/cm³ 钻井液采用司钻法压井，至 4 月 6 日 2:00 套压下降为零，立压由 6.18MPa 上升至 25.09MPa，出口钻井液密度为 2.07g/cm³。溢流已控制，复杂解除，共耗时 11.3 小时。

5. 工程录井多参数异常预报

综合录井仪通过安装在钻机上的各类传感器，对钻井施工实施全方位连续监控并提供及时的异常预报，及时预防和处理，实施井控作业。在各类参数发生异常变化时，则反映钻井平衡状态被打破，井筒内流体性质发生变化，预示着必须采取必要的井控措施。

（1）总池体积持续上升或下降（地层流体侵入或井漏）。

（2）钻井液密度下降。

（3）钻井液出口流量上升或下降（地层流体侵入或井漏）。

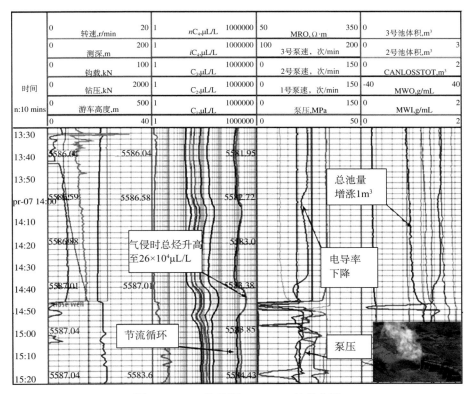

图 6-2　MS1 井井深 5587.04m 钻井井涌

图中与后效测量相关参数：MRO—出口电导率；MWO—出口钻井液密度

（4）钻井液电导率下降可能为油气显示，上升可能为地层盐水。

（5）硫化氢显示。

（6）钻井液温度升高（地层流体侵入）。

（7）井下钻具悬重增加（地层流体侵入使钻井液密度降低）。

（8）泵冲、立管压力变化（地层流体侵入降低了井筒内的液柱压力，形成 U 形管效应，钻井液由钻具流向环空造成立管压力下降，泵速增加。由于气体膨胀运移，使这一效应进一步增大）。

（9）钻压变化（钻压的变化，往往反映的是地层的可钻性，当钻遇储层时，钻压减小，有时甚至放空，如发生放空现象，则可能钻遇大型孔洞或风化壳，此时十分危险，应当关井并考虑控制措施）。

6. 发生井下异常时录井资料收集汇报的内容

1）油气侵时应收集的资料

重大、首次油气侵应在当天详细汇报，油气侵汇报起止时间、井深、层位（进行工程录井的井应报岩性、气测全烃、组分）、油气侵前工作内容、钻井液性能、油气侵过程中钻井液性能的变化情况，油气占钻井液槽面百分比、油气形态、大小、流动类型、槽面上涨高度、取样点火试验，火焰颜色、持续时间及处理情况。

2）水侵收集汇报的内容

水侵起止时间、井深、层位（进行工程录井的井应报岩性、气测全烃、组分）、水侵前工作内容，钻井液性能及变化情况，池内上涨高度，出水量、取样及处理情况。

3）井喷时应收集的资料

井喷时间，喷前钻井液性能（密度、黏度）、井深、层位、工作内容、钻头位置、喷高、喷出量（喷出物：油、气、水、钻井液），井喷过程中钻井液性能变化情况，取喷出物样，以及井喷原因和井喷处理情况（包括压井、压井密度、用量恢复正常情况）。

4）井漏时应收集的资料

井漏前的工作内容，井漏原因、井漏时间、井深、层位、井漏前钻井液密度变化情况，漏失量、漏速、堵漏经过及堵漏物用量，恢复正常后钻井液性能使用情况。

三、起下钻过程监测

大部分的井喷失控事故发生在起下钻期间，因此在起下钻过程中的安全监控显得非常重要，按照起下钻井控操作规定作业，对各种异常情况进行观察记录，及早采取措施，确保施工安全。

起下钻速度大小直接影响井筒内的压力平衡状况。如果起钻速度过快则可能发生抽汲，导致地层流体进入井内，特别是上提大尺寸钻具时，容易造成起钻"拔活塞"，使地层流体进入钻具内。如果下钻速度过快，将会产生较大的激动压力，从而导致井漏。这将造成流体静液柱压力减小，当小于地层孔隙压力时，地层流体将进入井内。避免起下钻速度过快，按照井控操作规定执行可以有效避免溢流的发生。

在起钻过程中要及时灌入与钻具体积相符的钻井液量来维持井筒内压力平衡，若灌入的钻井液量与起出的钻具体积不符合，则说明可能有地层流体侵入井中。在每次起钻时都应记录灌入的钻井液量，以判断灌入量是否准确。如果在相同井深处灌入的钻井液量少于上一次记录的钻井液量，则说明溢流可能正在发生。

下钻时，钻具将排出与钻具金属同体积的流体，如果下钻速度过快，将会产生较大的激动压力，从而导致井漏。这将造成流体静液柱压力减小。如果减小到小于地层孔隙压力时，地层流体将进入井内。随着流体进入井内，气体膨胀上升，导致超过下入钻具体积的流体排出井眼。应随时记录测量排出的流体量，一旦发现排出的流体与下入的钻具体积不吻合，说明井下可能有问题，必须加强观察，及时采取有效措施。

四、综合分析，确定溢、漏层位

录井技术人员在工程录井过程中，不仅采集了大量的实时数据，同时，对所钻层位的含油气性等也有较深入的了解，并进行了初步的评价。这些认识与评价不仅用在油气的发现与评价方面，同时，在出现井下工程异常时，还可为工程施工提供参考依据。

案例：MS1 井溢、漏层位确定。10 月 23 日，MS1 井钻至井深 7118.48m，准备提钻取心，提钻前入口钻井液密度为 1.80g/cm³，出口钻井液密度为 1.74g/cm³。10 月 24 日 2:30 提钻至 6361.00m，做承压试验。2:30—6:00 承压试验，从压井管汇挤入钻井液 8.5m³。套压 10.7MPa 漏失，当量密度为 1.96g/cm³，未能达到设计 2.15g/cm³，泄压回吐 3.5m³。6:00 至 25 日 2:50 提完钻，井内出水 9.5m³。25 日 2:50—4:50 接取心筒。4:50—14:00 下钻至 2700m，井内出水 12m³。14:00—21:00 倒大绳，此时关井，套、立压上升到 9.4MPa，按 6540m 出水计算，6540m 压力系数为 0.15+1.80=1.95。

25 日 21:00—26 日 9:45 下钻。9:45 下钻至 6459.00m 遇阻，遇阻 19t，总池体积为 308.0m³，下钻多返钻井液 0.80m³。9:50—11:10 开泵划眼至 6505.00m，溢流量增大，关井。11:10—11:40 关井，立压为零，最大套压 4.0MPa。11:40 开泵节流循环，12:14 后效高峰，气测全烃由 0.3646% 上升至 5.8820%，出口钻井液密度由 1.74g/cm³ 下降至 1.11g/cm³，漏斗黏度由 50s 下降至 30s，电导率由 57.03mS/cm 上升至 93.81mS/cm，温度由 45.80℃ 下降至 44.66℃，判断地层出水（图 6-3）。12:14—12:42，排后效放地层水 28.1m³。

13:15—16:45 泵入加重钻井液，循环压井，密度为 2.17g/cm³ 的钻井液 42m³，密度为 2.21g/cm³ 的钻井液 34.3m³，密度为 2.13g/cm³ 的钻井液 40.5m³，共计 116.8m³。循环密度为 1.69 ~ 1.74g/cm³。16:45—21:00 下钻划眼至 6590.00m，划眼钻压 4 ~ 12t，扭矩波动 3.68 ~ 13.23kN·m，立管压力 31.36MPa。循环密度为 1.78 ~ 1.93g/cm³。21:00 接立柱下放至 6607.00m 遇阻 24.5t，开泵憋压 41MPa，活动钻具挂卡，上提最大超拉 57.3t，活动范围 6599.00 ~ 6607.00m。21:00—23:00 活动钻具解卡。循环钻井液密度为 1.71 ~ 1.89g/cm³。

26 日 23:00—27 日 1:20 提钻至套管鞋内（6371.00m）。27 日 1:20—5:20，处理钻井液（调整密度），循环钻井液密度为 1.83 ~ 1.88g/cm³。5:20 提钻，换三牙轮钻头划眼，事故处理完毕。

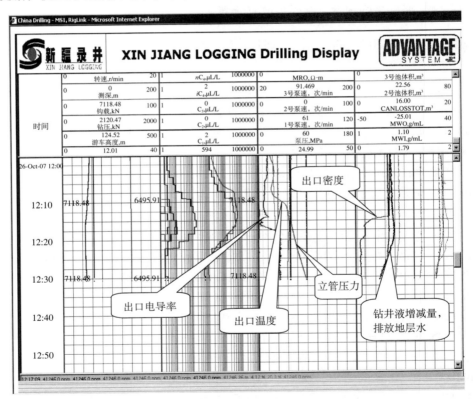

图 6-3 井涌出水录井参数变化图

溢流原因、层位与地层压力分析评价：根据显示及砂层可具体分为 5 段，各段显示相近，以 6540.00 ~ 6544.00m 为例，气测全烃由 0.0304% 上升至

0.1948%，组分出至 nC_5，气测解释为干层；出口钻井液密度 $1.92g/cm^3$，黏度、电导率无明显变化。在 6542.06 ~ 6546.56m 取心，岩心微含水，滴水扩散。6542.06m 后效，钻井液密度由 $1.92g/cm^3$ 下降至 1.89 后又上升至 $1.91g/cm^3$，漏斗黏度由 58s 下降至 56s 后又上升至 61s，电导率由 53.47mS/cm 下降至 50.11mS/cm 后上升至 53.33mS/cm，气测全烃由 0.0363% 上升至 1.5374%，组分出至 C_3，后效高峰时槽面上涨 8cm，见针孔状气泡占 5%，取样点火可燃，淡蓝色—橘黄色火焰，焰高 3cm，持续 1s。后效亦显示地层含水。而在井深 6712.18m 换钻头的后效，显示为 5 峰后效，基本能与上述显示层对应，后效高峰时，钻井液密度由 $1.89g/cm^3$ 下降至 $1.80g/cm^3$ 后上升至 $1.84g/cm^3$，漏斗黏度由 58s 下降至 40s 又上升至 60s，电导率由 50.83mS/cm 上升至 61.67mS/cm 后下降至 49.36mS/cm，后效显示表明地层含水（图 6-4）。从此以后，每次后效均为这几层显示段的后效表现，不论井深，在排量一定的情况下，后效均为 90 ~ 100min 到达高峰，均为含气含水特征，气先返出，电导率下降，

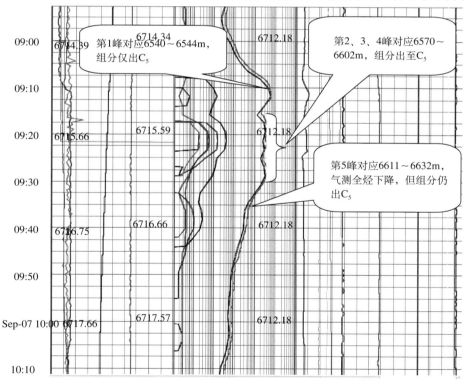

图 6-4　后效录井参数变化图

紧接着水返出，电导率急速回升。

根据实时压力与评价，本段压力系数为 1.90 左右，随着井深增加，压力系数逐渐下降到 1.80（井底，7118m），故钻进过程中将钻井液密度逐步下调，本段显示在随后的后效及单根气等反应逐步增大。6500.00 ~ 7040.00m，使用钻井液密度（出口）由 1.92g/cm³ 逐步降到 1.75g/cm³，7040.00 ~ 7118.00m 使用钻井液密度为 1.73 ~ 1.74g/cm³，单根气明显，每次单根气均为 90 ~ 100min 出。划眼返出掉块较多，最大为 2cm×3cm，一般为 1cm×1cm 左右。掉块以灰色泥岩为主，夹深灰色泥岩，性脆，吸水性差。分析认为掉块主要来自 6500.00 ~ 6600.00m，层位下乌尔禾组。掉块的产生主要因为地层压力的释放，破坏了井壁，或造成缩径。

根据工程录井显示、后效及地层压力评价资料，分析判断溢流层位为下乌尔禾组，井段 6540.00 ~ 6632.00m，溢流原因主要为钻井液密度使用偏低（提钻前井内钻井液密度为 1.80g/cm³），钻进时环空压耗为 5MPa（四开实测），折算附加当量密度大约 0.07g/cm³，基本能满足钻进，但不能满足长时间静止。

第七章 工程辅助服务与评价

钻井的基本含义就是通过一定的设备、工具和技术手段形成一个从地表到地下某一深度处具有不同轨迹形状的孔道。在钻井施工中，大量的工作是破碎岩石和加深井眼。在钻进过程中，钻进的速度、成本和质量将会受到多种因素的影响和制约，这些影响和制约因素根据受控程度可分为可控因素和不可控因素。不可控因素是指客观存在的因素，如所钻的地层岩性、储层埋藏深度以及地层压力等。可控因素是指通过一定的设备和技术手段可进行人为调节的因素，如地面机泵设备、钻头类型、钻井液性能、钻压、转速、立管压力和排量等。通过对这些可控因素的优化，可以大大提高钻井速度与效益。通过综合录井仪采集的参数和工程录井软件系统，不仅可以对钻井全过程进行实时监测与事故隐患预报，同时，还可利用工程录井资料齐全、准确、及时的特点，现场提供钻井工程水力学实时计算、钻头参数优化、地层可钻性评价等多项工程辅助服务，实现优化钻井。

第一节 录井工程辅助服务的主要功能

工程辅助服务不仅包括为井场或基地工程技术人员提供经常使用的一些设计、计算、分析等软件工具，主要包括钻井液流变性分析、水力设计与计算、套管安全下速计算等模块，同时还包括对钻井施工过程的评价。

一、钻井参数优化

所谓钻井参数就是指表征钻井过程中的可控因素所包含的设备、工具、钻井液以及操作条件的重要性质的量。钻井参数优选则是指在一定的客观条

件下，根据不同参数配合时各因素对钻进速度的影响规律，采用最优化方法，选择合理的钻井参数配合，使钻井过程达到最优的技术和经济指标。

1. 钻井液流变性分析

钻井液属于非牛顿流体，钻井液流动特性直接影响钻井过程。钻井液的流变性对钻速、立管压力、排量、携带和悬浮岩屑、固井质量等都有很大影响。钻井液流变性是指其流动和变形特性，如塑性黏度、表观黏度、动切力、静切力和触变性等。流变学解决井眼净化和冲蚀、钻屑悬浮、水力学计算以及利用水力学关系评价钻井液等问题。监测与计算钻井液在井内的流动规律首先要分析实际钻井液的流变特性，选取合理的流变模式以及准确地计算其流变参数。流变模式的合理性及流变参数准确性是保证附加 *ECD* 计算精度的基础。

利用该模块，不仅可为井场钻井液技术人员分析钻井液流变性能提供快捷工具；同时，还可为钻井技术人员确定合理的钻井液流变参数值提供有效的手段，以提高与水力有关的设计和计算结果的精度。

通过输入旋转黏度计读数值（不少于流变模式中流变参数的个数）（表7-1），利用常规计算方法或回归计算方法进行分析计算；回归分析相关系数、流变参数值，并显示流变曲线（图7-1）。

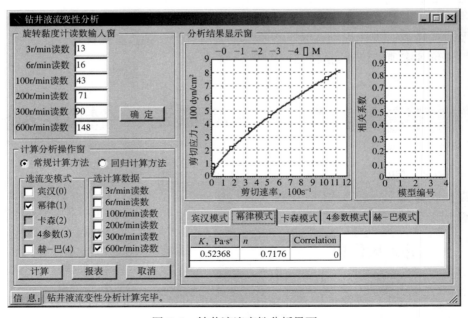

图 7-1　钻井液流变性分析界面

表7-1 3组井场实测出入口钻井液流变数据

项目	黏度计读数，mPa·s					
	3r/min	6r/min	100r/min	200r/min	300r/min	600r/min
第1组入口	1.0	1.5	9.5	15	19.5	32.5
第1组出口	2.5	3.5	15.5	24.5	31.5	49.5
第2组出口	4	6	16	23	28	40

2. 水力参数优化设计与计算

水力参数优化设计的概念是随着喷射式钻头的使用而提出来的。钻井水力参数是表征钻头水力特性、射流水力特性以及地面水力设备性质的量，主要包括钻井泵的功率、排量、立管压力以及钻头水功率、钻头水力压降、钻头喷嘴直径、射流冲击力、射流喷速和环空钻井液上返速度等。水力参数优化设计的目的就是寻求合理的水力参数配合，使井底获得最优的水力能量分配，从而达到最优的井底净化效果，提高机械钻速。然而，井底水力能量的分配，要受到钻头喷嘴选择、循环系统水力能量损耗和地面机泵条件的制约。因此，水力参数优化设计是在了解钻头水力特性、循环系统能量损耗规律、地面机泵水力特性的基础上进行的。

利用该模块功能，可实现如下功能：

（1）设计排量：在泵允许排量、允许立压、井深、钻速、钻头直径等一定条件下按最大水功率方式设计合理排量并提供设计结果报表。

（2）计算泵冲：在缸径、冲程、泵效、排量等一定的情况下，计算需要的泵冲数。

（3）设计喷嘴直径：在排量、立压、钻头位置、机械钻速、钻头直径等一定的条件下，设计喷嘴当量面积和当量直径，为合理选配喷嘴提供参考。

（4）水力计算：在排量、钻头位置、机械钻速、钻头直径、喷嘴尺寸等一定的条件下，进行实际的水力计算并提供计算结果报表。

（5）计算实际排量：在使用泵、泵效及冲数给定条件下计算泵的实际排量。

水力设计与计算需要输入井眼结构、钻具结构、岩屑数据、钻井液性能、动力钻具等数据。注意：钻具结构中若有螺旋扶正器或螺旋钻铤，其外径应为其当量外径（将其横截面流道总面积当量为同心环空面积时的外径）。

例：某井 ϕ339.7mm 表层套管（内径319.7mm）下至400m，用 ϕ215.9mm

钻头钻进。钻具结构为：ϕ127mm 钻杆（内径 108mm）+ϕ175.8mm 钻铤（内径 74mm）108m。单泵钻进，3 个缸径均为 170mm，泵效 92%。

试求：

（1）最优排量及合理泵冲：泵额定排量取 40L/s，设计允许立压取 20MPa，钻头钻达井深取 3160m，预计最大钻速取 10m/h，井扩系数取 1.05，岩屑密度取 2.5g/cm³，岩屑直径取 7mm，钻井液性能见表 7-2。

表 7-2　井深 3160m 时的钻井液性能

项目	黏度计读数，mPa·s						密度，g/cm³
	3r/min	6r/min	100r/min	200r/min	300r/min	600r/min	
入口	1.0	1.5	9.5	15	19.5	32.5	1.27
出口	2.5	3.5	15.5	24.5	31.5	49.5	1.30

（2）用最优排量［立压、井深、钻速及其他等同（1）］钻进，计算当量喷嘴面积。

（3）若排量为 30.8L/s，装有两个喷嘴：14.28mm 和 11.1mm，其他同（2），计算水力参数。

计算步骤与计算结果：

第 1 步：利用钻井液流变性分析程序求取钻井液流变参数。

入口流变参数：$n=0.7074$；$K=0.1228$Pa·s^n（不用 3r/min、6r/min 和 100r/min 读数回归）。

出口流变参数：$n=0.6467$；$K=0.2864$Pa·s^n（不用 3r/min 和 6r/min 读数回归）。

第 2 步：输入井眼结构、钻具结构、岩屑数据、钻井液性能等参数（图 7-2）。

第 3 步：计算结果为合理排量 =26.25L/s。还可生成 Excel 等格式结果报表，以便打印或保存。

第 4 步：单击"功能选择与参数输入窗"中的"计算泵冲"选项，输入相关数据（也可以文件输入），单击"计算"菜单，计算结果为合理泵冲 =82.7 冲 /min。

第 5 步：单击"功能选择与参数输入窗"中的"喷嘴直径"选项（图 7-3），输入相关数据（也可以文件输入），单击"计算"菜单，计算结果为当量喷嘴面积 =189.54mm²，3 个等径喷嘴时当量喷嘴直径 =8.969mm。

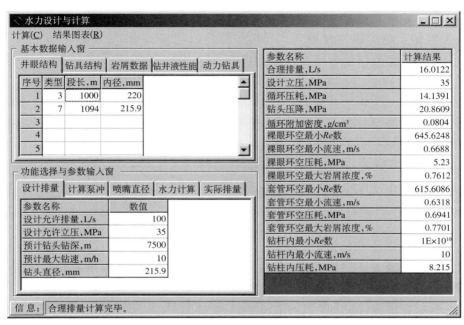

图 7–2　水力学设计与计算 1

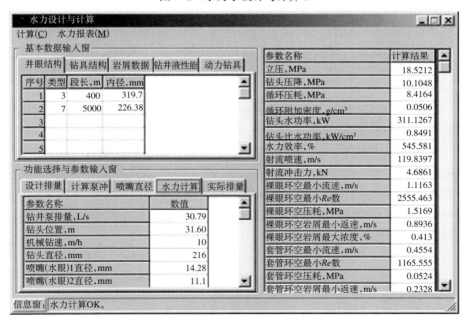

图 7–3　水力学设计与计算 2

第6步：单击"功能选择与参数输入窗"中的"水力计算"选项，输入相关数据（也可以文件输入），两个喷嘴（14.28mm 和 11.1mm），单击"计算"菜单，计算结果为钻头压降 =10.1MPa。点击"水力报表"菜单，还可生成 Excel 等格式结果报表，填写其他项后，可打印或保存。

第7步：单击"功能选择与参数输入窗"中的"实际排量"选项，输入相关数据：泵效 92%、泵冲 97 冲 /min，单击"计算"菜单，计算结果为实际排量 =30.79L/s。

3. 钻速模式参数确定

不仅岩石特性和钻头类型对钻速有重要影响，钻进过程中的钻压、转速、水力因素、钻井液性能以及钻头的牙齿磨损等也是影响钻速的主要因素。

钻速模式有关系数是优选参数钻井的基础。一般采用两种方法确定：一是利用新钻头作释放钻压法试钻，确定地层的门限钻压 M、转速指数 λ、地层可钻性系数 K；二是根据该钻头的实钻资料确定牙齿磨损系数 C_2、地层研磨性系数 A_f、轴承工作系数 b。

释放钻压法试验的步骤如下：

（1）先用常用钻压钻进，测定钻压下降约 10% 所需时间 Δt_c，然后增加钻压到比常用钻压大约高 20%，作为试钻初钻压，钻进约 $2\Delta t_c$ 时间，以形成新的井底划痕。

（2）刹住刹把，保持钻速和其他钻进参数不变，精确记录钻压下降过程中的钻压及相应的时间。试验一般应进行到钻压下降为初钻压的 50% 以上为止。

（3）改变转速重复一次上述试验。若在初次试验中发现钻头泥包，第二次改变转速试验应降低转速，否则，可提高转速。

（4）利用本界面的"试钻数据文件"菜单，建立"试钻数据文件"以备使用。

（5）由一个文件菜单和两个窗口组成（图 7-4、图 7-5），完成试钻资料求相关参数和实钻资料求相关参数两项计算。

根据试钻资料求相关参数。

输入参数：试钻井深 =1010m；钻杆柱总长 =1000m；钻杆外径 =127mm（内径 =108mm）；第一次试钻转速 =180r/min；第二次试钻转速 =120r/min；压差影响系数 C_p=0.78。

求取结果：地层门限钻压 =25.842kN；转速指数 λ=0.775；地层可钻性系数 K=0.01602。

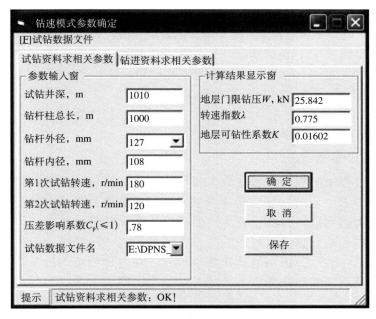

图 7-4　钻速模式参数确定 1

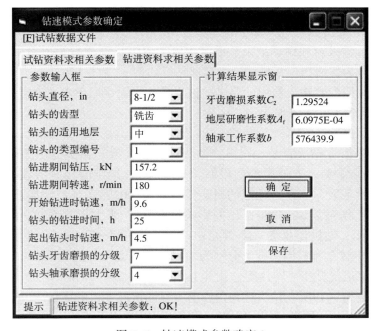

图 7-5　钻速模式参数确定 2

根据实钻资料求相关参数。

输入参数：钻头直径 $=8^1/_2$in；钻头的齿型 = 洗齿；钻头的适用地层 = 中；钻头的类型编号 =1；钻进期间钻压 =157.2kN；钻进期间转速 =180r/min；开始钻进时的钻速 =9.6m/h；钻头的钻进时间 =25h；起出钻头时的钻速 =4.5m/h；钻头牙齿磨损的分级 =7；钻头轴承磨损的分级 =4。

求取结果：牙齿磨损系数 c_2=1.29524；地层研磨性系数 A_f=6.0975 × 10^{-4}；轴承工作系数 b=576439.9。

4. 钻进参数优选

钻进过程中的机械破岩参数主要包括钻压和转速。机械破岩参数优选的目的是寻求一定的钻压与转速参数配合，使钻进过程达到最佳的技术经济效果。为达到这一目的，首先需要确定一个衡量钻进技术经济效果的标准，并将各参数对钻进过程影响的基本规律与这一标准结合起来，建立钻进目标函数。然后，运用最优化数学理论，在各种约束条件下，寻求目标函数的极值点。满足极值点条件的参数组合，即为钻进过程的最优机械破岩参数。

（1）功能。

已知钻速模式中有关系数后，优选钻进工艺参数，预计钻进情况。

（2）结构与操作。

由参数输入窗和计算结果显示窗构成（图 7-6）。参数输入窗中转速范围的选择又分为普通挡位钻机和无级变速钻机。

用户按照参数输入窗中的要求，输入参数，无误后单击"确定"，在"计算结果显示窗"中查看结果。

（3）示例。

输入参数：钻头直径 $=9^7/_8$in；钻头齿型 = 洗齿；钻头适用的地层 = 中；钻头的类型编号 =1；地层的门限钻压 =9.82kN；地层的转速指数 =0.68；地层的可钻性系数 =0.023；地层的研磨性系数 =0.00228；牙齿磨损系数 =3.68；钻头轴承工作系数 =275000；压差影响系数 =1；水力影响系数 =1；钻头成本 =0.9 千元；钻机作业费 =0.6 万元 /d；起下钻时间 =5.75h；允许牙齿磨损量 =0.75；钻机转盘有三挡速度，分别为 60r/min、120r/min 和 180r/min。

试求：最优钻压—转速配合及其工作指标。

求取结果：在所选钻头达到允许磨损量的情况下，最优钻压 =323kN；最优转速 =60r/min；钻进时间 =15.6h；每米成本 =81.4 元。

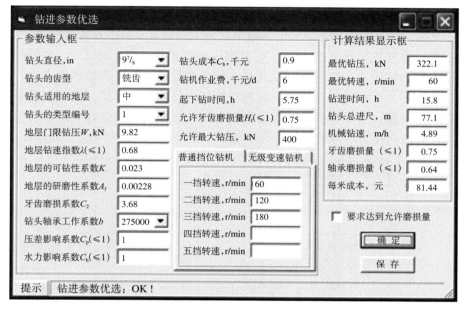

图 7-6　钻进参数优选

二、钻井施工安全服务

综合录井仪不仅能为钻井施工提供井下复杂情况的监测与预报，同时，还可利用自身的工程辅助系统，为井筒压力分析、下套管施工等完井施工作业以及起下钻速度监测、压井监测等提供服务，为钻井施工安全提供保障。

1. 实时 ECD 监测

钻井工程中水力参数的监测对于钻进顺利进行具有重要的意义，准确掌握现场的水力学参数，可以有效辅助判断井下情况，从而预报哪些事故可能发生。另外，掌握较准确的水力参数是制定钻井工艺、避免事故发生的重要手段。比较重要的一个水力参数是附加 ECD，而影响附加 ECD 因素较多，涉及井眼结构、钻柱结构、钻井液性能、泵参数及泵冲等，在实时计算过程中，除根据计算模式进行计算外，还要注意准确测量钻井液的流变参数、钻柱结构合理输入等，而压耗的计算涉及排量，在计算排量时，注意上水效率问题，根据现场情况，新泵的上水效率要高一些，旧泵要低一些。

钻进过程中实时计算井底附加 ECD，且通过计算结果的实时分析监测附加 ECD 的变化，首先需要解决泵排量的计算。录井仪是通过测量泵冲数来计算排量的，这就需要知道泵的上水效率。但不同钻井泵其上水效率不尽相同。为了实现通过井底附加 ECD 的实时监测达到判断井下情况的目的，并采用了利用实测立管压力和实测泵冲以及其他相关参数反算泵上水效率的方法，基本思路如图 7-7 所示。首先利用实测立管压力反算循环排量，利用实测泵冲计算理论排量，然后由两者计算上水效率。在按此上水效率计算排量的情况下，计算的立管压力与实测立管压力完全一致。

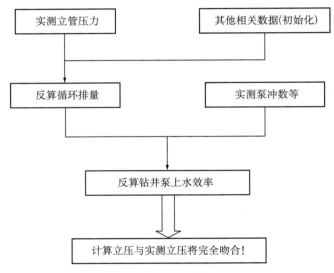

图 7-7　钻井泵上水效率的反算流程

从两个方面计算当量循环密度附加 ECD，一是计算环空内钻井液的井底压力，进而计算附加 ECD，称为附加 ECD 计算值；二是先计算钻柱内压耗和钻头压降，由实测的立管压力减去钻柱内压耗和钻头压降，获得环空总压耗，进而获得一个附加 ECD 值，我们称为附加 ECD 实际值。这两个值的变化可以反映井下情况：

（1）若附加 ECD 计算值和附加 ECD 实际值完全一致，则说明井下情况正常。

（2）若附加 ECD 实际值大于附加 ECD 计算值，则井下可能存在井壁坍塌等增大环空井底压力的情况，报警提示。

（3）若附加 ECD 实际值小于附加 ECD 计算值，则井下可能存在油气水侵或井漏等减小环空井底压力的情况，报警提示。

（4）若附加 ECD 实际值和附加 ECD 计算值大于允许的安全窗口，则报警提示。

计算流程如图 7-8 所示。

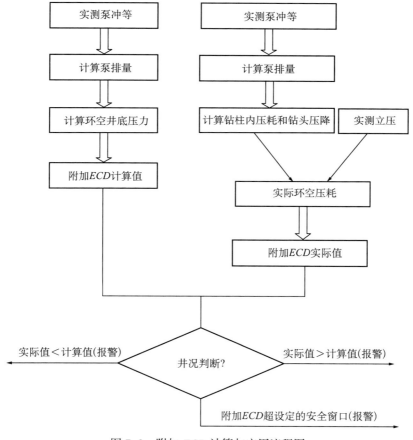

图 7-8　附加 ECD 计算与应用流程图

2. 套管柱选配

1）目的

为井场地质或钻井技术人员配套管柱提供快速有效的计算工具。

2）结构与操作（图 7-9）

首先需输入套管柱选配附加条件参数、套管柱选配套管参数；再输入总井深、联入长度等相关参数，确认正确后进行计算，对比套管柱选配计算结

图 7-9　套管柱选配

果、套管柱选配输出结果表与计算的结果是否相同。

3）示例

第 1 步：分别载入套管柱选配附加条件参数、套管柱选配套管参数。

第 2 步：输入其他参数。总井深输 6000，联入长度输 6，悬空长度输 200，浮鞋长度输 0.5，承托短节在第 x 根下输 1，承托短节长度输 0.75，悬空允许误差输 0.01。

第 3 步：确信全部要求的数据输入正确，点"计算"菜单，看看结果如何。

第 4 步：对比套管柱选配计算结果、套管柱选配输出结果表与计算的结果是否相同。

3. 下套管大钩负荷计算

计算下套管或下尾管过程中，大钩最大负荷和最小负荷，最小负荷指的是完全堵口管（套管串内无钻井液）时的负荷；最大负荷指的是完全开口管（套管串内充满钻井液）时的负荷。计算结果为不同下深时的负荷大小。

4. 套管（尾管）安全下速计算

1）功能

下套管过程中，井下产生波动压力，若过大则可能压漏某薄弱地层。该部分采用较为准确的动态波动压力计算模型及用户确定的控制地层的破裂压力梯度，设计单根套管的最大安全下入速度及安全下入时间，达到安全高效的目的。

2）结构与操作（图7-10）

（1）基本数据输入窗：分别用于输入井眼结构和公共参数。

（2）功能选择与相关参数输入窗：用于选择下套管或下尾管，选择并输入其必需的相关数据。

（3）结果显示窗：用于显示计算结果。

（4）在相应输入窗中输入要求的数据，也可以调出相应的文件数据填入数据输入窗口。

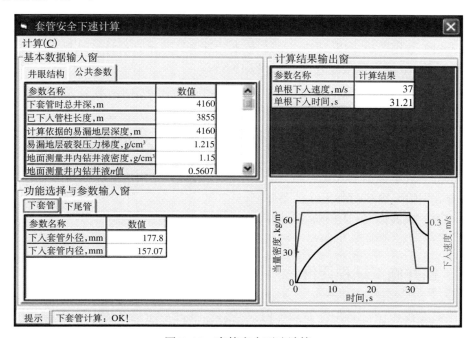

图7-10　套管安全下速计算

3）示例

某井244.48mm（内径220.5mm）技术套管下至1329m，钻至4160m（裸

眼直径 254mm）下 175.8mm（内径 157.07mm）油层套管。井内钻井液流变参数为：密度 1.15g/cm³，n=0.5607，K=0.5544Pa·s^n。井底地层的破裂压力梯度为 1.215g/cm³。

试求：

当下至 3855m 时，应将单根套管下入时间及最大下速控制在多少范围内才安全？

若下的是尾管（尺寸相同），长度 =2835m，上接 127mm 钻杆（内径 108mm），当下至 3855m 时，应将单根钻杆送入时间及最大下速控制在多少范围内才安全？

计算步骤与计算结果：

第 1 步：在基本数据输入窗中分别输入井眼结构等公共数据。

第 2 步：单击"功能选择与相关参数输入窗"中的"下套管"数据表，输入相关数据（也可以文件输入），单击"计算"菜单查看计算结果：下套管最大速度 =0.366，单根套管下入时间 =31.2s。

第 3 步：单击"功能选择与相关参数输入窗"中的"下尾管"数据表，输入相关数据（也可以文件输入），单击"计算"菜单查看计算结果：下尾管最大速度 =0.68，单根尾管下入时间 =18.45s。

5. 卡点位置及计算

1）功能

已知井下钻具结构数据和钻具拉伸测量数据计算卡点的位置（深度）。

2）结构与操作（图 7-11）

（1）基本数据输入窗：按照提示分别输入钻具结构数据和钻具拉伸数据。右击数据输入窗口可弹出文件菜单。

（2）数据输出：用于显示计算结果。

（3）右击数据输出窗口，可弹出文件保存菜单。

三、钻井施工过程评价

完井后，通过对所钻井的地层、工程施工过程评价，不仅可以总结本井在钻进参数应用、钻井液性能使用等方面的成功经验与失败教训，同时，还可为邻井及后续井的施工提供借鉴。

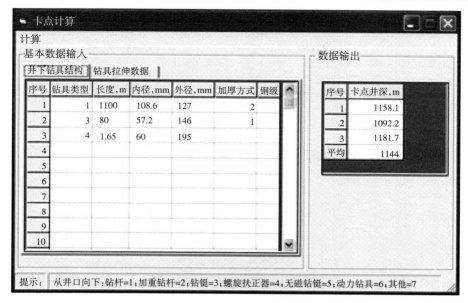

图 7-11 卡点位置及计算

1. 地层可钻性评价

对机械破岩钻进参数进行评价首先要选择合适的钻速方程，国内外对建立钻速方程做了大量的研究试验工作，发表了很多模式。钻速方程基本上分为两大类：一类是用实验室测定的岩石可钻性和全尺寸台架试验来建立钻速方程；另一类是以现场钻速试验为基础建立起来的。关于地层可钻性评价的具体方法将在本章第四节中详细论述。

2. 钻井费用支出计算（图 7-12）

钻井过程中或完钻后可能需要简单分析本井的费用支出情况，本模块提供了根据钻井过程中的直接材料费和其他费用简单分析费用构成的分析。

3. 完井后评价

综合录井仪通过对钻井过程的全程监测，保存了施工过程中的大量信息。完井后，可通过对钻头的实际使用效果（如钻头进尺、每米成本、机械钻速等参数）、井身质量（衡量井身质量的最主要标准就是井斜问题）、固井质量、井深结构、施工工期及时效等进行综合评价与分析（图 7-13），不仅可为施工过程评价提供依据，同时也为后续井的施工提供借鉴。

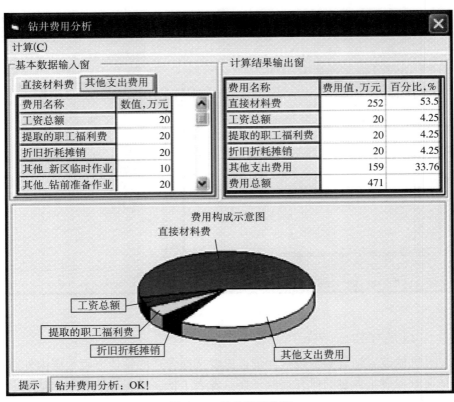

图 7-12　钻井费用分析

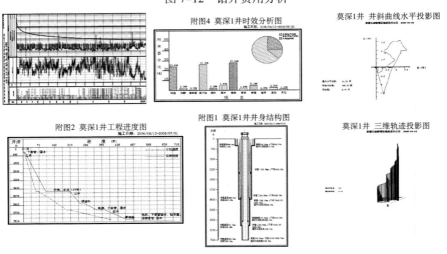

图 7-13　完井后主要录井评价图

第二节　钻井过程中水力参数实时监测

一、钻井液流变性分析

钻井液属于非牛顿流体，监测与计算钻井液在井内的流动规律首先要分析实际钻井液的流变特性、选取合理的流变模式及准确地计算其流变参数。流变模式的合理性及流变参数准确性是保证附加 ECD 计算精度的基础。

1. 常用流变模式简介

1）宾汉模式

该模式是用于非牛顿流体最早的模式之一，其流变方程为：

$$\tau = \tau_0 + \eta_p \frac{du}{dy} \tag{7-1}$$

式中　τ_0——屈服值（极限动切力），Pa；

　　　η_p——塑性黏度（结构黏度），Pa·s。

2）幂律模式（指数模式）

$$\tau = K \left(\frac{du}{dy} \right)^n \tag{7-2}$$

式中　K——稠度系数，Pa·s^n；

　　　n——流性指数，无量纲。

3）赫谢尔—巴尔克莱模式

该模式是在幂律模式的基础上加了屈服值项修正而来的，其流变方程为：

$$\tau = \tau_0 + K' \left(\frac{du}{dy} \right)^m \tag{7-3}$$

式中　τ_0——屈服值，Pa；

　　　K'——稠度系数，Pa·s^m；

　　　m——流性指数，无量纲。

4）卡森模式

该模式由卡森于 1959 年提出，起初用于化工业，到 70 年代才用于钻井液，其流变方程为：

$$\tau^{0.5} = \tau_0^{0.5} + \eta_\infty^{0.5}\left(\frac{\mathrm{d}u}{\mathrm{d}y}\right)^{0.5} \tag{7-4}$$

式中　τ_0——卡森屈服值；

η_∞——卡森黏度（$\frac{\mathrm{d}u}{\mathrm{d}y}$无穷大时的黏度 η）。

2. 钻井液流变性分析

为井场钻井液技术人员分析钻井液流变性能提供快捷工具；为钻井技术人员确定合理的钻井液流变参数值提供有效的手段（以提高与水力有关的设计和计算结果的精度）。主要功能包括：（1）利用常规计算方法或回归计算方法求取不同流变模式的流变参数；（2）利用回归计算方法分析对比不同流变模式对实际钻井液的适应性（图 7–14），同时可将每天的数据、图表做成报表（图 7–15），为钻井液工程师提供相关分析依据。

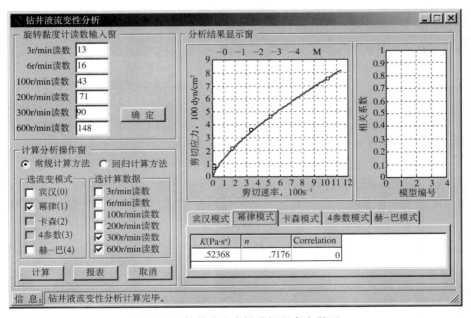

图 7–14　钻井液流变性分析程序主界面

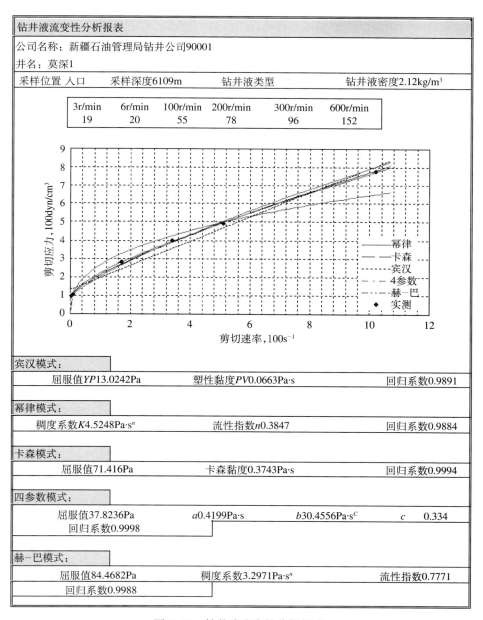

图 7–15 钻井液流变性分析报表

二、水力参数监测

正常钻进及循环情况下，钻井液在井眼内的流动分为钻柱内、喷嘴与井底处及环形空间内三部分，可以分别看作幂律流体在圆管内的流动、幂律流体通过管嘴的流动和幂律流体在环空内的流动。钻柱内的流动为单相流动，环空内的流动为固液两相流动。

1. 井底压力的概念及实际操作中应注意的问题

正常钻进过程中，井底压力由钻井液静液柱压力、环空流动压耗产生的附加压力和环空中岩屑产生的附加压力三部分组成，用公式表示为：

$$p_b = gH\rho(1 - C_a) + p_a + gH\rho_s C_a \qquad (7-5)$$

式中　p_b——井底压力，Pa；

　　　H——井深，m；

　　　ρ_s，ρ——岩屑颗粒及钻井液密度，g/cm³；

　　　C_a——岩屑浓度，无量纲；

　　　g——重力加速度（9.8m/s²）；

　　　p_a——环空压力损失，Pa。

正常钻进过程中井底 ECD 的表达式：

$$ECD = \frac{p_b}{gH} \qquad (7-6)$$

式中符号含义同上。

实际钻井过程中，钻柱由不同直径的管子串联而成，且钻杆有接头，有时还可能有动力钻具等一些复杂的井下工具。同样，环形空间沿井深内外径也是变化的。因此，实际计算时应根据井深结构和钻具结构及钻头位置，首先应将钻柱内流道和环空流道分为若干等直径段，分别进行计算，然后将其压耗叠加。因每一等直径段流速不同但排量相同，为计算方便，实际应用时，将有关水力学计算公式表达为排量的函数。

ECD 的影响因素较多，涉及井眼结构、钻柱结构、钻井液性能、泵参数及泵冲等，在实时计算过程中，除根据上面的计算模式进行计算外，在现场的实际操作中还要注意以下几个问题。

（1）准确测量钻井液的流变参数，主要是六速旋转黏度计的读数，这样，可以更准确地计算 n、K 值，从而提高 ECD 的计算精度。

（2）钻柱结构按实际情况输入，为了考虑钻杆接头的影响，需要输入单根长度和接头参数。

（3）压耗的计算涉及排量，在计算排量时，注意上水效率问题，根据现场情况，新泵的上水效率要高一些，旧泵要低一些。

钻头水力和循环水力实时监测显示与附加 ECD 结合在一起，可以较为清楚地反映整个循环系统的工作情况，例如钻具是否发生刺漏等。

2. 钻进过程水力学监测

图 7-16 是在正常钻进时截取的监测画面，图中计算附加 ECD 曲线将和实测附加 ECD 曲线吻合较好；同时，实测立管压力与计算立管压力也有较好的吻合，各个方面均显示正常。

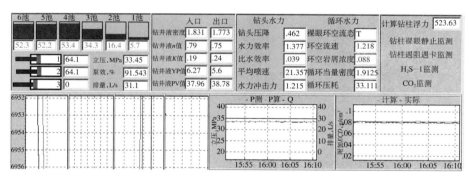

图 7-16　钻进过程系统整体水力学监测窗口

3. 起下钻过程附加 ECD 实时监测

起下钻过程附加 ECD 实时监测如图 7-17 所示。

4. 套管安全下速计算

下套管是钻井作业过程中的一个重要环节，安全快速地完成下套管作业，不仅是下步作业的重要保障，同时也是确保钻井安全的重要环节。以 MS1 井为例，该井中完作业中，由于裸眼段长、井下地层压力高、下入套管长（达 6406m）、套管尺寸大（外径 244.5mm），下套管所产生的激动压力成为影响井壁安全不可忽视的因素，为确保下套管作业安全顺利，针对现场情况及施工作业要求，对套管最大下速进行了操作前计算（图 7-18），为下步施工提供了依据，确保了下套管安全。

在实际施工作业中，以计算数据为依据（表 7-3），使 MS1 井三开下套管作业取得圆满成功，为四开安全快速钻井提供了保障。

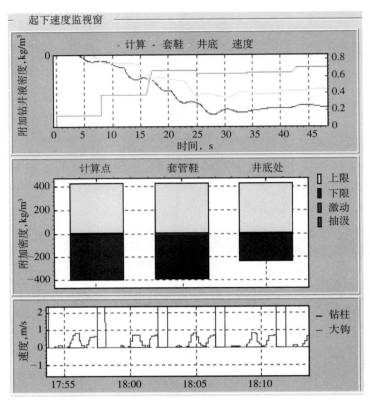

图 7-17　起下钻过程附加 *ECD* 实时监测显示窗口

表 7-3　套管下速计算结果

破裂压力当量密度，g/cm³	6190m 波动压力附加 *ECD*，g/cm³	6190m 波动压力 MPa	最大下入速度 m/s	单根套管平均下入时间，s
2.185	0.055	3.34	0.19	61.28
2.190	0.060	3.65	0.23	51.05
2.195	0.065	3.95	0.28	42.62
2.200	0.070	4.26	0.35	34.40
2.205	0.075	4.56	0.39	30.55
2.210	0.080	4.86	0.44	27.43
2.215	0.085	5.17	0.57	21.19
2.220	0.090	5.47	0.96	14.63

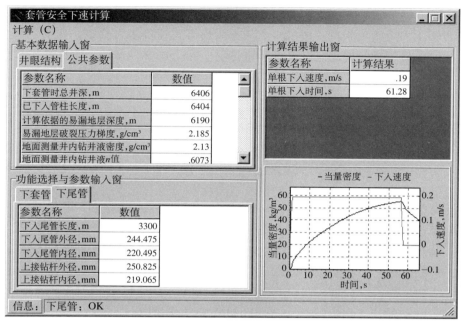

图 7-18　套管下速计算程序界面

第三节　随钻水力学参数评价、优选

国外在 20 世纪 50 年代开始应用喷射钻井技术，我国在 60 年代开始研究喷射钻井。1978 年后开始全国推广喷射钻井技术。经过"六五"攻关，出现了高压大功率钻井泵、高效钻头、良好的固控设备以及相应的钻井液体系等配套技术，在全国各油田都取得了显著的成绩。

一、钻井水力参数评价

喷射钻井水力设计程序中常用的工作方式有钻头最大水功率工作方式、射流最大冲击力工作方式、最大射流喷速工作方式和经济水功率工作方式。实践证明，最大水功率工作方式效果比较显著，而且应用也比较广泛。因此，单井钻进水力参数评价采用最大水功率工作方式建立评价模型。

最大钻头水功率工作方式以钻头获得最大水功率为目标函数，以泵功率或高管压力为约束条件。按最大水功率工作方式评价水力参数，在第一临界井深以前最优排量即为泵缸套的额定排量；第一临界井深后，为保证钻头获得最大水功率，最优排量随井深增加而逐渐变小，其表达式为：

$$Q_{opt} = \sqrt[1.8]{\frac{p_r}{2.8k_L}} \qquad （美国） \qquad （7-7）$$

$$Q_{opt} = \sqrt{\frac{p_r}{3k_L}} \qquad （俄罗斯） \qquad （7-8）$$

式中　p_r——额定立管压力，kgf/cm²；

　　　k_L——循环压耗系数。

对应于最优排量时钻头压降和水功率与立管压力和泵功率的关系如下：

$$p_b=0.643p_r$$

$$N_b=0.643N_s \qquad （美国） \qquad （7-9）$$

$$p_b = \frac{2}{3}p_r$$

$$N_b = \frac{2}{3}N_s \qquad （俄罗斯） \qquad （7-10）$$

当最优排量随井深增加而降至一定值时，为保证环空携岩要求，需保持排量不变，直至完钻井深。这就是运用钻头水功率工作方式评价水力参数的基本原理。

鉴于目前现有资料和条件，所采用的最大水功率评价方法是对有关模式进行如下修正后的方法：

（1）合理选择流变模式及钻柱内外流动状态。

（2）考虑环空内岩屑固相浓度的影响。

（3）考虑井径扩大及钻柱内外尺寸不均一性的影响。

（4）选择合理的摩阻系数计算模式，并使之与排量联系起来。

（5）结合环空合理返速（排量）设计值，进行水力评价。

二、最优排量的计算方法

1. 流变模式及流态的确定

一般认为，在高剪切率下幂律模式和宾汉模式均能较好地代表实际钻井液的流变性。在低剪切速率范围内幂律模式比宾汉模式能更好地反映实际钻井液的真实流变性。为了较好地模拟钻柱内高剪切速率下钻井液的流变性，较好地符合环空内低剪切速率下实际钻井液的流变性，选择幂律模式作为实际钻井液的流变模式。

在正常钻进情况下，钻柱内一般呈紊流状态。环空内流动状态变化较大。在浅部和中部井段，由于排量比较大，钻井液较稀，一般呈紊流状态。深部井段，由于排量变小，钻井液变稠，部分井段呈紊流状态，部分井段呈层流状态。因此分两种情况：一是钻柱内和环空内钻井液均为紊流的情况；二是钻柱内为紊流，环空内部分井段为紊流、部分井段为层流的情况。

2. 钻柱内和环空内均为紊流条件下的最优排量模式

对于圆管内流动压耗，在紊流状态下不论何种流型都采用同一模式计算，原始式为：

$$p = \frac{2f\rho_{\mathrm{m}}Lv^2}{d} \tag{7-11}$$

式中　p——压耗；

　　　L——测压段长度；

　　　v——平均流速；

　　　ρ_{m}——钻井液密度；

　　　d——管内径；

　　　f——范宁阻力系数。

关于上式中的范宁阻力系数 f 的计算，有几种经验和半经验公式。1958年，梅茨纳与里得及平井英二实验发现：对幂律流体紊流摩阻系数 f 是幂律指数 n 的函数，其后多及建议对于光滑管采用类似伯拉休斯公式：

$$f = \frac{a}{R_e^b}$$

$$a = [\lg n + 3.93]/50$$

$$b = \left(1.75 - \lg n\right)/7$$

式中 a，b 取值如下：

n	a	b
0.2	0.0646	0.349
0.3	0.0685	0.325
0.4	0.0712	0.307
0.6	0.0740	0.281
0.8	0.0761	0.263
1.0	0.0779	0.25

地面管汇、钻杆及钻铤内部可以认为是光滑管。用流量表示的圆管内雷诺数的表达式是：

$$Re = \frac{\pi^{n-2} \cdot 2^{7-5n} \cdot \rho_\mathrm{m} d^{3n-4}}{K\left(\dfrac{3n+1}{4n}\right)^n}$$

$$f = \frac{\pi^{(2-n)b} \cdot 2^{(5n-7)b} \cdot aK^b \left(\dfrac{3n+1}{4n}\right)^{nb}}{\rho_\mathrm{m}^b \cdot d^{(3n-4)b} \cdot Q_\mathrm{m}^{(2-n)b}}$$

$$p = \frac{\pi^{(2b-nb-2)} \cdot 2^{(5bn-7b+5)} \cdot aK^b \left(\dfrac{3n+1}{4n}\right)^{nb} L}{\rho_\mathrm{m}^{b-1} \cdot d^{(3\pi b-4b+5)}} Q_\mathrm{m}^{nb-2b+2}$$

令：

$$k_1 = 2b - nb - 2$$

$$k_2 = 5bn - 7b + 5$$

$$k_3 = \left(\frac{3n+1}{4n}\right)^{nb}$$

$$k_4 = \rho^{b-1}$$

$$G_1 = \frac{\pi^{k1} 2^{k2} aK^b k_3}{k_4}$$

$$G_2 = 3bn - 4b + 5$$

$$G_2 = bn - 2b + 2$$

G_1，G_2，G_3 只与钻井液性能（流变性及密度）有关，一旦钻井液性能稳定后，其值均为常数，则得到：

$$p = \left(G_1 \frac{L}{d^{G_2}} \right) Q_m^{G_2}$$

考虑到管内压耗由地面管线、立管、水龙带、方钻杆、钻铤、钻杆及有关接头内的低耗组成，各部分的内径及长度不同。设有 N 段，这样整个管内的流动压耗可由下式计算：

$$p_i = \left(G_1 \cdot \sum_{i=1}^{N} \frac{L_i}{d_i^{G_2}} \right) \cdot Q_m^{G_3} \tag{7-12}$$

3. 环空内压耗计算

环空内的流动压耗由钻井液在环空内的流动产生的压耗和岩屑固相颗粒的存在产生的压耗两部分组成。若环空内钻井液均为紊流，则第一部分压耗由如下公式确定：

$$p_{a1} = \frac{k_1 L}{(D_h - D_p)^{nb+1} \cdot S^{k_2}} Q_m^{k_2} \tag{7-13}$$

$$k_1 = \frac{2aK^b}{12^{(1-n)b}} \left(\frac{2n-1}{3n} \right)^{nb} \tag{7-14}$$

$$k_2 = nb - 2b + 2 \tag{7-15}$$

上三式中　　D_h，D_p——井眼直径和钻柱外径；

　　　　　　S——环空横截面积；

　　　　　　L——计算压耗段环空长度。

环空内钻井液为紊流时，岩屑固相颗粒的存在产生的环空压耗由下式计算：

$$p_{a2} = \frac{D_b^2 R (\rho_s - \rho_m) gsL}{(D_h^2 - D_p^2)(Q_m - V_s S)} \tag{7-16}$$

考虑不同井段井眼尺寸的差异以及钻柱各组成件尺寸的差异，将环空分为 M 段，每段长度为 L_i，环空内外径为 D_{hi} 和 D_{pi}，则有总环空压耗计算式为：

$$p_a = k_1 Q_m^{k2} \sum_{i=1}^{M} \frac{L_i}{(D_{hi} - D_{pi})^{nb+1} S_i^{k2}} + D_b^2 R(\rho_s - \rho_m)g \sum_{i=1}^{M} \frac{S_i L_i}{(D_{hi}^2 - D_{pi}^2)(Q_m - V_s S_i)} \quad (7\text{-}17)$$

4. 循环系统总压耗计算式

$$p_{sum} = p_i + p_a = \left(G_1 \sum_{i=1}^{N} \frac{L_i}{d_i^{G2}} \right) Q_m^{G3} + k_1 Q_m^{k2} \sum_{i=1}^{M} \frac{L_i}{(D_{hi} - D_{pi})^{nb+1} S_i^{k2}} +$$

$$D_b^2 R(\rho_s - \rho_m)g \sum_{i=1}^{M} \frac{S_i L_i}{(D_{hi}^2 - D_{pi}^2)(Q_m - V_s S_i)} \quad (7\text{-}18)$$

5. 大钻头水功率条件下最优排量表达式

所谓最优排量，是指一定的泵功率下使钻头获得最大水功率的排量。设钻井泵的有效功率为 N_s；选择的钻进立管压力为 p_r；钻头水功率为 N_b。循环系统消耗的水功率为 $p_{sum}Q_m$，则有：

$$p_r Q_m \leqslant N_s \quad (7\text{-}19)$$

$$N_b = p_r Q_m - p_{sum} Q_m \quad (7\text{-}20)$$

将 p_{sum} 代入（7-18）式有：

$$N_b = p_r Q_m - \left(G_1 \sum_{i=1}^{N} \frac{L_i}{d_i^{G2}} \right) Q_m^{G3+1} - k_1 Q_m^{k2+1} \sum_{i=1}^{M} \frac{L_i}{(D_{hi} - D_{pi})^{nb+1} S_i^{k2}} -$$

$$D_b^2 R(\rho_s - \rho_m)g \sum_{i=1}^{M} \frac{S_i L_i}{(D_{hi}^2 - D_{pi}^2)\left(1 - \dfrac{V_s S_i}{Q_m}\right)} \quad (7\text{-}21)$$

$dN_b/dQ_m = 0$ 时的排量为最优排量，dN_b/dQ_m 的表达式是：

$$\frac{dN_b}{dQ_m} = p_r - \left[G_1(G_3 + 1) \sum_{i=1}^{N} \frac{L_i}{d_i^{G2}} \right] Q_m^{G3} - k_1(k_2 + 1) Q_m^{k2} \sum_{i=1}^{M} \frac{L_i}{(D_{hi} - D_{pi})^{nb+1} S_i^{k2}} +$$

$$D_b^2 R(\rho_s - \rho_m) V_s g \sum_{i=1}^{M} \frac{S_i^2 L_i}{(D_{hi}^2 - D_{pi}^2)(Q_m - V_s S_i)^2} \quad (7\text{-}22)$$

令 $dN_b/dQ_m = 0$ 可得到最优排量的表达式，即：

$$p_r - \left[G_1(G_3+1)\sum_{i=1}^{N}\frac{L_i}{d_i^{G2}}Q_m^{G3} - k_1(k_2+1)Q_m^{k2}\sum_{i=1}^{M}\frac{L_i}{\left(D_{hi}-D_{pi}\right)^{nb+1}S_i^{k2}} + \right.$$

$$\left. D_b^2 R(\rho_s - \rho_m)V_s g\sum_{i=1}^{M}\frac{S_i^2 L_i}{(D_{hi}^2-D_{pi}^2)(Q_m-V_s S_i)^2} = 0 \right. \qquad （7-23）$$

对上式求解即可得到最优排量 Q_{opt}。

第四节　地层可钻性、钻头序列及机械破岩参数评价

对机械破岩钻进参数进行评价首先要选择合适的钻速方程，国内外对建立钻速方程做了大量的研究试验工作，发表了很多模式。钻速方程基本上分为两大类：一类是用实验室测定的岩石可钻性和全尺寸台架试验来建立钻速方程；另一类是以现场钻速试验为基础建立起来的。这些方程的应用或多或少都有一定局限性，缺乏通用性。

一、利用录井资料求取地层可钻性剖面

地层可钻性评估是钻井工程中非常重要的基础工作，自 1927 年 Tillson 提出岩石可钻性概念以来，可钻性的研究经历了传统定性 / 定量评价和现代实钻评估两个阶段。

目前国内评测地层可钻性的方法可分为这样 4 类：室内岩心试验；利用测井资料通过室内试验和现场统计资料建立声波时差与岩石可钻性模型；利用 dc 指数预测地层可钻性；利用录井资料求取地层可钻性剖面。

国外自从 20 世纪 80 年代后期，在利用录井和测井资料评价地层可钻性和钻头选型方面，进行了大量的研究工作，取得了一定的成效，但多数研究成果未公布，且有关的研究尚在不断完善中。

（1）高德利（1998）对 Yong 钻速模式进行修正得出钻时的修正模型，再对录井钻时数据进行标准化处理获得标准化钻时，通过 5 点参数法计算地层微可钻性系数，通过微可钻性系数与可钻性级值的关系进而求出可钻性级值。这样实现了通过录井实时获得可钻性级值剖面。钻时模型如下：

$$\tau = \frac{6(1+C_2 H)}{KC_P C_H (W - W_o + 0.1 C_E E_H) N^{\lambda}}$$ （7-24）

$$\frac{\mathrm{d}T_H}{\mathrm{d}t} = \frac{A_f (PN + QN^3)}{(D_2 - D_1 W)(1 + C_1 T_H)}$$ （7-25）

$$\frac{\mathrm{d}B_H}{\mathrm{d}t} = \frac{NW^{1.5}}{b}$$ （7-26）

式中　τ——钻时，min/m；

H——牙齿磨损量；

W——钻压，10kN；

W_o——零水功率门限钻压，10kN；

N——转盘转速，r/min；

E_H——钻头比水功率，水马力/mm；

K——地层微可钻性系数；

λ——转速指数；

C_2——牙齿磨损系数；

C_E——比水功率换算系数；

C_p——压差影响系数；

C_H——井底净化系数；

T_H——齿高磨损量；

A_f——地层研磨性系数；

P，Q，C_1——钻头类型系数，与钻头 IADC 编码有关；

D_1，D_2——钻头尺寸系数，与钻头大小有关；

B_H——轴承磨损量；

b——轴承工作系数，由现场数据求得。

（2）董振国（1997）通过对尹宏锦提出的通用钻速方程的分析，用数学方法推演出可钻性级值表达式，通过录井资料便可直接获得地层可钻性级值。

$$K_d = \frac{\lg V - 0.5366 \lg W - 0.9250 \lg N - 0.7011 \lg E_H + 7.2703(\rho_w - 1.15) - 0.0633}{0.1993 \lg W - 0.0375 \lg N - 0.05682 \lg E_H + 0.9767(\rho_w - 1.15) - 0.0815}$$

（7-27）

利用上述模型，通过提取钻井工程实钻记录中机械钻速、比钻压、转速、有效钻头比水功率及钻井液密度即可求得岩石可钻性。

（3）利用 dc 指数预测岩石可钻性。

利用 dc 指数预测地层可钻性的基础是宾汉钻速方程。当钻井条件及岩性不变时，宾汉钻速方程是：

$$d = \frac{\lg \dfrac{0.0547ROP}{R}}{\lg \dfrac{0.0685W}{D_{BS}}} \quad （7-28）$$

式中　ROP——机械钻速，m/h；

　　　R——转盘转速，r/min；

　　　W——钻压，kN；

　　　D_{BS}——钻头直径，mm。

修正的 d 指数的基本形式是：

$$dc = \frac{d\rho_n}{\rho_o} \quad （7-29）$$

式中　ρ_n——正常压力段地层流体密度，g/cm³；

　　　ρ_o——实际使用的钻井液密度，g/cm³。

岩石可钻性测定数据的处理方法同 dc 指数的求取条件基本相同，在钻井条件和岩性相同情况下，岩石可钻性数据处理模式为：

$$V = N_1 \left(2.59 \frac{W_1}{D_1} \right)^{d_1} \quad （7-30）$$

假如岩石可钻性的测定是在常规条件下进行的：设 $W_1=0.9072$kN，$N_1=55$r/min，$D_1=31.75$mm，钻 $H=2.4$mm 深孔需时间 T，代入式（7-30），有：

$$d_1 = 0.7627 + 0.36921\lg T \quad （7-31）$$

因为岩石可钻性级值定义为：

$$K_d = \frac{\lg T}{\lg 2} \quad （7-32）$$

得出以下模型：

$$K_d = \frac{9.0001 d_c \rho_w}{\rho_m - 6.8650} \quad （7-33）$$

二、运用杨格（F.S.Young）模式评价机械破岩参数

M.J.Fear 研究出在特定的一组钻头中确认钻速影响因素的方法。利用以进尺为基础的录井资料、地质资料和钻头特征来产生钻速于所用钻井参数或其他钻井条件属性之间的数据关系。它可以定量地确定在操作中可控制的变量对钻速的影响。

1. 杨格钻速方程

除了岩石特性和钻头类型对钻速有重要影响外，钻进过程中的钻压、转速、水力因素、钻井液性能以及钻头的牙齿磨损等也是影响钻速的主要因素。把各种影响因素归纳在一起，建立钻速与钻压、转速、牙齿磨损、压差和水力因素之间的综合关系式，即

$$v_{pc} = K_R(W - W_o)n^\lambda \frac{1}{1 + C_2 h} C_P C_H \qquad （7-34）$$

式中　　v_{pc}——钻速，m/h；

W——钻压，kN；

W_o——门限钻压，kN；

N——转速，r/min；

K_R、λ、C_2、C_H、C_P、h——相关系数，无量纲。

这就是修正的杨格模式。1969 年杨格在考虑了钻压、转速和牙齿磨损对钻速影响的基础上，曾提出过一个与上式形式相同，但没有将水力净化系数 C_H 和压差影响系数 C_p 考虑进去的杨格钻速模式。式（7-33）中的比例系数 K_R 通称为地层可钻性系数。实际上 K_R 值包含了除钻压、转速、牙齿磨损、压差和水力因素以外其他因素对钻速的影响，它与地层岩石的机械性质、钻头类型以及钻井液性能等因素有关。在岩石特性、钻头类型、钻井液性能和水力参数一定时，式中的 K_R、λ、C_2 和 M 都是固定不变的常量，可通过现场的钻进试验和钻头资料确定。

2. 钻头磨损方程

钻进过程中，钻头在破碎岩石的同时，本身也在逐渐地磨损、失效。分析研究影响钻头磨损的因素以及钻头的磨损规律，对优选钻进参数、预测钻进指标和钻头工况具有重要意义。对牙轮钻头而言，其磨损形式主要包括牙齿磨损、轴承磨损和直径磨损。以下主要介绍牙轮钻头牙齿磨损和轴承磨损

的影响因素及磨损规律。

1）牙齿磨损速度方程

$$\frac{\mathrm{d}h}{\mathrm{d}t} = \frac{A_\mathrm{f}(a_1 n + a_2 n^3)}{(Z_2 - Z_1 W)(1 + C_1 h)}$$ （7-35）

a_1、a_2、Z_1、Z_2 和 C_1 查表可得，地层研磨系数 A_f 根据现场钻头资料统计计算确定。

2）轴承磨损速度方程

钻头轴承的磨损速度主要受到钻压、转速等因素的影响，根据格雷姆（J. W. Graham）等人的大量现场和室内实验研究，轴承的磨损速度与钻压的 1.5 次幂成正比关系，与转速呈线性关系。轴承的磨损速度方程可表示为：

$$\frac{\mathrm{d}B}{\mathrm{d}t} = \frac{1}{b} W^{1.5} n$$ （7-36）

式中　b——轴承工作系数，它与钻头类型和钻井液性能有关，应由现场实际资料确定。

牙轮钻头轴承的磨损量用 B 表示，新钻头时，$B=0$；轴承全部磨损时，$B=1$。轴承磨损速度用轴承磨损量对时间的微分 $\mathrm{d}B/\mathrm{d}t$ 表示。

3. 机械破岩钻进参数优选

钻进过程中的机械破岩参数主要包括钻压和转速。机械破岩参数优选的目的是寻求一定的钻压、转速参数配合，使钻进过程达到最佳的技术经济效果。为达到这一目的，首先需要确定一个衡量钻进技术经济效果的标准，并将各参数对钻进过程影响的基本规律与这一标准结合起来，建立钻进目标函数。然后，运用最优化数学理论，在各种约束条件下，寻求目标函数的极值点。满足极值点条件的参数组合，即为钻进过程的最优机械破岩参数。

1）目标函数的建立

衡量钻井整体技术经济效果的标准有多种类型。目前，一般都以单位进尺成本作为标准。其表达式为：

$$C_\mathrm{pm} = \frac{C_\mathrm{b} + C_\mathrm{r}(t_\mathrm{t} + t)}{H}$$ （7-37）

式中　C_pm——单位进尺成本，元 /m；

　　　C_b——钻头成本，元 / 只；

C_r——钻机作业费，元 /h；

t_t——起下钻、接单根时间，h；

t——钻头工作时间，h；

H——钻头进尺，m。

2）目标函数的极值条件和约束条件

钻进参数优选的目的是确定使进尺成本最低的各有关参数，也就是要寻求目标函数式为极小值时的最优参数配合。根据经典的最优化理论，某一函数取得极值的必要条件是：在其定义域内，函数对各变量的偏导数分别等于零。通过大量数学运算证明，对钻进成本函数来讲，符合钻进目标函数极值条件的点就是该函数的极小值点。

在钻进目标函数中包括 5 个变量，首先分析 C_p 和 C_H 在函数表达式中所处的位置可以发现，为使钻进成本最低，C_p 和 C_H 的值应尽量增大。但按这两个系数的定义，其最大值只能取 1，故在钻井实践中，为使成本最低，C_p 和 C_H 的值应尽量等于 1。在确定了 C_p 和 C_H 的最优取值以后，目标函数的极小值条件即为：

$$\frac{\partial C_{pm}}{\partial W} = 0, \frac{\partial C_{pm}}{\partial n} = 0, \frac{\partial C_{pm}}{\partial h_f} = 0 \qquad (7\text{--}38)$$

上式中 W、n 和 h_f 三个变量在实际工况限制下所确定的取值范围，即为目标函数的约束条件，归纳起来可用 4 组不等式描述。

牙齿磨损量 h：$0 \leqslant h \leqslant 1$

轴承磨损量 B：$0 \leqslant B \leqslant 1$

钻压 W：$M > 0$ 时　$M < W < Z_2/Z_1$；$M < 0$ 时　$0 < W < Z_2/Z_1$

转速 n：$n > 0$。

凡不能同时满足以上约束条件的钻进参数组合，都是不可行的。另外，上述 4 组不等式中，有关轴承磨损量的不等式似乎不直接与目标函数有关。但对于同一个钻头，钻头的工作寿命同时是轴承磨损量和牙齿磨损量的函数。轴承磨损的约束条件可由相对应的牙齿磨损量表示。

3）钻头最优磨损量、最优钻压和最优钻速

目标函数、极值条件和约束条件确定后，就可以通过最优化数学方法，求解出在约束条件限定范围内使钻井成本最低的一组最优钻压、最优转速和最优钻头磨损量组合。

钻头最优磨损量：对于一只在一定钻压、转速条件下工作的钻头，当钻头磨损到什么程度时起钻，钻井成本最低，这就是求最优磨损量的问题。

在实际工作中，一般都是根据邻井或同一口井上一个钻头的资料，先确定牙齿或轴承的合理磨损量，然后根据钻机设备条件，确定转速的允许范围，最后求出不同钻压、转速配合时的钻进成本，从中找出最低的最优钻压、转速配合。

4. 杨格模式运用于单井钻进参数评价的缺点

杨格模式运用于单井钻进参数评价同样需要通过五点钻速法或钻压释放法求取某一地区的门限钻压和转速指数。然而，实践证明，这种方法不仅费时，而且准确性不高，所得数据不可靠。并且，现在的钻进作业中，一般都不会进行五点转速法或钻压释放法试验，因而没有这方面的资料。在杨格模式中，微可钻性系数与常规可钻性级值之间一般呈宏观反比关系，其关系模型需要针对不同区块通过统计回归。这就为通过杨格模式进行单井钻进参数评价带来极大的不便，使得运用该方法进行钻进机械参数评价变得不适宜。

三、运用通用钻速方程评价机械破岩钻进参数

1. 通用钻速方程

通用的钻速方程应用范围广，不受地区限制，现场验证其宏观准确度可达 90% 以上，可以满足钻井参数设计、优选和评价的要求。通用钻速方程的形式是：

$$v = \frac{131.27}{5.62^A \times 60^B \times 1.026^C} \cdot W^A N^B E_H^C e^{D(\rho_w - 1.15)} \tag{7-39}$$

其中　　$A = 0.5366 + 0.1993 K_d$

　　　　$B = 0.9250 - 0.0375 K_d$

　　　　$C = 0.7011 - 0.05682 K_d$

　　　　$D = 0.97673 K_d - 7.2703$；

式中　　v——机械钻速，m/h；

　　　　W——比钻压，kN/cm；

　　　　N——转速，r/min；

　　　　E_H——有效钻头比水功率，kW/cm²；

　　　　ρ_w——钻井液密度，kg/L。

该方程是建立在地层统计可钻性的基础之上的，对于局部井段夹层多，钻头进尺少，可能出现个别钻头的机械钻速误差偏大的情况。但以大段地层来预测其平均机械钻速，仍可保持足够精度。

2. 通用钻速方程中系数的确定

在地层可钻性剖面建立的基础上，通用钻速方程中钻压指数 A、转速指数 B、水力指数 C 和钻井液密度差系数 D 可以得到。在有效比水功率已知的情况下，通用钻速方程中参数的优选只有钻压和钻速，这是一个二元优选的问题。

3. 地层可钻性剖面求取

通用钻速方程适用范围广，不受地区限制，其宏观准确度达到了90%以上，可满足钻井参数设计和优化钻井的要求。因此对于钻时录井资料分辨率高的井，完全可以用录井资料实时求取地层可钻性剖面（图7-19），进而评价钻头选型（图7-20）。录井作业中所使用的录井仪，其钻时录井资料分辨率高，可以满足使用通用钻速方程求取可钻性剖面的需要。

根据如上所述可建立基于地层可钻性评价的钻头数据库（表7-4）。

表7-4　MS1井所用钻头适应范围

钻头编号	钻头型号	下入井深，m	起出井深，m	钻头适应上限	钻头适应下限
1	FS2563BG	745.90	1598.89	3	5
2	SHT11RG	1598.89	1851.56	4	6
3	SHT11RG	1851.56	1915.91	4	6
4	FS2563BGZ	1915.91	2287.40	3	5
5	GJT515CG	2287.40	2467.52	4	6
6	SHT11RG	2467.52	2471.63	4	6
7	GJT515G	2471.63	2535.68	4	6
8	FS2563BGNZ	2535.68	3553.96	3	5
9	FS2663BGZ	3553.96	3565.60	3	5
10	GJT515CG	3565.60	3620.14	3	5
11	FS2663BGZ	3620.14	3622.33	3	5
12	FS2663BGZ	3622.33	3736.05	3	5
13	FS2863BZ	3736.05	3809.13	3	5

钻头编号	钻头型号	下入井深，m	起出井深，m	钻头适应上限	钻头适应下限
14	GJT515G	3809.13	3923.40	4	6
15	GJT515G	3923.40	4071.62	4	6
16	GJ515GC	4099.17	4192.70	4	6
17	GJ515GC	4192.70	4360.89	4	6
18	GJ515GC	4360.89	4463.01	4	6
19	MD517JHLM	4463.00	4500.06	4	6
20	FS2563BGZ	4500.06	5587.07	3	5
21	FS2563BGZ	5588.07	5649.16	3	5
22	FS2563BGZ	5652.60	5774.30	3	5
23	FS2563BGZ	5774.30	5785.77	3	5
24	FS2563BGZ	5785.77	5980.67	3	5
25	FM3643BMZ	5983.77	6326.02	4	6
26	FS2463	6326.02	6406.00	3	5
27	HF517GHML	6406.00	6427.00	4	6
28	FM3643Z	6427.02	6542.06	4	6
29	FM3553Z	6546.56	6712.18	4	6
30	FMH3843ZR	6712.18	6732.16	6	8
31	FM3643	6732.16	6901.49	4	6
32	FH537GHMV	6902.19	6994.49	4	6
33	HF627GHMV	7001.00	7024.00	6	8
34	HF627GHMV	7024.00	7118.48	6	8
35	HF617GHM	7118.48	7209.00	6	8
36	HF617GHM	7209.00	7310.00	6	8
37	HF637GHS	7310.00	7391.61	6	8
38	HF637GAMS	7391.61	7427.00	6	8
39	HF637GHM	7427.34	7500.00	6	8

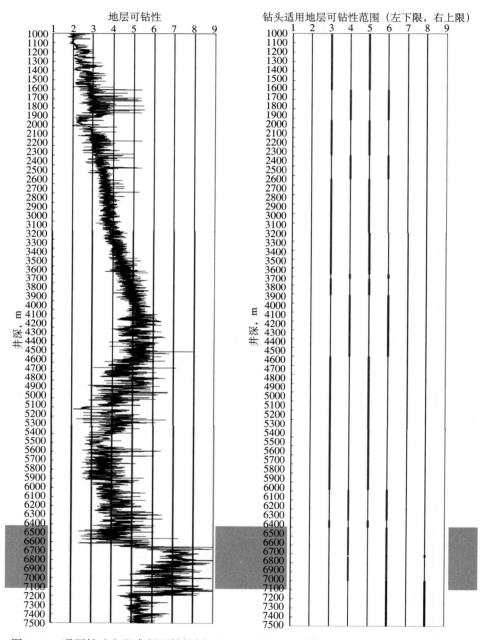

图 7–19　通用钻速方程求得可钻性剖面　　图 7–20　钻头适用地层可钻性范围剖面

第八章　工程录井

技术应用展望

工程录井技术多年的应用使人们认识到，工程录井在安全、高效钻井中的作用不可替代。但也应看到，由于自身专业知识的限制、体制的制约，工程录井技术在钻井安全与提速中的作用并没有得到很好地发挥。为更好地发挥工程录井在安全、高效钻井中的作用，提升服务品质与生存空间，必须重视技术发展与专业间的整合。这不仅是录井行业自身发展的需要，更是石油行业整体发展的需要。工程录井技术的发展，一方面应充分发挥录井在地质分析、认识及信息采集、处理与传输方面的优势，与智能钻井等前沿技术相结合，扩展录井资料的应用范围；另一方面需要在实践中不断完善钻井隐患预报机制，实现钻井施工过程监测与事故隐患预报的智能化，同时应大力推广日益成熟的工程录井服务系统，并逐步从地面走向地下，通过整合现场数据资源，使综合录井仪变成钻井现场信息与施工决策中心，真正实现无风险钻井。

第一节　完善井下复杂预报事前分析、事中预报、事后总结机制

目前，现场钻井施工时在事故判断的及时性和准确性，以及与钻井人员的联合判断方面仍然是薄弱环节。随着工程录井技术在油气勘探中的广泛应用，油田公司、钻井公司在施工决策和技术管理上越来越重视工程录井资料的作用，对工程隐患预报也提出了更高的要求。要真正做好井下复杂监测与预报工作，还需要解决很多技术和管理上的问题。

（1）当前工程参数分析和事故隐患的判断主要还是依靠现场录井操作员及工程师的经验和水平，缺少系统、科学的理论指导，经常出现预报、判断不准确甚至漏报的情况，对钻井的指导作用不明显。

（2）现场出现异常后，录井人员往往直接将异常现象和预测结果告知钻井技术人员，没有与钻井人员进行深入的交流和探讨。由于缺少良好的沟通，经常出现认识不一致，导致录井和钻井对复杂和异常处理意见上的分歧。此外，钻井技术人员对录井资料的重视与应用也存在不足。

（3）录井技术人员在发现异常并预报之后，对钻井是否采纳，能不能及时采纳，现场没有良好的管理和控制机制。特别是当相关录井参数异常不明显的预报，很难说服钻井人员采纳。其结果很可能延误了处理事故的最佳时机，使小问题变成了大问题，小事故变成了大事故，最后造成了重大的损失。

针对上述问题，录井技术人员除加强现场实时监测、注重现场监测和预报外，更应注重录井前技术方案的制定和录井后成功经验与失败教训的总结，加强工程录井资料的后期应用，逐步建立和完善工程服务技术体系，并在此基础上逐步规范工程录井施工作业流程。录井前大量收集区域地质资料、相关的工程录井和地层压力资料，针对所钻井的特点制定科学合理的录井技术方案，指导录井施工作业；录井过程中，严密监测工程参数变化，通过认真分析每次工程预报，并利用岩性、气测、油气显示、后效分析等进行综合分析判断，确保工程预报结论的准确可靠，同时加强与钻井技术人员的沟通交流，确保预报结果被采纳，并分类收集各类典型复杂成功预报中各相关录井参数的变化及详细处理过程，为后续分析提供更有价值的基础资料。完井后，加强规律统计分析评价，逐步建立和完善工程服务技术知识体系，形成针对各种事故的参考案例和处理对策。

第二节　钻井施工过程监测与事故隐患预报的智能化

钻井工程属于隐蔽工程，钻井事故具有很大的模糊性、随机性与不确定性，其发生与发展含地质、工程等多种因素。应用工程录井进行钻井工程事故预警是一个长期、连续的过程，关键参数的细微变化往往就是事故发生的前兆，传统工程事故预报主要是凭借个人经验进行判断，经验丰富的人掌握了一些规律，预报相对准确及时，而新技术人员往往不能够做出准确判断，从而造成预报的推迟与偏差。

除人为操作不当外，通常井下复杂及钻井事故的出现都有一定的先兆，即在事故发生前，一项或多项钻井参数会发生变化，并与事故存在一定对应关系，利用这些规律，实时对工程参数进行分析评价，提前预报事故的发生。因此，现场复杂多变的情况使得事故预警过程成为需要具有丰富经验的"专家"水平才能解决的复杂问题，但在每个现场都有专家进行事故监控是不现实的。解决这一问题就需要设法将人类专家预报事故的经验转化为一种自动化、智能化的预报手段，这就需要让事故预报能够自动进行，能够具有"人类"的智能判断。实现这一目标最好的方法就是将飞速发展的计算机应用技术和人工智能技术相结合，开发出具备事故预报专家水平的计算机软件。实现从人工判别向智能判断的转变，提高预报的及时性、科学性和有效性。所以，采用智能化技术进行事故预报是一个必然的方向。

近年来，国内录井行业在这方面做出了很多有益的探索，应用数学方法建立信号异常变化的模型，结合逻辑判断实现对事故进行自动化预报。实现钻井事故及复杂情况的智能化预报，需要在分析大量工程录井现场数据和信息的基础上，总结出一套完整有效的事故异常预报方法，并通过数学方法和人工智能技术解决事故预报这一难题。重点是建立通过工程录井参数进行事故预报的数学模型最终开发出具备自动化、智能化事故预报能力的预警软件，并根据现场使用的需要不断进行完善，以期实现在工程事故发生的早期，给出一定程度或一定意义上的报警，监控事故的发展，最大限度地减少损失。

专家系统是人工智能技术与计算机技术结合的产物，是一种模拟人类专家解决领域问题的计算机程序系统。它可以高效率、准确、周到、迅速和不知疲倦地进行工作，解决实际问题时不受周围环境的影响，也不会遗漏忘记。通过对知识库升级可以不断吸收新的专家知识与经验，使系统的预警能力逐渐增强，从而达到准确预报钻井事故及复杂的目的。随着专家系统开发、应用的不断成熟，一定会在井下复杂预报中获得更好应用。

第三节 大力推广工程录井服务系统，为钻井施工提供信息支持平台和应用工具

工程录井的根本是为安全、高效钻井服务。多年的服务与应用，不仅积累了丰富的经验与数据，更为钻井挽回了巨额的损失，使油田公司、钻井公司决策和技术管理上越来越重视工程录井资料的应用。工程录井所采集和记录的信息丰富、多样，但是目前录井人员自身对这些信息的认识和应用明显不足。过去我们的服务观念是录井技术人员利用工程录井资料为钻井人员提供工程作业的建议。录井人员由于专业知识所限，只看到一些参数所表现的直观现象，如增大或减少，幅度由窄变宽，而隐藏在这些参数中的更有价值的信息没有被充分地了解，更谈不上应用好这些信息。"外行指导内行"，没有说服力。因此，需要转变观念，让工程录井服务"为用户所用"，不但要注重现场监测和预报，认真分析每次工程预报，为钻井提供更有价值的分析报告。同时应加强工程录井资料的后期应用，在钻井设计、钻井施工中以工程录井资料为依据，进行钻井参数优化、钻头选型，制定更为科学的钻井施工方案。

经过多年的努力，已形成完善的工程录井服务系统，不仅可以为井场和基地相关人员提供钻井工程实时监测，包括实时监测情况、数据查询、数据分析、常用应用程序等相关信息服务。同时还能提供井数据库信息查询，历史数据曲线回放，工程报表查询、显示、打印。钻井工程应用程序：施工参数优化设计和计算；录井重点应做好为钻井提供工程数据源、分析评价工具和复杂形象的形成过程及认识等工作。随着钻井技术人员认知的提高，最终使钻井成为真正工程资料的应用主体。

第四节 与钻井工程相结合，扩展录井资料应用范围

石油钻井工程是一项高投入、高风险的地下隐蔽工程，其地下情况的模

糊性和不确定性，给钻井作业带来了极大风险，影响着勘探效益。因此，准确地预测地层异常压力，制定详细的钻前施工设计方案，实时地了解地层各种参数，掌控井下状态，及时地整理区块经验等对安全、高效钻井作业有着极其重要的作用。近年来，随着科学技术的发展，钻井施工经验的积累、数据处理方法的深层次应用，使得在实际钻井之前，在室内事先做一个模拟实际过程的试验，将钻进中可能遇到的问题，不同施工方案所消耗的材料、资金投入等进行室内模拟钻井已成为可能。

钻井计算机模拟就是在室内借助计算机，通过钻井工程与多学科进行交叉和综合，对钻井过程中产生的大量数据资料的分析处理，形成规律性的认识，建立、完善和优化工程数学模型，在计算机上模拟和再现钻井施工全过程的一种工程模拟仿真，避免或降低事故发生概率，减少钻井过程对油藏的污染。国外自 20 世纪 80 年代就提出钻井模拟的具体方案，先后多家公司、研究机构和院校投入该项研究。钻井动态模拟功能目前主要集中在：

（1）模拟钻井施工的地质条件。

（2）下部钻具组合的力学特性、井眼轨道设计以及实钻井轨迹修正和控制。

（3）注水泥设计与施工模拟。

（4）井控和欠平衡作业模拟。

（5）钻头选择及参数配置。

（6）钻井地质导向控制。

（7）钻井培训模拟器等。

目前，国外可以在井位论证、设计、钻井施工过程以及人员培训中进行钻井模拟，它已成为油气藏开发规划、钻井设计、钻井实施和钻后分析等工作中不可缺少的重要工具。

计算机动态仿真模拟可以克服场地限制、经费不足、参数繁多、时间跨度长等方面的困难，在时间、资金投入以及安全和可靠性方面具有纯物理模型模拟仿真所不具备的明显优势，近年来越来越多地取代纯物理模型模拟，并被人们所广泛采纳。钻井模拟器首先是选择与目标井情况相似的邻井或其他补偿井作为参考井，进行数据采集和经验学习，通过已有数据建立岩石表观强度与井深的对应曲线，根据地层压力模拟结果确定井眼稳定的边界条件，对目标井分井段，以所用设备和基本钻速方程模型为指导，综合考虑钻井水力、钻井液流变性和钻头几何特征，逐个钻头地进行模拟，确定钻头类型及工程参数。在特殊工艺井的模拟过程中，需要根据下部钻具组合的几何形状以及与地层表观岩石强度和沉积结构机理的接触关系，模拟钻具组合的刚性参数，分离地层地质影响因素和施工参数影响因素。通过钻井模拟得到成本最低、不确定问题发生概率最小的施工作业方案及经济分析结果。

经过十几年的快速发展，美国、前苏联、英国、挪威都有技术水平相当高的全尺寸深井钻井模拟实验室。即在地面实验室可以模拟 5000 m 以上的温度场、压力场，并用相似数为 1：1 的钻井设备进行模拟实钻，然后利用完善的数据采集系统采集模拟钻进过程中产生的所有信息资料。由于是采用全尺寸模拟技术，不存在尺寸效应，这些信息真实地包含了深井钻井规律，对这些信息进行处理，则可以较为准确地掌握深井钻井的实质，为计算机动态模拟提供准确的基础数据。

目前国内外钻井计算机模拟系统的开发在系统化、整体化方面还没有形成统一的软件平台，没有达到较高商业化的水平，国内在实际应用方面与国际先进水平有着较大的差距。尽管目前国内已有的这些功能单一的钻井计算机模拟软件不能实现钻井全过程的系统计算机模拟分析，但它们已经在钻井工程应用中取得了明显的经济效益，并为全井的钻井计算机模拟仿真打下了坚实的技术基础。

国内的钻井工程模型研究多集中在钻井工程领域的单一分支（如井控设计、固井设计注水泥模拟、欠平衡井注气模拟、特殊工艺井轨道设计及井眼轨迹控制、钻井仿真技术培训等方面），工程模型主要是参考采纳石油行业标准规范，多数模型局限于求解部分具体的工程问题。由于缺少系统的理论建模，特别是基本的模拟算法的研究工作，各独立的钻井工况模拟没能涉及更深的理论范畴，没有形成一套能对钻井各种工艺过程进行全面模拟和分析评价的钻井模拟软件系统，目前还不能系统地通过计算机模拟来解决那些许多难以量化和具有不确定性因素的钻井工程问题。

从钻井过程来看，由地质环境所决定的钻井地质特征参数（包括地层的岩性、理化特性、地应力、压力特性、可钻性、各向异性及岩石力学参数等），是钻井优化设计与施工控制的基础数据。如何精确提取这些地层信息，是技术人员普遍关心的关键技术问题之一，这直接关系到工程的质量、安全和效益。特别是在钻井过程中钻遇高温高压等复杂地层时，能否预先精确地掌握这些地层特性参数，直接关系到钻井工程或油藏开发方案的成败。而工程录井在其中具有先天的优势，一方面，多年的地质服务与研究，使人们对地质地质构造、岩性有更多的认知，同时在多年的录井过程中，积累了丰富的第一手工程录井资料与原始数据，在今后的工作中能更好地发挥录井资料的作用，融入智能钻井模拟中。

第五节　多专业融合，实现无风险钻井

井下事故一直是钻井成本难以降低的主要影响因素，如何预先获取潜在的钻井危险，并提出解决不同潜在危险的措施，以实现无风险钻井是钻井行业的期望所在。在2000年吉隆坡举行的国际钻井承包商协会（IADC）/石油工程师协会（SPE）会议上，斯伦贝谢油田服务公司执行副总裁Andrew Gould先生提出了NDS（无风险）钻井研发计划，经过多年努力，得到了快速发展，先后在Mungo油田、中国Dina、霍尔果斯等区块等进行了应用，成功地解决了易卡钻、易漏失等复杂地层条件下的钻井问题。其工作流程包括钻前利用所有可用数据进行模型预测和设计作决策、随钻利用获得的实时数据，修正钻前模型，并根据实时信息进行分析、决策，钻后总结教训，更新模型和数据库，NDS钻井系统工作框架如图8-1所示。

要实施NDS钻井，一方面需要随钻测井和随钻测量数据，包括自然伽马、电阻率、当量循环钻井液密度、当量静态钻井液密度、井底温度、井底钻压、井底扭矩等；同时还需要地震测量数据、区域地质资料和邻井测井数据、录井资料、压裂试验数据等。丰富信息需要交流与处理，这就要求系统必须具备高效的数据库和数据传输体系。同时，还需要比较完备的钻井专家系统，以可靠的理论模型或者原理作为依据，根据随钻数据分析结果，对风险做出科学评价。

目前，国外在随钻测量工具、旋转导向工具、钻井信息共享网络建设等方面的发展已经比较完善，NDS钻井系统（图8-1）的建设也初具规模。国内在NDS钻井技术的研发方面处于起步阶段，随钻测量工具的研发、导向工具的研制近些年也取得了很大进步，具备了一定的开发NDS钻井系统的能力，但同国外先进水平相比，有些方面还存在不足。如果能够充分发挥各方科技力量优势联合攻关，可望在不远的将来取得突破，从而形成具有独立知识产权的NDS钻井系统，为实现无风险钻井、提高勘探和开发效益发挥积极作用。

那么在NDS系统的成功，更需要多学科合作。该计划包括作业人员以及服务公司在内的多学科工作组，应用先进的技术，依照以交流、合作为重点

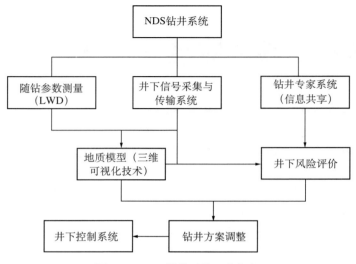

图 8-1　NDS 钻井系统工作框架

的结构化工作程序进行工作。工程录井在其中具有一定的优势，作为安全钻井的参谋，工程录井已经在钻井过程中发挥了重要作用，一方面，长期的现场服务经验，使我们拥有现场最好的参数采集与处理、分析手段，同时，不断完善的工程录井服务系统不仅能够实时处理与预报井下复杂的能力，而且，通过与各方合作开发的日益完备的工程辅助系统也能为工程施工提供优化钻井服务。同时，已经形成高效的现场数据传输与应用网络，通过数据接口，可以引入和处理来自井场各方的数据，同时，录井自身在区域地质资料掌握与分析、录井资料处理与分析方面具有独到的优势。这些都让工程录井具有融入 DNS 系统的可能。在今后的工作中，应当主动出击，参与 NDS 系统开发与应用，最大限度地发挥工程录井优势。

参 考 文 献

朱根庆．1998．录井技术在钻井工程中的作用［J］．录井技术，9（2）：1-10.

樊洪海．2003．地层孔隙压力预测检测新方法研究与应用［D］．中国石油大学（北京）博士论文．

樊洪海．2003．钻井工程实时监测与井场信息系统开发［J］．石油钻探技术，31（5）：17-19.

吴振强，等．2004．利用综合录井仪进行硫化氢的准确监测［J］．录井技术，15（2）：6-10.

蒋希文．2006．钻井事故与复杂问题［M］．北京：石油工业出版社．

SY/T 5313—2006 钻井工程术语［S］．

袁平，李培武，施太和，等．2006.超临界二氧化碳流体引发井喷探讨［J］．天然气工业，26（3）：68-70.

韩永刚，刘德伦．2007．四川地区气体钻井配套录井技术［J］．天然气工业，27（11）：31-33.

高兴坤，孙正义，李红宣．2006．钻井计算机模拟技术在钻井工程中的应用及展望［G］．第六届石油钻井院所长会议论文集．

夏焱，申瑞臣，袁光杰．2007．NDS（无风险）钻井技术及展望［G］//第七届石油钻井院所长会议论文集．北京：石油工业出版社．

王志鸿．2008．随钻压力监测与预测技术在莫索湾地区钻井中的应用研究［D］．中国石油大学（北京）硕士论文．

《新疆油田钻井井控实施细则》编委会．2008.新疆油田钻井井控实施细则［D］．新疆油田公司．

李文玉．2009．录井技术在钻井井控中的应用［G］．录井技术与钻井施工安全研讨会材料汇编：38-44.

杨光照，关有义，滕工生．2009．二氧化碳气层引发的井涌井喷录井监测方法研究［G］．录井技术与钻井施工安全研讨会材料汇编：45-51.

吴振强，胡道雄，王晨，2009．工程录井技术在新疆油田的应用［G］．录井技术与钻井施工安全研讨会材料汇编：74-86.

陈向辉，薛晓军，蒲国强．2009．工程录井技术在莫深 1 井的应用［G］．录井技术与钻井施工安全研讨会材料汇编：87-102.

刘德伦，等．2009．综合录井技术在四川油气田钻井施工中的应用［G］．录井技术与钻井施工安全研讨会材料汇编：103-116.